AF545841

Die EU-Maschinenrichtlinie

Otto Eberhardt / Michael Erbsland

Die EU-Maschinenrichtlinie

Praktische Anleitung zur Anwendung
der europäischen Richtlinien zur Maschinensicherheit
Unter Berücksichtigung aller Richtlinientexte

7., überarbeitete Auflage

Umschlagabbildung: © iStock.com/Traimak_Ivan

Bibliografische Information der Deutschen Nationalbibliothek
Die Deutsche Nationalbibliothek verzeichnet diese Publikation in der Deutschen Nationalbibliografie; detaillierte bibliografische Daten sind im Internet über http://dnb.dnb.de abrufbar.

Unter folgendem Link sind Zusatzmaterialien abgelegt: https://files.narr.digital/9783816934769/Zusatzmaterial.zip

DOI: https://doi.org/10.24053/9783816984764

6. Auflage, mit Berücksichtigung der Richtlinie 2006/42/EG 2015
7., überarbeitete Auflage 2022

© 2022 expert verlag
Ein Unternehmen der Narr Francke Attempto Verlag GmbH + Co. KG
Dischingerweg 5 · D-72070 Tübingen

Das Werk einschließlich aller seiner Teile ist urheberrechtlich geschützt. Jede Verwertung außerhalb der engen Grenzen des Urheberrechtsgesetztes ist ohne Zustimmung des Verlages unzulässig und strafbar. Das gilt insbesondere für Vervielfältigungen, Übersetzungen, Mikroverfilmungen und die Einspeicherung und Verarbeitung in elektronischen Systemen.
Alle Informationen in diesem Buch wurden mit großer Sorgfalt erstellt. Fehler können dennoch nicht völlig ausgeschlossen werden. Weder Verlag noch Autor:innen oder Herausgeber:innen übernehmen deshalb eine Gewährleistung für die Korrektheit des Inhaltes und haften nicht für fehlerhafte Angaben und deren Folgen. Diese Publikation enthält gegebenenfalls Links zu externen Inhalten Dritter, auf die weder Verlag noch Autor:innen oder Herausgeber:innen Einfluss haben. Für die Inhalte der verlinkten Seiten sind stets die jeweiligen Anbieter oder Betreibenden der Seiten verantwortlich.

Internet: www.expertverlag.de
eMail: info@verlag.expert

CPI books GmbH, Leck

ISBN 978-3-8169-3476-9 (Print)
ISBN 978-3-8169-8476-4 (ePDF)
ISBN 978-3-8169-0027-6 (ePub)

Inhalt

Vorwort

Als 1995 die erste Auflage des Buches „Die EG-Maschinenrichtlinie, praktische Anleitung zur Anwendung" erschien, war in Deutschland der Donner noch nicht verhallt, den der Einschlag der europäischen Maschinenrichtlinie verursacht hat. Ausgerechnet den Erfindern von GS, des „Zeichens für geprüfte Sicherheit", wollten die Europäer vorschreiben, wie eine sichere Maschine auszusehen hat! Damals musste man in Deutschland lernen, dass zu einer sicheren Maschine auch eine ausführliche Technische Dokumentation gehört, um die Sicherheit nachzuweisen, und insbesondere eine ausführliche Betriebsanleitung, um einen sicheren Betrieb zu gewährleisten.

Die Anfangsschwierigkeiten sind überwunden. Die Betriebsanleitung gemäß EU-Richtlinien inklusive der Sprachenregelung ist Standard geworden. Bei der zunehmenden Zahl der Sicherheitsrichtlinien und bei den vielen Ergänzungen der vorhandenen Richtlinien besteht jedoch die Gefahr, den Überblick über die zutreffenden Sicherheits- und Gesundheitsanforderungen und die anzuwendenden Konformitätsbewertungsverfahren zu verlieren.

Ein kompaktes **Lehrbuch** über die Richtlinien für Maschinenbauer ist auch viele Jahre nach der Einführung der Maschinenrichtlinie sinnvoll, insbesondere wenn es auch als schnelles **Nachschlagewerk** und als praktische **Arbeitshilfe** einsetzbar ist. Und diesen Anspruch will die vorliegende „EU-Maschinenrichtlinie" erfüllen.

Zur 4. Auflage

Die 4. Auflage musste völlig neu geschrieben werden. Zum einen haben sich, wie oben erwähnt, die Sorgen der Maschinenhersteller in den letzten Jahren von der Betriebsanleitung und Technischen Dokumentation auf die Nachweismethoden der immer weiter gefassten Sicherheits- und Gesundheitsanforderungen verlagert, zum anderen sind inzwischen viele neue Richtlinien erlassen worden, die von Maschinenbauern zusätzlich beachtet werden müssen. Deshalb wurden in der aktuellen Auflage die beiden folgenden Kapitel neu eingefügt bzw. neu verfasst:

2. **Richtlinien für Maschinen und Anlagen**
   mit den elektrischen Richtlinien, der Druckgeräterichtlinie und der ATEX
5. **Sicherheitsanforderungen**
   mit den Risikobewertungs- und Dokumentationsverfahren

Der Anhang „§ **Kompendium der Richtlinientexte**" wurde wesentlich erweitert und enthält jetzt neben den bisherigen Richtlinien zur Maschinensicherheit, zu den elektrischen Betriebsmitteln und der elektromagnetischen Verträglichkeit (EMV) auch alle Richtlinien zum Lärm, zu Druckgeräten und zum Explosionsschutz:

Maschinenlärminformationsverordnung
Outdoor-Richtlinie
(für Geräte und Maschinen, die zum Einsatz im Freien vorgesehen sind)
Explosionsschutzrichtlinie ATEX

Damit wird die 4. Auflage der EU-Maschinenrichtlinie der Neuauflage des Gesetzes zur Gerätesicherheit, dem **Geräte- und Produktsicherheitsgesetz GPSG** gerecht, das am 01. Mai 2004 in Kraft tritt. Das novellierte Gesetz enthält neben den spezifischen sicherheitstechnischen Regelungen für technische Arbeitsmittel und Gebrauchsgegenstände (Inhalt des alten Gerätesicherheitsgesetzes) auch die allgemeinen Regelungen des ehemaligen Produktsicherheitsgesetzes (ProdSG).

Zur 5. und 6. Auflage

Die Neufassung 2006/42/EG der Maschinenrichtlinie und einiger wichtigen Normen zur Maschinensicherheit machten wiederum eine Überarbeitung und Neuauflage des vorliegenden Praxisbuches notwendig.

Zur 7. Auflage

Da sich Normen ständig ändern und erneuert werden, mussten sehr viele Normenbezeichnungen korrigiert werden. Ebenso sind einige Kapitel dazugekommen, welche einen Einblick in die Praxis eines CE-Koordinators/CE-Sicherheitsingenieurs geben.

Hierzu wurde beispielhaft eine Betriebsanleitung eines Förderbandes betrachtet und eine Risikobeurteilung im Praktischen erörtert.

Wir wünschen Ihnen viel Spaß beim Lesen und Anwenden des Buches für Ihre Aufgaben.

Michael Erbsland und Otto Eberhardt
Februar 2022

Zum Gebrauch dieses Buches

Das Buch ist als Lehrbuch, als Nachschlagewerk und als Arbeitshilfe konzipiert.

Zur **Einarbeitung** in das Thema „Sicherheitsrichtlinien für Maschinenbauer" empfiehlt es sich (was für ungeduldige Leser nicht selbstverständlich ist), vorne anzufangen und die Kapitel 1 und 2 sorgfältig durchzuarbeiten.

Um den **Projektablauf** eines Konformitätsbewertungsverfahren richtig einschätzen und planen zu können, kann der Leser auch gleich in Kapitel 3 „Die fünf Schritte zur Konformitätserklärung" einsteigen und sich von dort aus auf zugehörige Hilfestellungen verweisen lassen.

Sucht der erfahrene Leser **Hilfen** oder **Vorlagen** zu einem Punkt, den er im Verlauf des Konformitätsverfahrens gerade bearbeitet, wird er in den Kapiteln 4 und 5 fündig. In jedem Kapitel ist übrigens als Einleitung eine kurze Übersicht der behandelten Themen vorangestellt.

Wir wünschen Ihnen viel Erfolg bei Ihren Bemühungen um die Sicherheit Ihrer Maschinen oder Geräte. Das Buch möge Ihnen dabei eine nützliche Hilfe sein.

Otto Eberhardt
Michael Erbsland

1 Einleitung: Europäische Richtlinien

Übersicht

Im einleitenden Kapitel soll eine erste Übersicht der europäischen Richtlinien für die Industrie gegeben werden, im Kapitel 2 wird dann auf den Inhalt der wichtigen Richtlinien für den Maschinenbau eingegangen.

1. Überblick: Die Richtlinien der Europäischen Union
2. Listen: Richtlinien und harmonisierte Normen
3. Gültigkeit: außerhalb der EU

Bevor wir uns um unser Thema im engeren Sinne, den europäischen Richtlinien zur Geräte- und Maschinensicherheit kümmern, wollen wir einen Blick auf die wichtigen Rand- und Anfangsbedingungen werfen:

den Gültigkeitsbereich der europäischen Richtlinien: die EU
die Ursprungsidee der Richtlinien: die Römischen Verträge

Die Europäische Union

Die europäischen Richtlinien sind grundsätzlich in allen Mitgliedstaaten der EU gültig. Da in den einzelnen Mitgliedsstaaten das Rechtssystem immer noch national ist, hat man sich in der EU darauf geeinigt, dass jedes Land jede neue Richtlinie (nach einer Übergangsfrist von meist 2 Jahren) in ein nationales Gesetz umwandelt. Aus diesem Grund sagen wir etwas verkürzt, juristisch zwar nicht ganz einwandfrei, aber dem Sinne nach richtig: Alle europäischen Richtlinien zur Maschinensicherheit sind in der gesamten EU gleichermaßen gültig.

Da im Jahre 2004 die Europäische Union durch die sogenannte „Osterweiterung“ einen gewaltigen Zuwachs bekommen hat, soll an dieser Stelle die Liste der 27 Mitgliedstaaten (in historisch-geographischer, nicht etwa wertender Reihenfolge) wiedergegeben werden:

Das (alte) Europa der 6:
Frankreich, Italien, Deutschland, Belgien, Niederlande, Luxemburg

Die Norderweiterung:
Irland, Dänemark; Schweden, Finnland, Österreich

Die Süderweiterung:
Griechenland, Portugal, Spanien

Die Osterweiterungen:
Slowenien, Ungarn, Tschechien, Slowakei, Polen, Litauen, Lettland, Estland; Rumänien, Bulgarien, Kroatien (2013)

Die Mittelmeerinselstaaten:
Malta, Griechische Republik Zypern

Die Römischen Verträge

Die Grundlage des Zusammenschlusses der Staaten in Europa sind die „Römischen Verträge". 1953 wurde in Rom die Europäische Wirtschaftsgemeinschaft EWG (die Vorgängerin der EU) begründet, insbesondere mit dem Ziel, eine europäische Freihandelszone zu schaffen mit dem freien Warenverkehr innerhalb der Gemeinschaft (die politischen Ziele der EU lassen wir für unsere Problemstellung außer Acht).

Freier Warenverkehr bedeutet, dass es keine nationalen Gesetze der Mitgliedsstaaten geben darf, die den freien Verkauf und Ankauf von Waren, und damit auch von Geräten, Maschinen und Anlagen aus industrieller Produktion, innerhalb der Gemeinschaft in irgendeiner Weise behindert.

Ein zweites wichtiges Ziel der Wirtschaftsgemeinschaft war, die Menschen in der Union (als Verbraucher, als Gerätebenutzer und als Arbeitnehmer) vor Industrieprodukten, denen ein Risikopotenzial innewohnt, zu schützen. Der freie (ungeprüfte) Warenverkehr über alle Grenzen hinweg könnte diesem Ziel entgegenstehen.

Die Lösung des Dilemmas wurde in Paragraphen der Römischen Verträge gefunden. Die EU und ihre Mitgliedstaaten verpflichten sich in den Abschnitten

§100 „Errichten und Funktionieren des gemeinsamen Marktes",

§ 100a die Sicherheit und die Gesundheit von Personen, Haustieren und Sachen durch entsprechende Richtlinien für **industrielle Produkte** zu garantieren,

§118 „Zusammenarbeit in sozialen Fragen",

§ 118a die Sicherheit und Gesundheit von Arbeitnehmern durch Verbesserung der **Arbeitsumwelt** zu schützen.

Diese beiden Paragrafen sind die gemeinschaftsrechtliche Grundlage der in diesem Buch besprochenen Richtlinien zur Maschinen- und Gerätesicherheit.

1.1 Überblick: Die Richtlinien der Europäischen Union

Um eines nochmals vorweg klarzustellen: Mit „Richtlinie" (in dem Sinn, wie es wir hier benutzen) ist nicht etwa eine Empfehlung der EU gemeint, die man befolgen kann oder auch nicht. Eine europäische Richtlinie ist ein **Gesetz** wie jedes andere nationale Gesetz auch! Etwas genauer: Die hier vorgestellten europäischen Richtlinien sind in nationale Gesetze in *allen EU-Staaten* umgewandelt worden. In einigen Fällen wurden dabei andere Namen oder verschiedene Zusammenfassungen gewählt. Inhaltlich sind jedoch alle diese nationalen Sicherheitsgesetze identisch, deshalb werden wir in diesem Buch der Einfachheit halber immer von der „Richtlinie" reden anstatt juristisch exakt von dem entsprechenden Gesetz.

Sie können sich also darauf verlassen, dass alle im Anhang „§ Kompendium der Gesetzestexte" aufgeführten deutschen Texte mit denen in anderen EU-Ländern identisch sind. Bei internationalen Streitigkeiten sind allerdings nur die Texte in den Originalsprachen der EU-Kommission Englisch und Französisch gültig.

Anmerkung: Die offizielle Amtssprache der EU-Kommission, die die Richtlinien erlässt, ist Englisch und Französisch. Die Amtssprachen der EU-Mitgliedstaaten, die die entsprechenden nationalen Gesetze erlassen, sind die offiziellen Landessprachen, also Deutsch, Italienisch, Estnisch usw.

Das europäische Produkthaftungsgesetz, in Deutschland das „Gesetz über die Haftung für fehlerhafte Produkte ProdHaftG vom 15.12.1989“, ist die nationale Umsetzung der europäischen Richtlinie 85/374/EWG, zuletzt geändert durch 99/34/EG.

Die Angleichung der einzelstaatlichen Rechtsvorschriften über die Haftung des Herstellers für Schäden, die durch die Fehlerhaftigkeit seiner Produkte verursacht worden sind, war erforderlich (zumindest nach Meinung der EU-Kommission), weil deren Unterschiedlichkeit den Wettbewerb verfälschen, den freien Warenverkehr innerhalb des gemeinsamen Marktes beeinträchtigen und zu einem unterschiedlichen Schutz des Verbrauchers vor Schädigungen seiner Gesundheit und seines Eigentums durch ein fehlerhaftes Produkt führen kann.

Die Produkthaftungsrichtlinie regelt, *wer* in *welchem* Schadens*fall*, der durch ein Produkt ausgelöst wurde, *wem wie viel* Schadenersatz bezahlen muss (Haftungsgrenze 70 Mio EUR, Art. 16 (1)). Da die Haftungsfragen durch ein Gesetz geregelt sind, können sie vertraglich nicht ausgeschlossen oder herabgesetzt werden! Wichtig in dem Zusammenhang ist, dass eine **verschuldensunabhängige Haftung** des Herstellers für Schäden vorliegt. Es geht also nicht darum, ob der Hersteller z. B. grob fahrlässig gehandelt hat, sondern nur darum, ob sein Produkt (z. B. Maschine) einen Schaden verursacht hat, der aus einem Fehler des Produkts entstanden ist.

Um Vorschriften der Maschinenrichtlinie und anderer Produktsicherheitsrichtlinien besser einordnen zu können, sind folgende Definitionen und Regelungen der Produkthaftungsrichtlinie wichtig:

Hersteller	Hersteller des Endprodukts, eines Grundstoffs oder eines Teilprodukts; jede Person, die sich als Hersteller ausgibt, indem sie ihren Namen, ihr Warenzeichen oder ein anderes Erkennungszeichen auf dem Produkt anbringt; jede Person, die ein Produkt zum Zweck des Verkaufs, der Vermietung, des Mietkaufs oder einer anderen Form des Vertriebs in die EU einführt (Art. 3 (1), (2))
Fehler	Konstruktionsfehler, Instruktionsfehler (diese beiden Fehlerarten sollen durch die Erfüllung der Anforderungen der Sicherheitsrichtlinien vermieden werden), Produktionsfehler (diese Fehlerart soll durch ein Qualitätssicherungssystem vermieden werden)
Schaden	Personenschäden, Sachbeschädigungen (außerhalb des Produkts)
Verjährung	Ansprüche *verjähren* 3 Jahre nach Eintritt des Schadens, 10 Jahre nach Lieferung der Maschine *erlöscht* der Ersatzanspruch auf einen danach eingetretenen Schaden (Art. 10 (1), (2))
Beweispflicht	Der Geschädigte muss den Schaden, den Fehler am Produkt und den ursächlichen Zusammenhang zwischen Schaden und Fehler beweisen. Nicht bewiesen werden muss eine „Schuld“ des Herstellers am Auftreten des Fehlers (verschuldensunabhängige oder deliktfreie Haftung!). Der Hersteller muss einen Entlastungsbeweis führen, dass seine Maschine zum Zeitpunkt des „Inverkehrbringens“ den Fehler noch nicht aufgewiesen hat (Wegen dieser Entlastungbeweispflicht spricht man auch von einer „Beweisumkehr“).

Die Produkthaftungsrichtlinie stellt somit die Grundlage aller Geräte- und Maschinen-Sicherheitsrichtlinien dar. Sie ist gewissermaßen das „Grundgesetz“ der Sicherheitsgesetzgebung. Man könnte es auch so formulieren: Die Maschinenrichtlinie und die anderen Produktsicherheitsrichtlinien dienen dazu, dass sich der Hersteller einer Maschine vor Risiken schützen kann, die in Form von Schäden im Sinne der Produkthaftungsrichtlinie auftreten könnten.

Die EU-Richtlinien

Im Vorspann zum Kapitel 1 haben wir erfahren, dass es der EU um zwei Ziele geht:

- um den **Schutz des Benutzers** von Industrieprodukten und
- den **Schutz des Arbeitnehmers** vor Gesundheitsschäden am Arbeitsplatz.

Entsprechend dazu gibt es auch zwei Familien von EU-Richtlinien zum Schutz der Sicherheit und Gesundheit.

Der **§ 100a** begründet die Rechtsvorschriften in den Bereichen Gesundheit, Sicherheit, und Verbraucherschutz mit hohem Schutzniveau. Die zugeordneten sog. §100a-Richtlinien enthalten die grundlegenden Anforderungen an sichere Industrieprodukte und Arbeitsmittel. Begründet auf den **§ 118a** erlässt der europäische Rat Rechtsvorschriften zur Verbesserung der Arbeitsumwelt. Die sog. §118a-Richtlinien enthalten dementsprechend Mindestvorschriften zum Schutz und zur Sicherheit von Arbeitnehmern. Sie sind also in erster Linie von den Arbeitgebern bzw. den Maschinenbetreibern zu beachten.

	§ 100a – Richtlinien (= Richtlinien für Maschinen**hersteller**)
1972	Niederspannungs-Richtlinie
1987	Richtlinie für einfache Druckbehälter
1989	EG-Produkthaftungsrichtlinie
1990	EG-Spielzeugrichtlinie
1990	Richtlinie für aktive implantierbare medizinische Geräte
1991	EG-Richtlinie für Bauprodukte
1992	EG-Richtlinie für elektromagnetische Verträglichkeit (EMV)
1992	EU-Druckbehälterrichtlinie
1993	EG-Richtlinie-Maschinen
1994	EU-Produktsicherheits-Richtlinie
1994	Richtlinie zum Inverkehrbringen von Sportbooten
1995	Aufzugsrichtlinie
1995	EU-Richtlinie für elektrische Betriebsmittel (= Niederspannungs-RL)
1999	EU-Druckgeräterichtlinie
2000	Richtlinie für im Freien vorgesehene Geräte („Outdoor-Richtlinie")
2003	Explosionsschutzrichtlinie ATEX

	§ 118a – Richtlinien (= Richtlinien für Maschinen**betreiber**)
1989	Arbeitnehmer-Sicherheits- und Gesundheits-(Rahmen-)Richtlinie
1989	Arbeitsmittel-Benutzungsrichtlinie
1989	Richtlinie für persönliche Schutzausrüstungen

Richtlinien des geregelten Bereichs

Einige der Hersteller-Richtlinien behandeln Industrieprodukte mit besonders hohem Risikopotenzial. Für diese Produkte hat der Gesetzgeber besondere strenge Regelungen getroffen. Die Produkte müssen nach bestimmten, im Gesetz ausgewiesenen Normen gebaut sein und müssen von einer unabhängigen Prüfstelle, auch „benannte Stelle“ genannt, geprüft werden (Aufzüge werden regelmäßig z. B. vom TÜV überprüft). Einzelheiten regelt jeweils eine spezielle Richtlinie, deren Anforderungen über die Maschinenrichtlinie hinausgehen. Man spricht deshalb auch vom „geregelten Bereich“.

Beispiele sind:

1990 Richtlinie für aktive implantierbare medizinische Geräte
1992 EU-Druckbehälterrichtlinie
1995 Aufzugsrichtlinie
1999 EU-Druckgeräterichtlinie
2003 Explosionsschutzrichtlinie ATEX

Nationales Recht

Das neue Geräte- und Produktsicherheitsgesetz GPSG löste am 01.05.2004 das Gerätesicherheitsgesetz GSG als deutsches Rahmengesetz ab. Die Umsetzung der EU-Richtlinien erfolgte meist in Verordnungen zum GSG. Die Maschinenrichtlinie z. B. entspricht der 9. Verordnung zum Gerätesicherheitsgesetz (9. GSGV). Diese Verordnungen wurden am 01.05.2004 in das neue GPSG übernommen und dann mit GPSGV gekennzeichnet. Die Maschinenrichtlinie ist jetzt unter 9. GPSGV im deutschen Gesetzeswerk zu finden.

Wenige Richtlinien, wie die EMV-Richtlinie, wurden in Deutschland mit eigenen Gesetzen in nationales Recht umgesetzt. Das genannte Beispiel wurde als „Gesetz über die elektromagnetische Verträglichkeit von Geräten (EMVG)“ in das Gesetzeswerk übernommen. In ähnlicher Weise sind die EU-Richtlinien in allen EU-Mitgliedstaaten umgesetzt und als Dokument mit Gesetzescharakter gültig.

Allgemeine Ziele aller EU-Richtlinien

Die Vorworte oder Präambeln zu den europäischen Richtlinien enthalten Gründe und Ziele zu der jeweiligen Richtlinie. Einiges konnten wir auch bereits aus den beiden für unser Thema wichtigen Paragraphen der Römischen Verträge ablesen. Hier noch einmal eine kurze Zusammenfassung:

- einheitlicher Schutz des Verbrauchers und des Arbeitnehmers in der EU
- einheitliche europäische Gesetze zur Maschinen- und Gerätesicherheit

Aus den Richtlinientexten kann man folgende Gemeinsamkeiten herauslesen:

- einheitliches Zertifikat zur Bestätigung, dass die einschlägigen Gerätesicherheitsgesetze beachtet wurden (= **Konformitätserklärung**)
  und einheitliches Verfahren zur Bewertung der Konformität
- einheitliche Kennzeichnung der Produkte zur Bestätigung, dass die einschlägigen Sicherheitsrichtlinien beachtet wurden (= **CE-Kennzeichnung**)
- einheitliche Vorschriften für die **Technische Dokumentation**
- einheitliche Regelung (insbesondere für die Sprachen) für die **Betriebs- und Einbauanleitungen**

Diese Vereinheitlichung wurde übrigens durch eine eigens dafür geschaffene „Richtlinie zur CE-Kennzeichnung“ 93/68/EWG hergestellt.

In den alten Ausgaben der Maschinenrichtlinie nicht ganz so deutlich formuliert, jedoch mit der Novellierung 2006/42/EG endlich eindeutig geregelt, ist das:

- einheitliches Vorgehen bei den **Risikobeurteilungen**

Einzelheiten zu den letzten fünf Punkten werden in den Kapiteln 2 und 3 erläutert.

Die EN-Normen

Welche Rolle spielen nach Einführung der EU-Richtlinien mit ihren teilweise detaillierten Vorschriften für Produkte die technischen Normen? Zunächst muss folgende Unterscheidung getroffen werden:

- **Nationale Normen**: nur in dem jeweiligen Land gültig,
in Deutschland: **DIN-Normen** des Deutschen Instituts für Normung und/oder der Deutschen Elektrotechnischen Kommission DKE,
gekennzeichnet mit DIN xxxx oder DIN ISO xxxx
- **Europäische Norm**: in der EU veröffentlicht, von einzelnen EU-Staaten übernommen,
EN-Normen von CEN oder CENELEC,
in Deutschland gekennzeichnet mit DIN EN xxxx oder DIN xxx / EN yyyy

EUROPÄISCHE NORM EUROPEAN STANDARD NORME EUROPÉENNE	EN
CEN / CENELEC	
Die gemeinsame europäische Normeninstitution The joint European Standards Institution Organisation Commune Européenne de Normalisation **Zentralsekretariat: Rue Brederode 2, B-1000 Brüssel**	

CEN = Comité Européen de Normalisation, Europäisches Komitee für Normung
CENELEC = Comité Européen de Normalisation Electrotechnique, Europäisches Komitee für Elektrotechnische Normung

- **harmonisierte Norm**: EN-Norm, die in allen EU-Mitgliedsstaaten als gültige Norm veröffentlicht wurde und die mit den entsprechenden Richtlinien konform ist (siehe nächster Absatz „New Approach“).

Hinweis: Eine harmonisierte Norm ist auf dem Normenblatt oft nicht besonders gekennzeichnet. Um herauszufinden, ob eine Norm bereits harmonisiert ist, also in allen EU-Staaten gültig ist, kann man Listen der EU-Kommission zu dem entsprechenden Thema heranziehen (s. a. §1.2) oder in den aktuellen Normenkatalogen des Beuth-Verlags nachschlagen.

Es ist selbstverständlich, dass die EN-Normen im Rahmen der europäischen Geräte- und Maschinensicherheitsrichtlinien Vorrang vor den nationalen Normen haben.

Der „New Approach"

Im Jahre 1996 hatte man in der EU die (an sich selbstverständliche) neue Idee, das gesamte Richtlinien- und Vorschriftenwerk zu systematisieren:

- die Richtlinien und Normen wurden hierarchisch geordnet,
- eine tiefer stehende Richtlinie detailliert eine höherstehende, sie darf ihr nicht widersprechen, nur dem Sinn nach ergänzen

Dieses neue Verfahren zur Gesetzgebung und Normengestaltung heißt „New Approach", der neue Zugang. Diese hierarchische Pyramide der Gesetze, Verordnungen und Normen kann man sich folgendermaßen vorstellen:

Haftungsgesetz rechtliche Grundlagen und Definitionen: EU-Produkthaftungsgesetz (ProdHaftG)	„Grundgesetz" der Produktsicherheit
Sicherheitsrichtlinien formales Vorgehen und grundlegende Anforderungen: EU-Maschinenrichtlinie	Gesetze zur Produktsicherheit
Sicherheitsgrundnormen (Typ-A) Gestaltungsleitsätze und Grundbegriffe für Maschinen: EN 292 Sicherheit von Maschinen	„Ausführungs-bestimmungen" der Produktsicherheits-Gesetze
Sicherheitsgruppennormen (Typ-B1) allgemeine Sicherheitsaspekte: EN 294 Sicherheitsabstände gegen das Erreichen von Gefahrenstellen	„Durchführungs-bestimmungen" für bestimmte Aspekte der Ausführungs-bestimmungen
Sicherheitsgruppennormen (Typ-B2) spezielle Schutzmaßnahmen: EN 953 trennende Schutzeinrichtungen; EN 418 NOT-AUS-Einrichtung	„Durchführungs-bestimmungen" für bestimmte Punkte der Ausführungs-bestimmungen
Fachnormen (Typ-C) spezifische Sicherheitsmerkmale einzelner Maschinengattungen: EN 775 Roboter; EN 201 Spritzgießmaschinen; EN 692 Pressen	Baubestimmungen für bestimmte Maschinen

Anwendungspflicht der Gesetze und Normen

Wie bereits erwähnt, erhalten die **EU-Richtlinien** (üblicherweise nach einer bestimmten Übergangszeit, die jedoch für alle in diesem Buch besprochenen Richtlinien zur Maschinensicherheit bereits abgelaufen ist) den Status von **Gesetzen**. Sie sind damit in *vollem Umfang* und ohne Möglichkeit von vertraglichen Ausschlüssen *zu erfüllen*!

Bei den technischen **Normen** sieht es differenzierter aus:

- Ist in einer Richtlinie die Anwendung der zutreffenden harmonisierten Normen bindend vorgeschrieben, dann hat diese Regelung Gesetzescharakter und die genannte EN-Norm *muss* angewendet werden.

Dies ist grundsätzlich dann der Fall, wenn Prüfstellen zur Zertifizierung der Produkte eingeschaltet werden müssen (im sog. geregelten Bereich),
Beispiel: Normenreihe EN 60079 für die Explosionsschutzrichtlinie ATEX.

- ist eine EN-Norm in einer Richtlinie nicht vorgeschrieben, sondern nur in einem Merkblatt zur Richtlinie aufgeführt, dann ist diese Richtlinie nicht gesetzlich bindend. Aus zwei Gründen *soll* diese genannte harmonisierte Norm (*muss aber nicht*) angewendet werden:
  - Eine Norm repräsentiert den (Mindest-)Stand der Technik, der in Sicherheitsfragen immer berücksichtigt werden muss,
  - Bei der Erfüllung der zutreffenden harmonisierte Normen garantiert der Gesetzgeber (siehe Maschinenrichtlinie Artikel 7), dass auch die zugehörige EU-Richtlinie in vollem Umfang erfüllt ist (dies nennt man juristisch auch die „Konformitätsvermutung“).
- Eine nationale Norm (z. B. DIN ...) *kann* angewendet werden, insbesondere wenn noch keine harmonisierte EN-Norm für das entsprechende Produkt vorliegt.

Die Übersicht fasst diese „Verpflichtungshierarchie" noch einmal zusammen:

„Grundgesetz" der Produktsicherheit	**Produkthaftungsgesetz**	Gesetz greift erst im Produkthaftungsfall, das heißt, wenn ein Schaden durch einen Produktfehler aufgetreten ist. Bei Konzipierung und Bau von Maschinen nur hilfreich wegen der Definition von Hersteller und Fehler.
Gesetz zur Produktsicherheit	**EU-Maschinenrichtlinie**	Das Gesetz <u>muss</u> ohne vertragliche Ausnahmemöglichkeit eingehalten werden. Es regelt das formale Vorgehen: - Konformitätserklärung - CE-Zeichen - Baumusterprüfung
gesetzliche Sicherheits- und Gesundheitsanforderungen	**Anh. I der EU-Maschinenrichtlinie**	<u>Alle</u> zutreffenden „grundlegenden Sicherheits- und Gesundheitsanforderungen <u>müssen</u> eingehalten werden. Es ist keine vertragliche Ausnahme möglich.
„Ausführungsbestimmungen" der Produktsicherheits-Gesetze	**Sicherheitsgrundnormen (Typ-A)**	Diese harmonisierten Normen <u>sollten</u> eingehalten werden (sind jedoch nicht bindend vorgeschrieben). Die Anwendung und Einhaltung wird dringend empfohlen zur richtigen Interpretation der zugehörigen Richtlinie.
„Durchführungsbestimmungen" für bestimmte Punkte der Ausführungsbestimmungen	**Sicherheitsgruppennormen (Typ-B)**	Diese harmonisierten Normen <u>sollen</u> eingehalten werden. Sie haben Vermutungswirkung für notwendige und fehlerfreie Berücksichtigung der zutreffenden Sicherheitsaspekte. Die Anwendung kann ggf. vertraglich beschlossen oder ausgeschlossen werden.
Baubestimmungen für Produkte mit großem Gefährdungspotential	**Fachnormen (Typ-C) im geregelten Bereich**	Die harmonisierten EN-Normen im geregelten Bereich <u>müssen</u> angewendet werden, wenn sie in der entsprechenden Richtlinie ausgewiesen sind. Sie können vertraglich nicht ausgeschlossen werden.
Baubestimmungen für bestimmte Maschinen	**Fachnormen (Typ C)**	Diese harmonisierten Normen <u>sollen</u> eingehalten werden. Sie haben Vermutungswirkung für notwendige und fehlerfreie Berücksichtigung aller Sicherheitsaspekte für die betrachtete Maschine. Sie können ggf. vertraglich beschlossen oder ausgeschlossen werden.
nationale Baubestimmungen	**nationale Fachnormen**	Die nationalen Normen <u>können</u> berücksichtigt werden. Empfohlen wird die Anwendung nur dann, wenn entsprechende EN-Normen (noch) nicht vorliegen.

1.2 Richtlinien und Normen zur Geräte- und Maschinensicherheit

Zusammenstellung der EU-Richtlinien und der entsprechenden deutschen nationalen Gesetze und Verordnungen, die mit dem Bau von Maschinen und Anlagen zusammenhängen und ggf. von den Maschinenherstellern beachtet werden müssen:

Liste der Richtlinien zur Maschinensicherheit

§ 100a – Richtlinien für Maschinenhersteller

EU-Richtlinie	Nr. der Richtlinie	Nationales Recht
Maschinenrichtlinie	89/392/EWG (14.06.89); neu kodifiziert durch 98/37/EG (22.06.98) **neu:** 2006/42/EG [*)] (17.05.06)	9. GSGV ab 01.05.2004: 9. GPSGV **neu:** 9. GPSGV 2008
Outdoor-Richtlinie	2000/14/EG	32. BImSchV (Geräte- und Maschinenlärmschutzverordnung)
Richtlinie für einfache Druckbehälter	90/448/EWG (17.09.90); 2014/29/EU (26.02.2014)	6. GPSGV
Druckgeräterichtlinie	2014/68/EU (15.05.2014)	14. GPSGV
Niederspannungsrichtlinie	2014/35/EU (26.02.2014)	1. GPSGV
EMV-Richtlinie	89/336/EWG (03.05.89); 91/236/EWG; 92/31/EWG 2014/30/EU (26.02.2014)	
Explosionsschutz-RL ATEX	2014/34/EU (26.02.2014)	EMVG (EMV-Gesetz)
		11. GPSGV

[*)] Die „ganz neue" Richtlinie 2009/127/EG korrigiert nur eine juristische Unterlassung in der 2006/42/EG

§ 118a – Richtlinien für Maschinenbetreiber

EU-Richtlinie	Nr. der Richtlinie	Nationales Recht
Richtlinie für Sicherheit und Gesundheitsschutz für Arbeitnehmer	89/391/EWG (12.06.89)	ArbSchG (Arbeitsschutzgesetz)
Arbeitsmittel-Benutzungsrichtlinie	95/63/EG (05.12.95) 2009/104/EG (16.09.2009)	AMBV (Arbeitsmittelbenutzungsverordnung)

Liste der harmon. Normen zur Maschinensicherheit

Zurzeit sind 600 Einzelnormen aus 362 Normenfamilien, die mit der Maschinenrichtlinie zusammenhängen, harmonisiert (Stand 20.10.2010, „Mitteilung der Kommission im Rahmen der

Durchführung der Richtlinie 2006/42/EG“ im Amtsblatt C284 der EU). Eine Auswahl der wichtigen harmonisierten Normen sei hier zusammengestellt:

harmonisierte Normen zur Maschinenrichtlinie	
DIN EN ISO 12100:2011-03 ehem. EN 292 – 1 (1991-09)	Sicherheit von Maschinen; Grundbegriffe; Allgemeine Gestaltungsleitsätze
DIN EN ISO 14121-1:2007-12 ehem. EN 1050 (1997-10)	Sicherheit von Maschinen; Risikobeurteilung – Leitsätze
DIN EN ISO 13854:2020-01	Mindestabstände zur Vermeidung des Quetschens von Körperteilen
DIN EN ISO 14123-1:2016-03	Reduzierung des Gesundheitsrisikos durch Gefahrstoffe
DIN EN 415-1:2014-10	Sicherheit von Verpackungsmaschinen
DIN EN 741:2011-06	Stetigförderer und Systeme; Sicherheitsanforderungen
DIN EN 617:2011-06	Stetigförderer und Systeme; Sicherheit und EMV-Anforderungen
DIN EN ISO 10218-1:2021-09	Industrieroboter; Sicherheit (ISO 10 218)
DIN EN 50580:2014-06	Sicherheit handgeführter Elektrowerkzeuge
DIN EN 60745-2-3:2015-04	Sicherheit für handgeführte akkubetriebene Elektrowerkzeuge und Akkublöcke

harmonisierte Normen zu Maschinen mit besonderen Risiken	
DIN EN ISO 13732-1:2008-12	Sicherheit von Maschinen; Temperaturen berührbarer Oberflächen
DIN EN ISO 13732-1:2008-12	Nahrungsmittelmaschinen; allgemeine Gestaltungsgrundsätze, Hygieneanforderungen
DIN EN ISO 13732-1:2008-12	Nahrungsmittelmaschinen; Teigknetmaschinen; Sicherheit und Hygieneanforderungen
DIN EN ISO 13732-1:2008-12	Handgehaltene nicht-elektrisch betriebene Maschinen; Sicherheitsanforderungen
DIN EN 1570-1:2020-09	Sicherheitsanforderungen an Hubtische
DIN EN ISO 14122-1:2002-01	Ortsfeste Zugänge zu maschinellen Anlagen
DIN EN 1495:2009-12	Hebebühnen; mastgeführte Kletterbühnen
DIN EN 1493:2020-09	Fahrzeug-Hebebühnen
DIN EN 81-3:2011-06	Sicherheitsregeln für die Konstruktion und den Aufbau von Aufzügen
DIN 18092:1992-04	Aufzüge; Kleingüteraufzüge
DIN EN 12159:2020-11	Bauaufzüge für Personen- und Materialbeförderung
DIN 15185-2:2013-10	Sicherheitsanforderungen von Flurförderzeugen; fahrerlose Flurförderzeuge
DIN EN 289:2014-09	Kunststoff- und Gummimaschinen; Formpressen und Spritzpressen; Sicherheitsanforderungen
DIN EN ISO 16092-1:2019-08	Werkzeugmaschinen-Sicherheit – Pressen – Teil 1

harmonisierte Normen zu Maschinen mit besonderen Risiken	
DIN EN ISO 16092-2:2021-04	Werkzeugmaschinen-Sicherheit – Pressen – Teil 2
DIN EN 869:2009-12	Sicherheit für Metall-Druckgussanlagen

harmonisierte Normen zu Geräuschemissionen und Vibrationen (zugeordnet der Maschinenrichtlinie)	
DIN EN ISO 3741:2011-01	Bestimmung der Schallleistungspegel von Geräuschquellen
DIN EN ISO 3743-1:2011-01	Akustik; Bestimmung der Schallleistungspegel von Geräuschquellen
DIN EN ISO 4871:2009-11	Akustik; Angabe und Nachprüfung von Geräuschemissionswerten von Maschinen und Geräten
DIN EN ISO 11200:2020-10	Akustik; Geräuschabstrahlung von Maschinen und Geräten; Leitlinien zur Anwendung der Grundnormen zur Bestimmung von Emissions-Schalldruckpegeln
DIN EN 1032:2009-02	Mechanische Schwingungen; Prüfverfahren für bewegliche Maschinen
DIN 45677:2001-01	Mechanische Eingangsimpedanz des menschlichen Hand-Arm-Systems
SN EN 28662-1:1993	Handgehaltene, motorbetriebene Maschinen; mechanische Schwingungen am Handgriff
DIN ISO/TS 8662-11:2004-09	Handgehaltene, motorbetriebene Maschinen; mechanische Schwingungen am Handgriff; Schleifmaschinen

harmonisierte Normen zu Schutzeinrichtungen (zugeordnet der Maschinenrichtlinie)	
DIN EN ISO 13857:2020-04	Sicherheitsabstände gegen das Erreichen von Gefahrenstellen mit den oberen Gliedmaßen
DIN EN ISO 14120:2016-05	Gestaltung von trennenden Schutzeinrichtungen

harmonisierte Normen zu persönlichen Schutzausrüstungen (zugeordnet der Richtlinie für Gesundheitsschutz am Arbeitsplatz	
DIN 58610:2014-11	Atemschutzgeräte
DIN EN 166:2002 04	persönlicher Augeschutz; Anforderungen
DIN EN 352-1:2021-03	Gehörschützer; allgemeine Anforderungen und Sicherheitsanforderungen
DIN EN 353-1:2018-03	persönliche Schutzausrüstung gegen Absturz
DIN EN ISO 9151:2017-05	Schutzkleidung; Schutz gegen Hitze und Flammen
DIN EN 407:2020-06	Schutzhandschuhe gegen thermische Risiken

harmonisierte Normen zur elektrischen Ausrüstung von Maschinen	
DIN EN 60204-1:2019-06	Elektrische Ausrüstung von Maschinen
DIN EN ISO 13850:2016-05	Not-Aus-Einrichtung

harmonisierte Normen zu Maschinensteuerungen	
DIN EN ISO 13849-1:2021-08 ehem. EN 954 – 1 (1996-12)	Sicherheitsbezogene Teile von Steuerungen; Teil 1: Allgemeine Gestaltungsleitsätze
DIN EN 981:2009-01	Optische und akustische Gefahrenen- und Informationssignale
DIN EN 61310-1:2008-09	Sichtbare, hörbare und tastbare Signale
DIN EN ISO 4413:2011-04	Fluidtechnik – Allgemeine Regeln und sicherheitstechnische Anforderungen an Hydraulikanlagen und deren Bauteile

harmonisierte Normen zur Druckgeräterichtlinie	
DIN EN 1349:2010-01	Stellgeräte für Prozessregelung
DIN EN 1984:2010-10	Industriearmaturen; Schieber aus Stahl
DIN EN 12953-1:2012-05	Großraumwasserkessel 1
DIN EN 12953-2:2012-05	Großraumwasserkessel 2
DIN EN 13445-1:2018-12	Unbefeuerte Druckbehälter; Allgemeines
DIN EN 10213:2016-10	Technische Lieferbedingungen für Stahlguss für Druckbehälter; Allgemeines
DIN EN ISO 15607:2020-02	Anforderungen und Qualifizierung für Schweißverfahren für metallische Werkstoffe

harmonisierte Normen zur Niederspannungsrichtlinie	
Hier liegen weitaus die meisten harmonisierten Normen vor, von denen hier nur ganz wenige genannt werden können:	
DIN EN 60034-1:2015-02	Drehende elektrische Maschinen – Teil 1
DIN EN 60034-2-1:2015-02	Drehende elektrische Maschinen – Teil 2
DIN EN 60445:2018-02	Grund- und Sicherheitsregeln für Mensch-Maschine-Schnittstelle
DIN EN 61140:2016-11	Schutz gegen elektrischen Schlag; gemeinsame Anforderungen für Anlagen und Betriebsmittel
DIN EN 60335-1:2020-08	Sicherheit elektrischer Geräte für den Haus-gebrauch und ähnliche Zwecke (136 Teile für verschiedene Geräte)

harmonisierte Normen zur EMV-Richtlinie	
DIN EN 61000-1-2:2017-07	Elektromagnetische Verträglichkeit (EMV) – Teil 1-2
DIN EN 61000-2-2:2020-05	Elektromagnetische Verträglichkeit (EMV) – Teil 2-2
DIN EN IEC 61000-6-1:2019-11	Elektromagnetische Verträglichkeit (EMV) – Teil 2-4
DIN EN 61000-2-4:2003-05	Elektromagnetische Verträglichkeit (EMV) – Teil 2
DIN EN 61131-1:2004-03	Speicherprogrammierbare Steuerungen; Betriebsanforderungen und Prüfungen

harmonisierte Normen zur EMV-Richtlinie	
DIN EN 50130-4:2015-04	Produktfamiliennorm Alarmanlagen; EMV; Anforderungen an die Störfestigkeit
DIN EN 50370-1:2006-02	EMV; Produktfamiliennorm für Werkzeug-maschinen; Störaussendung und -festigkeit
DIN EN IEC 55014-1:2021-01	EMV; Anforderungen an Haushaltsgeräte, Elektrowerkzeuge und ähnliche Elektrogeräte
DIN EN 12015:2021-01	EMV; Produktfamiliennorm für Aufzüge; Störaussendung
DIN EN 12895:2020-03	Flurförderzeuge; EMV

harmonisierte Normen zur ATEX	
DIN EN ISO 80079-36	Explosionsfähige Atmosphären – Teil 36
DIN EN IEC 60079-0:2019-09	Explosionsgefährdete Bereiche – Teil 0
DIN EN IEC 60079-1:2019-09	Explosionsgefährdete Bereiche – Teil 1

1.3 Gültigkeit der EU-Richtlinien für Nicht-EU-Länder

Die EU-Richtlinien sind in erster Linie dazu geschaffen worden, den freien Warenverkehr innerhalb der EU zu regeln. Natürlich sind auch die Außenhandelsbeziehungen von den Regelungen der Richtlinien betroffen.

Übersicht: Gültigkeit der EU-Richtlinien für Maschinensicherheit

a. in der Schweiz
b. für Exporte in andere Nicht-EU-Länder
c. für importierte Maschinen aus Nicht-EU-Ländern

a. Gültigkeit der EU-Richtlinien in der Schweiz

Die Schweiz nimmt in Bezug auf die EU-Richtlinien für Geräte- und Maschinensicherheit eine Sonderstellung unter den Nicht-EU-Mitgliedstaaten ein. Die Schweiz hat mit der EU ein Abkommen getroffen (Abkommen vom 21.06.1999 zwischen der Schweizerischen Eidgenossenschaft und der Europäischen Gemeinschaft über die gegenseitige Anerkennung von Konformitätsbewertungen), dass in den Bereichen

- Maschinen,
- Elektrische Betriebsmittel,
- EMV,
- Geräte und Schutzsysteme zur Verwendung in explosionsgefährdeten Bereichen

die europäischen Sicherheits-Richtlinien und Konformitätsbewertungsverfahren gelten und dass die Konformitätsbewertungen von Prüfstellen gegenseitig anerkannt werden.

In der Schweiz wurden die EU-Richtlinien, wie in den europäischen Mitgliedstaaten, in nationales Recht umgewandelt. Gemäß dem „Bundesgesetz über Produktsicherheit (PrSG)“ vom 12.06.2009, das das alte Bundesgesetz STEG von 1976 und 1993 abgelöst hat, dürfen in der Schweiz nur noch Maschinen angeboten und in Verkehr gebracht werden, die den grundlegenden Sicherheits- und Gesundheitsbedingungen der EU-Maschinenrichtlinie entsprechen. Einzelheiten werden (ähnlich wie in Deutschland) durch Verordnungen geregelt:

- Verordnung über die Produktsicherheit (PRSV) vom 19.05.2010
- Verordnung über elektrische Niederspannungserzeugnisse (NEV) vom 09.04.1997 (01.07.2010)
- Verordnung über elektromagnetische Verträglichkeit (VEMV) vom 18.11.2009 (01.01.2010)
- Verordnung über Geräte und Schutzsysteme zur Verwendung in explosionsgefährdeten Bereichen (VGSEB) vom 01.04.1998

Damit sind die Baumusterprüfungen von Schweizer Prüfstellen und die Konformitätserklärungen von Herstellern aus der Schweiz ohne weiteres in der EU gültig. Die Marktüberwachungsstelle und die Konformitätsbewertungsstelle ist die

> Schweizerische Unfallversicherungsanstalt Suva, Bereich Technik,
> Luzern und Lausanne [www.suva.ch].

Natürlich gilt auch umgekehrt:

> Die Konformitätsbescheinigungen aus den EU-Ländern sind in der Schweiz ohne Einschränkung gültig.

Beim Export von Maschinen und Anlagen aus der EU in die Schweiz sind alle Anforderungen der zutreffenden Richtlinien zu erfüllen, eine EU-Konformitätserklärung ist auszustellen und mitzuliefern und das Produkt ist mit dem CE-Kennzeichen zu versehen.

Den schweizerischen Käufern beziehungsweise Maschinenbetreibern ist in der „Verordnung über die Verhütung von Unfällen und Berufskrankheiten“ (VUV, Art. 3 und 24ff.) und in der EKAS-Richtlinie 6512 Arbeitsmittel eine **Systemsicherheitsanalyse** vorgeschrieben.

Hinweis: Da die Betreiber in der Schweiz eine Systemsicherheitsanalyse verbindlich durchführen müssen, müssen EU-Maschinenlieferanten in der Schweiz damit rechnen, ihre Risikobeurteilung oder Risikoanalyse (siehe Kap. 3.3.b und 5.2.a) dem Kunden offen zu legen oder aushändigen zu müssen.
Nach dem Gesetz ist der Hersteller zur Herausgabe seiner Risikobeurteilung nicht verpflichtet! Eine entsprechende vertragliche Vereinbarung zwischen Verkäufer und Käufer ist jedoch möglich.

b. Einfuhr von Maschinen in die EU

Nach der EU-Maschinenrichtlinie, beziehungsweise den daraus abgeleiteten nationalen Gesetzen, darf in der EU eine Maschine oder Anlage, ein Elektrogerät oder ein elektrisches Betriebsmittel nur dann

- angeboten,
- auf Messen ausgestellt,
- verkauft, oder juristisch ausgedrückt,
- in Verkehr gebracht werden,

wenn das Produkt den einschlägigen und zutreffenden Richtlinien entspricht.

Die Arbeitsmittel-Benutzungsrichtlinie schreibt zudem vor, dass alle Maschinen, Anlagen oder elektrische Betriebsmittel, die innerhalb der EU

- in Betrieb genommenen werden,

eine Konformitätserklärung haben und mit dem CE-Kennzeichnung gekennzeichnet sein müssen.

Daraus folgt, dass auch Hersteller und Lieferanten außerhalb der EU beim Import ihrer Maschinen die europäischen Richtlinien in vollem Umfang zu beachten haben. Wie wird dies umgesetzt?

- Der Hersteller hat bei der Konstruktion und beim Bau der Maschine die Sicherheitsanforderungen aller zutreffenden Richtlinien zu beachten.
- Der Hersteller hat eine Risikobeurteilung mit Risikoanalyse und Risikobewertung für seine Maschine durchzuführen.
- Der Hersteller muss die formalen Auflagen der Hauptrichtlinie für sein Produkt beachten (Technische Dokumentation, Aufbewahrungspflichten usw.).

Bei der Bestätigung der Konformität mit der zutreffenden EU-Richtlinie, das heißt, mit der Konformitätserklärung und dem CE-Kennzeichnung, sieht es etwas komplizierter aus. Jetzt entscheidet sich, wer in Produkthaftungsfällen als Hersteller herangezogen wird.

Die

- Konformitätserklärung,
- Betriebsanleitung in der Amtssprache des Verwenderlandes,
- das Typenschild mit Adresse und CE-Kennzeichnung

kann gemäß Maschinenrichtlinie der **Hersteller** selbst oder sein **in der EU niedergelassener Bevollmächtigter** (Importeur, Händler, Tochtergesellschaft usw.) ausstellen, anfertigen, anbringen und damit verantworten.

Im Falle einer Produkthaftung kann laut dem EU-Produkthaftungsgesetz jedoch außer dem Hersteller (der außerhalb der EU nicht so einfach zur Rechenschaft gezogen werden kann!) ein erweiterter Kreis von „Quasi-Herstellern“ zur Verantwortung herangezogen werden:

- **Quasi-Hersteller** = jeder, der sich als Hersteller zu erkennen gibt (z. B. durch Anbringen eines eigenen Typschildes, durch eigene Produktunterlagen)
- **Importeur** = der die Maschine in die EU einführt und in Verkehr bringt (das heißt verkauft, vermietet, verwendet)
- **Lieferant** = wird zum Hersteller erklärt, wenn der wahre Hersteller nicht mehr festgestellt werden kann

Der Importeur einer Nicht-EU-Maschine wird demnach in der Regel als der in der EU niedergelassene Vertreter des Herstellers für alle Belange der Maschinensicherheit beziehungsweise der Produkthaftung herangezogen, auch wenn er die Konformitätserklärung des Nicht-EU-Herstellers verwendet.

In der neuen EU-Maschinenrichtlinie 2006/42/EG, wird diese Frage endlich ganz eindeutig geregelt, nachdem bisher nur die Outdoor-Richtlinie (2000/14/EG) auf diesen Sachverhalt deutlich eingegangen ist.

Maschinenrichtlinie Artikel 2:

i. „Hersteller" jede natürliche oder juristische Person, die eine von dieser Richtlinie erfasste Maschine oder eine unvollständige Maschine konstruiert und/oder baut und für die Übereinstimmung der Maschine oder unvollständigen Maschine mit dieser Richtlinie im Hinblick auf ihr Inverkehrbringen unter ihrem eigenen Namen oder Warenzeichen oder für den Eigengebrauch verantwortlich ist. Wenn kein Hersteller im Sinne der vorstehenden Begriffsbestimmung existiert, wird jede natürliche oder juristische Person, die eine von dieser Richtlinie erfasste Maschine oder unvollständige Maschine in Verkehr bringt oder in Betrieb nimmt, als Hersteller betrachtet;
j. „Bevollmächtigter" jede in der Gemeinschaft ansässige natürliche oder juristische Person, die vom Hersteller schriftlich dazu bevollmächtigt wurde, in seinem Namen alle oder einen Teil der Pflichten und Formalitäten zu erfüllen, die mit dieser Richtlinie verbunden sind;

Maschinenrichtlinie Anhang II, Kap. 1A:

2. Name und Anschrift der Person, die bevollmächtigt ist, die technischen Unterlagen zusammenzustellen; diese Person muss in der Gemeinschaft ansässig sein;

Outdoor Richtlinie Artikel 4 (2):

Ist weder der Hersteller noch sein Bevollmächtigter in der Gemeinschaft ansässig, so obliegen die Verpflichtungen aus dieser Richtlinie jeder Person, die die Geräte und Maschinen in der Gemeinschaft in Verkehr bringt oder in Betrieb nimmt.

Praktischer Hinweis: Der Importeur und/oder der Käufer einer Nicht-EU-Maschine sollten sich dem Hersteller gegenüber vertraglich sehr sorgfältig absichern. Da er letztlich für die CE-Konformität der eingeführten Maschine verantwortlich ist, sollte vertraglich sehr genau festgelegt werden, wie der Lieferumfang hinsichtlich der Sicherheit zu gestalten ist und ob nicht ein in der EU niedergelassener Vertreter des Herstellers zu Verantwortung, das heißt, zur Gewährleistung und Produkthaftung herangezogen werden kann.
Im Zweifelsfall muss der Importeur und/oder der Käufer einer Nicht-EU-Maschine die Konformitätserklärung auf seinen Namen ausstellen und selbst das CE-Kennzeichnung mit eigenem Typenschild anbringen.

Ein Produktionsunternehmen, das direkt eine Maschine zur eigenen Verwendung aus einem Nicht-EU-Land importiert, ist nach der Arbeitsmittel-Benutzungsrichtlinie für Maschinen-Betreiber verpflichtet, nur CE-konforme Maschinen in Betrieb zu nehmen. Also auch dieser Importeur hat letztlich die volle Verantwortung für die importierte Maschine. Akzeptiert das EU-Unternehmen eine Importmaschine, die nicht den EU-Richtlinien genügt, dann muss dieser Betreiber selbst das Konformitätsverfahren durchführen, selbst eine Konformitätserklärung ausstellen und die gesamte Verantwortung für die Sicherheit der Maschine übernehmen.

c. Ausfuhr von Maschinen aus der EU

Beim Export von Maschinen in Nicht-EU-Länder sind natürlich die jeweiligen nationalen Gesetze und Bestimmungen der Empfängerländer maßgebend. Exporteure müssen (neben den Zoll- und Ausfuhrbestimmungen) die einschlägigen Geräte- und Maschinensicherheitsgesetze beachten. Diese Auflagen für Konstruktion und Bau einer Maschine oder Anlage werden am einfachsten beim Kunden abgefragt beziehungsweise detailliert vertraglich vereinbart.

Viele Länder erkennen die EU-Richtlinien als Mindeststandard für Maschinensicherheit an. Die Erfüllung der Maschinenrichtlinie wäre dann zwar notwendig, aber eventuell nicht hinreichend.

Praktischer Hinweis: Der Exporteur, der eine Maschine in ein Nicht-EU-Land liefert, sollte sich im Liefervertrag nicht auf die pauschale Formulierung „Lieferung gemäß EU-Richtlinien und den einschlägigen nationalen Gesetzen" verlassen. Die genaue Angabe der geltenden nationalen Gesetze des Empfängerlandes und der gewünschten Normen sichert den Exporteur vor unliebsamen Nachforderungen.
Vertragliche Einschränkungen der EU-Richtlinie, z. B. die Sprache der Dokumentation, sind in der Regel verhandelbar.

In einigen Nicht-EU-Ländern, insbesondere im **Nahen und Fernen Osten**, wird die CE-Kennzeichnung (fälschlicherweise) als Qualitätszeichen verstanden. Deshalb wird bei Maschinenlieferverträgen zunehmend die EU-Konformitätserklärung verlangt. Die oben genannten Punkte sind dabei zu beachten.

Das **zukünftige EU-Beitrittsland** Türkei wird sich im Vorfeld der Beitrittsverhandlungen auf das europäische Gesetzeswerk einstellen. Ähnlich den Verhältnissen bei der EU-Osterweiterung 2004 werden diese Länder die EU-Sicherheitsrichtlinien lange vor dem Beitritt voll übernehmen und in nationale Gesetze umwandeln. Damit kann (und muss) in diese Länder mit dem CE-Kennzeichnung und dem gesamten, dahinter stehenden Prozedere geliefert werden.

Auf zwei Exportländer soll beispielhaft noch etwas genauer eingegangen werden.

Russland: Auch bei Maschinenlieferungen in die Russische Föderation und in die Länder der GUS wird meist das CE-Kennzeichnung vertraglich verlangt. Für eine Reihe von Maschinenarten ist jedoch zusätzlich ein Zertifikat über eine Baumusterprüfung von GOST-akkreditierten Stellen notwendig (z. B. von DIN GOST TÜV Berlin Brandenburg).

Auszug aus der Liste der GOST-Zeichenpflichtigen Maschinen:

- Maschinen zum Füllen und Verschließen von Flaschen ...
- Verpackungsmaschinen
- Maschinen zum Zubereiten von Lebensmitteln
- Spanabhebende Werkzeugmaschinen
- Werkzeugmaschinen zum Entgraten, Schleifen, Honen ...
- Gesenkschmieden
- Pressen
- Maschinen und Geräte zum Löten oder Schweißen
- Maschinen und Geräte zum autogenen Oberflächenhärten
- Maschinen und Geräte zum Widerstandsschweißen
- Maschinen und Geräte zum Lichtbogen- oder Plasmaschweißen

- handgeführte Elektrowerkzeuge

USA: Zunehmend verlangen auch amerikanische Firmen die europäische CE-Kennzeichnung für importierte Maschinen. Allerdings müssen trotzdem die zusätzlichen amerikanischen Sicherheitsanforderungen beachtet werden. Die Sicherheitsgütesiegel der beiden Organisationen UL und FM der Risikoversicherungsgesellschaften sind für Materialien und Geräte ein Muss bei Exporten in die USA. Insbesondere bei allen Elektroteilen ist das UL-Zeichen als Nachweis einer sicheren Komponente von den US-Käufern vorgeschrieben.

Nachstehend werden die beiden wichtigsten US-Prüfstellen aufgeführt:

UL **Underwriter Laboratories**

UL International Germany GmbH, Frankfurter Str. 229, D 63263 Neu-Isenburg

UL International (Switzerland) Ltd., Ringstr. 1, CH 8603 Schwerzenbach, www.ul-europe.com

UL-Zeichen (USA), CE-Kennzeichnung (EU), GS-Zeichen (D), CCC-Zeichen (China), GOST-Zeichen (GUS)

IT-Geräte, Telekommunikation, Heimelektronik, medizintechnische Geräte, Laborausrüstung, Steuerungen, Motoren, Haushaltsgeräte, gewerbliche Geräte, Drähte und Kabel

FM **Factory Mutual**

FM Insurance Company Ltd., Eschersheimer Landstraße 54, D-60322 Frankfurt/M, www.fmglobal.com

FM-Zeichen

Produktzertifizierungen: Brandschutz, elektrische Ausrüstung, Explosionsschutz, explosionsgeschützte elektrische Betriebsmittel, Materialien

Tests und Prüfungen

ISO 9000-Zertifizierungen

Hinweis vorab: Die schriftlichen Aufzeichnungen der Spezifikationen (von den Einsatzvorschlägen bis zu den Leistungsangaben im Werbeprospekt) sind kein „Privatvergnügen“ der betroffenen Abteilungen, sondern Bestandteil der internen Technischen Dokumentation (das Symbol soll Sie in Zukunft daran erinnern!) und können im Produkthaftungsfall herangezogen werden!

2 Richtlinien für Maschinen und Anlagen

Nach diesem Vorspann wollen wir uns nur noch mit den Richtlinien zur Sicherheit von Maschinen und Anlagen beschäftigen. Der Schwerpunkt wird dabei auf der wichtigsten Richtlinie für diesen Bereich liegen, der EU-Maschinenrichtlinie.

Übersicht

Zentrale Sicherheitsrichtlinie für Maschinenhersteller:

2.1 Maschinenrichtlinie

In diesem Abschnitt wird im Rahmen des Punktes „Lärm und Vibrationen" auch die **Outdoor-Richtlinie** für Maschinen, die im Freien eingesetzt werden, behandelt.

Richtlinien für besondere Produkte im Bereich Maschinen:

2.2.a Pressensicherheit
2.2.b Druckgerätesicherheit

Richtlinien für elektrische Steuerungs- und Betriebssysteme:

2.2.c Niederspannungsrichtlinie (elektrische Betriebsmittel)
2.2.d EMV-Richtlinie (elektromagnetische Verträglichkeit)

Richtlinie aus dem geregelten Bereich (Produkte mit besonderem Risikopotenzial):

2.2.e Explosionsschutzrichtlinie ATEX

Betreiberrichtlinien:

2.3.a Arbeitsschutz-Grundlagenrichtlinie
2.3.b Arbeitsmittel-Benutzungsrichtlinie

Anwendungspflicht der Richtlinien

Welche Richtlinie muss nun angewendet werden, wenn von der Sache her verschiedene Richtlinien zutreffen? Bei jeder Maschine mit elektrischem Antrieb und elektronischer Steuerung treffen ja mindestens drei Richtlinien zu: die Maschinenrichtlinie, die Niederspannungsrichtlinie und die EMV-Richtlinie.

Die Gültigkeit und Anwendung verschiedener Richtlinien ist klar geregelt:

- Die **formalen** Regelungen (Vorgehen, Bescheinigungsverfahren usw.) gibt die Richtlinie vor, die das Hauptrisiko beschreibt.
- Bei den **sachlichen** Anforderungen (Sicherheits- und Gesundheitsschutzanforderungen) gelten *alle zutreffenden* Richtlinien.

Also sind bei Maschinen in der Regel die Sicherheitsanforderungen aller drei zutreffenden Richtlinien zu beachten (Anhänge I der Maschinenrichtlinie, der Niederspannungsrichtlinie und der EMV-Richtlinie). Das Bescheinigungsverfahren, also die formalen Schritte zur CE-Kennzeichnung und zur Konformitätserklärung, regelt die dem Hauptrisiko zugeordnete Richtlinie: mechanisches Hauptrisiko $\longrightarrow$ Maschinenrichtlinie.

Hinweis: Die Anwendung und Beachtung aller zutreffenden Richtlinien ist gesetzlich bindend, auch ohne dass dies ausdrücklich erwähnt wird. Mit der Bestätigung, dass die Maschinenrichtlinie eingehalten wurde, wird dann implizit auch die Einhaltung aller anderen zutreffenden Richtlinien bestätigt, auch wenn dies in der Bestätigung nicht explizit genannt wird.

Es gibt natürlich Grenzfälle, bei denen die Entscheidung für die Hauptrichtlinie nicht einfach ist. Beispiel Elektromotor: Maschine oder elektrisches Betriebsmittel, Maschinenrichtlinie oder Niederspannungsrichtlinie? In den meisten Fällen ist eine Entscheidung für die eine oder andere Richtlinie allerdings irrelevant, da die formalen Anforderungen fast identisch sind und die sachlichen Anforderungen sowieso alle beachtet werden müssen.

Praktischer Tipp: Der Einfachheit halber bestätigt man in Zweifelsfällen die Einhaltung aller zutreffenden, namentlich genannten Richtlinien.

Anders verhält es sich, wenn Richtlinien aus dem geregelten Bereich zutreffen, die eine Baumusterprüfung bei einer „benannten Stelle" (= offizielle Prüfstelle) vorschreiben. Diese Richtlinien für Produkte mit besonders hohem Risikopotenzial haben natürlich in den formalen Anforderungen (z. B. Ablauf der Baumusterprüfung und anderen Überprüfungen) Vorrang vor den Formalien der Maschinenrichtlinie.

Richtlinien mit Baumusterprüfungen bei benannten Stellen

- **Outdoor-Richtlinie**
  (bei Gerätearten mit gesetzlich vorgeschriebenen Grenzwerten)
- **Richtlinie für einfache Druckbehälter**
  und **Druckgeräterichtlinie** (für Geräte der Kategorie III und IV)
- **Explosionsschutzrichtlinie ATEX**
  (für elektrische Betriebsmittel in explosionsgefährdeten Räumen)

2.1 Die Maschinenrichtlinie

Übersicht

- Was ist eine Maschine?
  a. Anwendungsbereich der Maschinenrichtlinie
- Was ist zu beachten?
  b. Formale Regelungen der Maschinenrichtlinie

- Welche Anforderungen gibt es an meiner Maschine?
  c. Technische Anforderungen und Nachweise
- Einige besondere Anforderungen an Konstruktion und Information:
  d. Schall und Vibrationen
  e. Besondere Informationspflichten
- Was hat sich bei der neuen Maschinenrichtlinie 2006/42/EG gegenüber der Vorgängerrichtlinie 89/329/EWG geändert?
  f. Zusammenfassung der Neuerungen der Maschinenrichtlinie

Für einen ersten Überblick geben wir, wie bei jeder in Kapitel 2 besprochenen Richtlinie, die Inhaltsübersicht wieder. Der gesamte (relevante) Text der neuen Maschinenrichtlinie ist in „§ Anhang“ Seite A13 ff. abgedruckt.

Maschinenrichtlinie 2006/42/EG - Inhalt

Art. 1 **Anwendungsbereich**
Art. 2 **Begriffsbestimmungen**
Art. 3 **Spezielle Richtlinien (die anzuwenden sind)**
Art. 4 **Marktaufsicht**
Art. 5 **Inverkehrbringen und Inbetriebnahme**
Art. 6 **Freier Warenverkehr (in der EU)**
Art. 7 **Konformitätsvermutung und harmonisierte Normen**
Art. 8 **Spezifische Maßnahmen**
Art. 9 **Besondere Maßnahmen für Maschinen mit besonderem Gefahrenpotenzial**
Art. 10–11 **juristische Regelungen (hier nicht abgedruckt)**
Art. 12 **Konformitätsbewertungsverfahren für Maschinen**
Art. 13 **Verfahren für unvollständige Maschinen**
Art. 14 **Benannte Stellen (Prüfstellen)**
Art. 15 **Installation und Verwendung der Maschinen**
Art. 16 **CE – Kennzeichnung**
Art. 17 **Nicht vorschriftsmäßige Kennzeichnung**
Art. 18–29 **juristische Regelungen (hier nicht abgedruckt)**

Anh. I	**Grundlegende Sicherheits- und Gesundheitsschutzanforderungen für Konstruktion und Bau von Maschinen**
Anh. II	**Erklärungen (A. Inhalt der Konformitätserklärung für Maschinen, B. Erklärung für den Einbau einer unvollständigen Maschine)**
Anh. III	**CE – Kennzeichnung**
Anh. IV	**Kategorien von Maschinen, für die eines der Verfahren nach Artikel 12 Absätze 3 und 4 anzuwenden ist**
Anh. V	**Nicht erschöpfende Liste der Sicherheitsbauteile im Sinne des Artikels 2 Buchstabe c**
Anh. VI	**Montageanleitung für eine unvollständige Maschine**
Anh. VII	**Technische Unterlagen**
Anh. VIII	**Bewertung der Konformität mit interner Fertigungskontrolle bei der Herstellung von Maschinen**
Anh. IX	**EG-Baumusterprüfung**
Anh. X	**Umfassende Qualitätssicherung**
Anh. XI	**Von den Mitgliedstaaten zu berücksichtigende Mindestkriterien für die Benennung der Stellen**
Anh. XII	**Entsprechungstabelle (der Artikel und Anhänge der alten und neuen Richtlinie)**

a. Anwendungsbereich der Maschinenrichtlinie

Die Maschinenrichtlinie ist nicht nur auf Maschinen, sondern auch auf folgende Artikel anzuwenden:

- unvollständige Maschinen
- auswechselbare Ausrüstungen
- Lastaufnahmemittel, Ketten, Seile und Gurte
- abnehmbare Gelenkwellen
- Sicherheitsbauteile

Nun aber die Antwort auf die Frage: „Was ist eine Maschine?" Eine **Maschine** im Sinne der Maschinenrichtlinie ist eine Gesamtheit von Teilen oder Vorrichtungen,

- die miteinander verbunden sind (Maschinen in engerem Sinne) ☑
  ODER miteinander als Gesamtheit funktionieren (Anlagen, Verkettungen).

> **Hinweis:** Der Begriff „Gesamtheit von Maschinen" und die Anwendung der MRL auf diese „Gesamtheit" wird in einer Vorschrift der Gewerbeaufsicht Baden-Württemberg genauer erläutert [www.gaa.baden-wuerttemberg.de GPS 7.2].

- mit mindestens einem beweglichen Teil, das durch eine Kraftquelle (außer der menschlichen Arbeitskraft) angetrieben wird. ☑

Unter die Maschinenrichtlinie fallen außerdem

- Hebezeuge, die ausschließlich durch menschliche Arbeitskraft angetrieben werden (z. B. Flaschenzüge), ☑

- auswechselbare Ausrüstungen, die die Funktion einer Maschine ändern (auch ohne eigenen Antrieb), jedoch keine Einzelteile und Ersatzteile, ☑
- Sicherheitsbauteile (elektrische oder elektronische) für Maschinen (die als alleiniger Schutz vor einer Gefährdung verwendet werden dürfen), ☑
- bewegliche (fahrbare) Maschinen, ☑
- Einrichtungen zum Fortbewegen oder Heben (Fahrgeschwindigkeit ≤ 0,15 m/s) von Personen, Baustellenaufzüge. ☑

Nicht als **(vollständige) Maschine** im Sinne der Richtlinie gelten

- Einzelteile, Ersatzteile oder Verschleißteile einer Maschine,
- Maschinenkomponenten oder sicherheitstechnisch unvollständige Maschinen.

Für diese Komponenten sieht die Maschinenrichtlinie eine besondere formale Vorgehensweise vor (siehe „Einbauerklärung für unvollständige Maschinen").

Hinweis: Nicht selbstständig betreibbare (z. B. auch: sicherheitstechnisch nicht vollständige) „Maschinen" dürfen also durchaus geliefert werden! Diese „unvollständigen Maschinen" werden als Komponenten zum Einbau in eine sicherheitstechnisch vollständige Maschine behandelt.

Keine Maschine im Sinne der Richtlinie sind (Ausnahmeliste Art. $1_{(2)}$)

- Geräte für die menschliche Arbeitskraft (mit Ausnahme der Hebezeuge, s. o.),
- Sicherheitsbauteile, die als Ersatzteile zur Ersetzung identischer Bauteile bestimmt sind und die vom Hersteller der Ursprungsmaschine geliefert werden,
- Einrichtungen für Jahrmärkte und Vergnügungsparks,
- Maschinen für eine nukleare Verwendung,
- Waffen, einschließlich Feuerwaffen,
- die folgenden Beförderungsmittel:
  - land- und forstwirtschaftliche Zugmaschinen,
  - Kraftfahrzeuge und Kraftfahrzeuganhänger,
    mit Ausnahme der auf diesen Fahrzeugen angebrachten Maschinen,
  - ausschließlich für sportliche Wettbewerbe bestimmte Kraftfahrzeuge,
  - Beförderungsmittel für die Beförderung in der Luft, auf dem Wasser und auf Schienennetzen,
    mit Ausnahme der auf diesen Beförderungsmitteln angebrachten Maschinen,
- Seeschiffe und bewegliche Offshore-Anlagen,
  inkl. der dort montierten Maschinen,
- Maschinen für militärische Zwecke oder zur Aufrechterhaltung der öffentlichen Ordnung,
- Maschinen für Forschungszwecke zur vorübergehenden Verwendung in Laboratorien,
- Schachtförderanlagen,
- Hebezeuge, Personenaufzüge mit einer Fahrgeschwindigkeit >0,15 m/s,
- Maschinen zur Beförderung von Darstellern während künstlerischer Vorführungen,
- elektrische und elektronische Erzeugnisse folgender Arten,
  - für den häuslichen Gebrauch bestimmte Haushaltsgerät,
  - Audio- und Videogeräte,

- informationstechnische Geräte,
- gewöhnliche Büromaschinen,
- Niederspannungsschaltgeräte und -steuergeräte,
- Elektromotoren,

- elektrischen Hochspannungsausrüstungen: Schalt- und Steuergeräte, Transformatoren.

Die Produkte dieser Ausnahmeliste werden durch andere Richtlinien abgedeckt!

b. Formale Regelungen der Maschinenrichtlinie

Oder die Antwort auf die Frage, was zu tun ist, um eine Maschine in Verkehr bringen zu dürfen. Wenn das Hauptrisiko, das von dem Produkt ausgeht, durch die Maschinenrichtlinie beschrieben wird, dann ist gemäß dieser Richtlinie zu verfahren. Im Einzelnen sollen die notwendigen Schritte im Kapitel 3 „Die 5 Schritte zur Konformitätserklärung“ beschrieben werden. Hier wird eine Übersicht der geforderten Punkte gegeben (siehe insbesondere MRL Anh. VII A):

- Durchführung einer **Risikobeurteilung** für die Maschine: ☑
  - Zusammenstellung der zutreffenden grundlegenden Sicherheits- und Gesundheitsschutzanforderungen der Richtlinie (siehe MRL Anh. I) und der Normen
  - ermitteln, abschätzen und bewerten der Risiken
  - Beschreibung der **technischen Lösungen**, die zur Risikominderung, also zur Verhütung der von der Maschine ausgehenden Gefährdungen gewählt wurden
- **Nachweis der Übereinstimmung** der Maschine mit den Sicherheitsanforderungen und ggf. den Normen
- **Überprüfung der Montage** und/oder Inbetriebnahme und alle Prüfungen, die in den aufgeführten Normen enthalten sind
- **Interne Fertigungskontrolle** bei Serienmaschinen
- Erstellung und Aufbewahrung der **Technischen Produktdokumentation**
  (Sprache: eine der Amtssprachen der Mitgliedsländer der EU)
- Erstellung der **Betriebsanleitung** (Original: gewählte Sprache der Technischen Dokumentation)
  Die Betriebsanleitung ist an den Betreiber mit der Maschine auszuliefern
  (ausgelieferte Exemplare: in der oder den Amtssprachen des Verwenderlandes und die Originalbetriebsanleitung)
- für alle Maschinen gem. obiger Definition *muss* eine **Konformitätserklärung** gem. Maschinenrichtlinie Anh. II 1A ausgestellt und mit der Maschine ausgeliefert werden
  (Sprache der ausgelieferten Konformitätserklärung: wie Betriebsanleitung)
- für alle unvollständigen Maschinen *darf keine* Konformitätserklärung ausgestellt werden, es *muss* vielmehr eine **Einbauerklärung** gem. Maschinenrichtlinie Anh. II 1B ausgestellt werden (Sprache der ausgelieferten Einbauerklärung: wie Betriebsanleitung)
- an alle Maschinen gem. obiger Definition (auch an Sicherheitsbauteile, Lastaufnahmemittel, Seile usw.) *muss* die CE-Kennzeichnung (gem MRL Anh. III) und ein Typschild angebracht werden. CE
- an alle unvollständigen Maschinen *darf keine* CE-Kennzeichnung angebracht werden CE

Es ist zu beachten, dass es innerhalb der Maschinenrichtlinie verschiedene „Klassen“ von Maschinen und Geräten gibt, die unterschiedlich behandelt werden müssen:

- (normale) Maschinen (und Anlagen) gem. der Definition MRL Art. 2a
- besondere Maschinen gem. MRL Anh. IV
- auswechselbare Ausrüstungen, die die Funktion der Maschine ändern
- Sicherheitsbauteile (s. MRL Anh. V)
- Lastaufnahmemittel, Ketten, Seile und Gurte
- abnehmbare Gelenkwellen
- unvollständige Maschinen gem. MRL Art. 2g
- Maschinen und Geräte der Ausnahmeliste MRL
- Elektrogeräte und -komponenten, deren Hauptrisiko von der Elektrizität ausgeht

Die Auflagen für solche vom Normalfall abweichenden „besonderen Maschinen“ sind in Kap. 4.3 „Besondere Sicherheitsanforderungen“ ausführlich behandelt.

Voraussetzungen zum Anbringen der CE-Kennzeichnung:

<table>
<tr><th colspan="7">Maschinen gem. MRL</th></tr>
<tr><th colspan="2">besondere Maschinen
gem. MRL Art. 9 und Anh. IV</th><th colspan="2">Sicherheitsbauteile
gem. MRL Art. 2(c), Anh. V</th><th>Maschinen
gem. MRL Art. 2(a)</th><th>Lastaufnahme-mittel
MRL Art. 2 (d, e)</th><th>unvollständige Maschinen
MRL Art. 2 (g)</th></tr>
<tr><td colspan="2">Maschinen mit besonderem Gefahrenpotential</td><td colspan="2">ein Bauteil, das zur Gewährleistung einer Sicherheitsfunktion dient und gesondert in Verkehr gebracht wird</td><td>mit Antriebssystem und mind. einem beweglichen Teil</td><td>zu einem Hebezeug gehörendes Ausrüstungsteil</td><td>zum Einbau in eine Maschine, erfüllt für sich keine Funktion</td></tr>
<tr><td colspan="2">Pressen, Holzbearbeitung, Säge-, Hobel- und Fräsmaschinen, Kunststoff- und Gummispritzgießmaschinen, Unter-Tage-Maschinen, Fahrzeughebebühnen, …
abnehmbare Gelenkwellen (MRL Art. 2 (f),</td><td>Schutz-einrichtungen, Logikeinheiten für Sicherheits-funktionen</td><td>Sicherheits-Befehls-einheiten, NOT AUS, …</td><td>"normale" Maschinen und Anlagen</td><td>Ausrüstungsteil, Seile, Ketten, …</td><td>Antriebssystem, …</td></tr>
<tr><th colspan="7">Erfüllung der zutreffenden "Grundlegenden Sicherheits- und Gesundheitsschutzanforderungen"</th></tr>
<tr><td colspan="7">der Maschinenrichtlinie Anh. I und aller anderen noch zutreffenden Richtlinien</td></tr>
<tr><td>Fall a: Maschine erfüllt die zutreffenden harmonisierten A-, B- und C-Normen voll</td><td colspan="2">Fall b: Maschine erfüllt die zutreffenden harmonisierten A-, B- und C-Normen nicht oder nur teilweise</td><td colspan="4">empfohlene Erfüllung der zutreffenden harmonisierten EN-Normen (A, B, C), insbesondere der B-Normen (allg. Sicherheitsaspekte)</td></tr>
<tr><td colspan="2">Konformität in eigener Verantwortung des Herstellers</td><td rowspan="2">Baumusterprüfung
+ interne Fertigungs-kontrolle
gem. MRL Anh. VIII</td><td colspan="4" rowspan="2">Konformität in eigener Verantwortung des Herstellers
+ interne Fertigungskontrolle für Serienmaschinen</td></tr>
<tr><td>+ interne Fertigungskontrolle gem. MRL Anh. VIII</td><td>+ umfassendes QS-Verfahren gem. MRL Anh. X</td></tr>
<tr><th colspan="7">Technische Dokumentation</th></tr>
<tr><td colspan="6">technische Unterlagen gem. MRL Anh. VII A</td><td>… gem. Anh. VII B</td></tr>
<tr><td colspan="6">Betriebsanleitung ggf. mit Einbauanleitung</td><td rowspan="2">Montageanleitung
gem. Anh. V</td></tr>
<tr><td colspan="3">gem. Anh. I, 1.7.4, 2.1.2</td><td colspan="2">gem. Anh. I, 1.7.4, 2.2.2.2, 3.6.3</td><td>gem. Anh. I, 4.4</td></tr>
<tr><td colspan="2">10 Jahre Aufbewahrungspflicht</td><td>15 Jahre Aufbew.</td><td colspan="4">10 Jahre Aufbewahrungspflicht</td></tr>
<tr><th colspan="7">Erklärungen und CE-Kennzeichnung</th></tr>
<tr><td colspan="6">Konformitätserklärung
gem. MRL Anh. II 1 A</td><td>Einbauerklärung
gem. Anh. II 1B</td></tr>
<tr><td colspan="6">CE-Kennzeichnung gem. MRL Anh. III</td><td>keine CE-Kennz.</td></tr>
</table>

<table>
<tr><td rowspan="2">keine Maschinen gem. MRL</td><td>Ausnahmeliste MRL Art. 1 (2)</td><td>Waffen, Kraftfahrzeuge, Seeschiffe, Maschinen für Forschung, …</td></tr>
<tr><td>Elektrogeräte MRL Art. 1 (2j)</td><td>Haushaltsgeräte, Elektromotoren, Niederspannungsschaltgeräte, …</td></tr>
</table>

c. Technische Anforderungen und Nachweise

Oder die Antwort auf die Frage, welche Sicherheitsanforderungen an eine Maschine definitiv gestellt werden. Das Ziel, dass jede Maschine immer vollständig sicher im Gebrauch sein muss, ist natürlich anzustreben. Bei der Konzipierung und beim Bau einer Maschine ist diese allgemeine Forderung nicht sehr hilfreich. Aus diesem Grund ist eine Hierarchie von Sicherheitsanforderungen geschaffen worden.

Nach dem Abschnitt „Anwendungspflicht der Gesetze und Normen“ (siehe „New Approach“ in Kap. 1.1) ist klar, dass

- alle in der Maschinenrichtlinie (insbesondere im Anhang I) enthaltenen **grundlegenden Sicherheits- und Gesundheitsschutzanforderungen**, die für die aktuelle Maschine zutreffen, eingehalten werden *müssen* (MRL Art. $5_{(1)}$a),
- alle Sicherheits- und Bauvorschriften für **allgemeine Sicherheitsaspekte** in den Sicherheits-B-Normen eingehalten werden *sollten,*
- alle **Sicherheits- und Bauvorschriften für bestimmte Produkte** in den Sicherheits-C-Normen sinnvollerweise eingehalten werden *sollen* (aber nicht *müssen*) (MRL Art. $7_{(2)}$).

Die Einhaltung der zutreffenden Sicherheitsanforderungen ist nachzuweisen für alle Stellen, von denen eine Gefährdung ausgeht.

Die „Grundlegenden Sicherheits- und Gesundheitsschutzanforderungen“ des Anhangs I der Maschinenrichtlinie werden in Kapitel 5 ausführlich besprochen und in einer Checkliste für die praktische Anwendung zusammengestellt. Zur ersten Orientierung sollen hier nur die Kapitelüberschriften wiedergegeben werden. Diese geben einen guten Einblick in die Breite der Anforderungen:

Maschinenrichtlinie Anhang I: Grundlegende Sicherheits- und Gesundheitsschutzanforderungen für Konstruktion und Bau von Maschinen

1. **Grundlegende Sicherheits- und Gesundheitsschutzanforderungen**
(mit Steuerungen und Befehlseinrichtungen, Schutzmaßnahmen, Schutzeinrichtungen, Lärm und Vibrationen, Instandhaltung, Betriebsanleitung)
2. **Zusätzliche grundlegende Sicherheits- und Gesundheitsschutzanforderungen an bestimmte Maschinengattungen** (Nahrungsmittelmaschinen, Maschinen für kosmetische oder pharmazeutische Erzeugnisse, von Hand geführte Maschinen, Holzbearbeitungsmaschinen)
3. **Zusätzliche grundlegende Sicherheits- und Gesundheitsschutzanforderungen zur Ausschaltung der Gefährdungen, die von der Beweglichkeit von Maschinen ausgehen**
4. **Zusätzliche grundlegende Sicherheits- und Gesundheitsschutzanforderungen zur Ausschaltung der durch Hebevorgänge bedingten Gefährdungen** (Rollen, Seile, Ketten, Lastaufnahmemittel, Kennzeichnung dieser Komponenten)
5. **Zusätzliche grundlegende Sicherheits- und Gesundheitsschutzanforderungen für Maschinen, die zum Einsatz unter Tage bestimmt sind**
6. **Zusätzliche grundlegende Sicherheits- und Gesundheitsschutzanforderungen an Maschinen, von denen durch das Heben von Personen bedingte Gefährdungen ausgehen** (Lastträger)

Die **Nachweise** der Erfüllung dieser Sicherheitsanforderungen und die Beschreibung der getroffenen Maßnahmen zur Minderung der Risiken, die von der Maschine ausgehen, werden sehr ausführlich in Kap. 5.2 „Dokumentations- und Risikobewertungsverfahren“ behandelt. Dieses Kapitel enthält auch einige praktische Tabellen und Listen zur Durchführung der Dokumentation dieser Nachweise in Form einer Risikobeurteilung (Gefährdungsanalyse und Risikobewertung).

Hinweis: Für diese Dokumentation werden verschiedene Begriffe gebraucht: Gefährdungsanalyse, Risikoanalyse, Sicherheitsanalyse ... Ein Überblick über die normgerechten Begriffe [EN 12100] bietet das Schema „Prozess zur Risikominimierung".

In der neuen Maschinenrichtlinie 2006/42/EG beziehungsweise im Gesetz 9. GPSGV wird nun explizit ein Risikominderungsprozess gefordert [MRL Anh. I, Allgemeine Grundsätze]. Die dort aufgeführten Maßnahmen zur Risikobeurteilung (Risikoanalyse und Risikobewertung) und Risikominderung sind bindend:

- Bestimmung der Grenzen der Maschine (bestimmungsgemäße Verwendung *und* vorhersehbare Fehlanwendungen)
- Abschätzung der Risiken (Schwere der Schäden und Wahrscheinlichkeit des Eintretens) und deren Bewertung (ob eine Risikominderung erforderlich ist)
- Beschreibung der Maßnahmen zur Ausschaltung der Risiken

Diese Beurteilungen sind selbstverständlich unter der Berücksichtigung der im Anhang I der MRL aufgeführten bindenden Sicherheits- und Gesundheitsschutzanforderungen zu treffen.

In der „Ausführungsbestimmung" der Maschinenrichtlinie, der EN 12100 – 1, sind Hilfen zur Umsetzung der gesetzlichen Forderungen aufgelistet und beschrieben:

- alle möglichen, zu berücksichtigenden Risiken bei Maschinen [§4]
- Strategie zur Risikominderung [§5]

In der Norm EN 12100 – 2 sind Maßnahmen zur Beseitigung oder Minimierung der Risiken beschrieben:

- inhärent sichere Konstruktion [§4]
- Technische Schutzmaßnahmen [§5]

Eine ausführliche Beschreibung der Anforderungen an eine Risikobeurteilung mit Gefährdungsanalyse, die den Ansprüchen der Maschinenrichtlinie vollständig genügt, enthält die harmonisierte Norm EN 14121 – 1 „Sicherheit von Maschinen – Risikobeurteilung – Leitsätze". Der im Anhang I der MRL geforderte „iterative Prozess zur Risikominderung" wird dort folgendermaßen beschrieben:

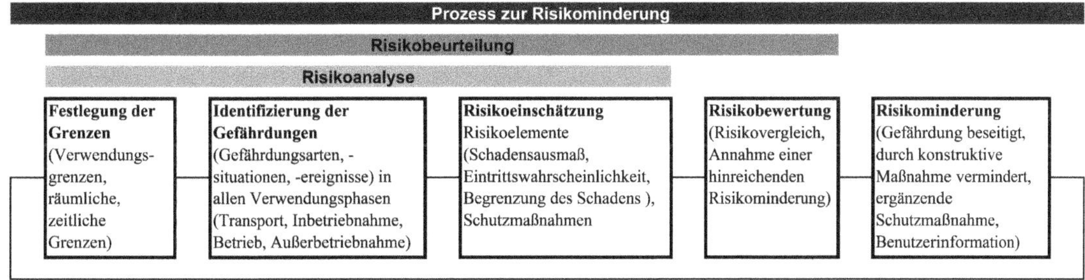

Die Norm enthält zudem detaillierte Anweisungen zur

- Risikoeinschätzung (Risikoelemente, Risikoaspekte) [§7],
- Risikobewertung [§8]

und in dem informativen Anhang A eine nützliche Zusammenstellung

- der **Gefährdungsmöglichkeiten** (Gefährdungsartenkatalog) mit Ursprung (Ursache) und möglichen Folgen,
- der **Gefährdungssituationen** unter Berücksichtigung der Lebensphase (Einsatzart: Betrieb, Wartung, Fehlerbehebung ...) der Maschine,
- der **Gefährdungsereignisse** (Fehlverhalten, Fehler der Maschine) mit dem möglichen Ursprung.

Die in der Vorgängernorm EN 1050 im Anhang B aufgelisteten „Verfahren zur Untersuchung von Gefährdungen und zur Einschätzung des Risikos" („Was-Wenn"-Verfahren (What-If), FMEA, MOSAR-Verfahren, Fehlerbaumanalyse (FTA) ...) wurden ersatzlos gestrichen. Ebenso wurde auf ein Schema zur Risikoklassifizierung verzichtet, wie sie z. B. in der Norm EN 954 aufgeführt ist.

In den Kapiteln 5.2 „Risikobewertungs- und Dokumentationsverfahren" und 5.3 „Beispiele" wird auf das praktische Vorgehen ausführlich eingegangen und ein Risikobewertungs- und Klassifizierungsverfahren vorgestellt.

d. Schall und Vibrationen

Wie bei allen Sicherheitsanforderungen der Maschinenrichtlinie sind die Maßnahmen zu den Gefährdungen „Lärm" (=Luftschall) und „Vibrationen" zunächst sehr allgemein gehalten. Im Anh. I, 1.5.8 und 9 wird der Hersteller aufgefordert, die Maschine so zu konzipieren, dass der Lärm und die Vibrationen möglichst vermieden bzw. **auf das niedrigste erreichbare Niveau gesenkt** werden. In der Betriebsanleitung sind gem. Anh. I., 1.7.4.2.j **Installationsvorschriften** zur Verminderung von Lärm und Vibrationen anzugeben. Im Gegensatz zu den anderen Sicherheitsanforderungen der Richtlinie sind aber im Anh. I Abschnitte über die **Messung** des von der Maschine ausgehenden Luftschalls und der Vibrationen enthalten, die sehr konkret sind. Darüber hinaus gibt es für Maschinen und Geräte, die im Freien eingesetzt werden (können), eine zusätzliche Richtlinie für die Schallabstrahlung in die Umgebung.

Zunächst ein Überblick über die anzuwendenden Richtlinien für **Luftschall** und die entsprechende Zuordnung der Maschinen- und Gerätearten:

<table>
<tr><td colspan="3">alle Maschinen und Geräte:</td></tr>
<tr><td colspan="3">Richtlinie für allgemeine Gefährdungen: **EU-Maschinenrichtlinie 98/37/EG**</td></tr>
<tr><td>Maschinen und Geräte, die innerhalb eines Gebäudes eingesetzt werden:</td><td colspan="2">Maschinen und Geräte, die zum Einsatz im Freien vorgesehen sind:</td></tr>
<tr><td colspan="3">zuständige Richtlinie für den von der Maschine ausgehenden Luftschall:</td></tr>
<tr><td>**Maschinenrichtlinie 98/37/EG**</td><td colspan="2">**Outdoor-Richtlinie 2000/14/EG**</td></tr>
<tr><td>alle Maschinen und Geräte im Sinne der Richtlinie, die *nicht* in Art. 12 - 13 der Outdoor-RL aufgelistet sind</td><td>alle Maschinen der Liste in Art. 13 der Outdoor-RL</td><td>alle Maschinen der Liste in Art. 12 der Outdoor-RL</td></tr>
<tr><td>z.B.: Werkzeugmaschinen, Flurförderzeuge, Hubvorrichtungen für Güter und Personen, Holzbearbeitungsmaschinen</td><td>z.B.: Gartengeräte, Bauaufzüge, motorbetriebene Handkettensägen</td><td>z.B.: Kompressoren, motorbetriebene Bauaufzüge, Bagger, Rasenmäher</td></tr>
<tr><td colspan="3">Anforderungen an den Luftschall</td></tr>
<tr><td>Lärminformationspflicht in der Betriebsanleitung, kein maximaler Schallleistungspegel vorgeschrieben</td><td>Lärminformationspflicht: Angabe garantierter Schallleistungspegel, *kein* Maximalwert vorgeschr.</td><td>Einhaltung eines vorgeschriebenen maximalen garantierten Schallleistungspegels</td></tr>
</table>

Alle Maschinen und Geräte, die nicht unter die Outdoor-Richtlinie fallen, unterliegen nur einer Lärminformationspflicht. Diese wurde zunächst 1991 in der Maschinenlärminformationsverordnung (3. GPSGV) festgeschrieben, ist jetzt aber in der neuen Fassung der Maschinenrichtlinie (9. GPSGV) integriert. Für Maschinen, die in geschlossenen Fabrikationsanlagen aufgestellt werden, gelten also für den Hersteller keine Lärm*begrenzungs*vorschriften mehr, sondern nur noch eine Lärm*informations*pflicht (dazu siehe auch Abschnitt „Verhältnis Hersteller – Betreiber" in Kap. 2.3).

Lärmregelung in der Maschinenrichtlinie

Der Hersteller ist gem. **Maschinenrichtlinie** (Anh. I, 1.7.4.2.u) verpflichtet, eine Lärmmessung an seiner Maschine, zumindest an den Arbeitsplätzen der Maschine vorzunehmen und die Luftschallemissionswerte in der Betriebsanleitung explizit auszuweisen:

- falls gemessener Dauerschalldruckpegel ≤ 70 dB(A):
  Angabe des (pauschalen) Wertes „< 70 dB(A)"
- falls gemessener Dauerschalldruckpegel > 70 dB(A):
  Angabe des gemessenen Dauerschalldruckpegels in dB(A)
- falls Höchstwert des C-bewerteten momentanen Schalldrucks > 63 Pa:
  Angabe des höchsten momentanen C-bewerteten Schalldrucks an den Arbeitsplätzen in Pa
- falls äquivalenter Dauerschalldruckpegel an den Arbeitsplätzen > 85 dB(A):
  Angabe des Schallleistungspegels der Maschine in dB(A)

Zur Messung der Schallleistungspegel sollen die einschlägigen harmonisierten Normen angewendet werden (siehe Kap. 1.2 „Liste der harmonisierten Normen"). Wenn die Arbeitsplätze des Bedienpersonals nicht festgelegt sind, sind Schalldruckmessungen in 1 m Abstand von der Maschine und in 1,60 m über dem Boden oder der Zugangsplattform vorzunehmen.

Lärmregelung in der Outdoor-Richtlinie

Für Maschinen und Geräte, die zur Verwendung im Freien vorgesehen sind, gelten für den Luftschall die wesentlich schärferen Richtlinien der Outdoor-Richtlinie bzw. der Maschinen- und Geräte-Lärmschutzverordnung (32. BImSchV). Während der Gesetzgeber davon ausgeht, dass der Betreiber einer Maschine in Gebäuden selbst für den Lärmschutz der Maschinenbediener aufkommt, müssen (wehrlose) Nachbarn eines Freiluft-Maschinenbetreibers besonders geschützt werden. Nicht unter die Outdoor-Richtlinie (und nicht unter die MaschinenRL) fallen:

- Einrichtungen zum Personen- und Gütertransport auf Straße, Schiene, im Wasser und in der Luft
- Einrichtungen für militärische, polizeiliche und rettungsdienstliche Zwecke

Der **Lärminformationspflicht** müssen die Maschinen und Geräte des Art. 13 der OutdoorRL genügen (zur vollständigen Liste siehe § Anhang „Outdoor-Richtlinie" oder „Geräte- und Maschinenlärmschutzverordnung, Anhang, Spalte 2"; eine genauere Definition der benannten Geräte wird in der „Outdoor-Richtlinie Anh. I" gegeben):

- Sägemaschinen (Baustellenband- und Kreissäge, Motorkettensäge)
- Gartengeräte (Grastrimmer, Heckenschere, Laubbläser, Schredder)
- Sonderfahrzeuge (Pistenraupe, Müllsammelfahrzeug, Kehrmaschine)
- Baumaschinen (Betonmischer, Elektro-Bauwinde, Förderband)

Die Messvorschrift für den anzugebenden garantierten Luftschall für jedes der aufgeführten Geräte ist im Anh. III B der Outdoor-Richtlinie genau beschrieben. Die Angabe des garantierten Schallleistungspegels erfolgt gem. Anh. IV der Outdoor-Richtlinie durch „L_{WA} xxx dB" in einem dort vorgeschriebenen Piktogramm.

In Art. 12 der Outdoor-Richtlinie sind Maschinen und Geräte aufgeführt, die nicht nur der Lärm-Informationspflicht genügen müssen, sondern bei denen ein gesetzlich vorgeschriebener, **maximaler Schallleistungspegel** einzuhalten ist. Beispiele dafür sind:

- Aggregate (Kraftstromerzeuger < 400 kW, Kompressor, Hydraulikaggregat)
- Gartengeräte (Rasentrimmer, Rasenmäher)
- Sonderfahrzeuge (Gabelstapler m. Verbrennungsmotor, Baggerlader)
- Baumaschinen (Vibrationswalzen, Rüttelplatten, Betonbrecher, Motor-Bauwinde, Straßenfertiger)

Die in der Richtlinie vorgeschriebenen zulässigen Maximalwerte der Schallleistungspegel bestimmter Gerätegruppen liegen um 100±5 dB. Seit 2006 sind diese Werte um ca. 2 dB abzusenken! (Zu den genauen Werten siehe „§ Anhang, Outdoor-Richtlinie"). Als Beispiel sollen nur die Werte für Hydraulikaggregate angeführt werden:

- Hydraulikaggregate mit Leistung $P \leq 55$ kW: $L_{WA} \leq 104$ dB
- Hydraulikaggregate mit Leistung $P < 55$ kW: $L_{WA} \leq (85 + 11 \cdot \lg P)$ dB

Das Konformitätsbewertungsverfahren der Outdoor-Richtlinie erfordert eine ausgewiesene interne Fertigungskontrolle und Einzelprüfung und ggf. die Einschaltung einer Prüfstelle (siehe dazu Anh. V – VI der Outdoor-Richtlinie).

Informationspflicht bei Vibrationen

Im Anhang I, 2.2 „Handgehaltene und/oder handgeführte Maschinen“ ist die Informationspflicht für **Vibrationen** geregelt. Sie gilt also nicht allgemein, sondern nur für die in der Überschrift angegebene Maschinenart und für verfahrbare Maschinen. In der Betriebsanleitung ist anzugeben:

- falls der Schwingungsgesamtwert, dem die oberen Gliedmaßen ausgesetzt sind, ≤ 2,5 m/s^2: Angabe des (pauschalen) Wertes „<2,5 m/s^2“
- falls der Schwingungsgesamtwert, dem die oberen Gliedmaßen ausgesetzt sind, > 2,5 m/s^2: Angabe des nach den entsprechenden Prüfregeln gemessenen Wertes des gewichteten Effektivwertes der Beschleunigung
- Angabe der Messunsicherheiten

e. besondere Informationspflichten

Neben den Informationspflichten für Schall und Vibrationen schreibt die Maschinenrichtlinie noch eine weitere Anzahl von Fällen vor, bei denen in der Betriebsanleitung (Informationspflicht) und an der Maschine (Kennzeichnungspflicht) sicherheitsrelevante Informationen genannt werden müssen:

- **Kennzeichnungen und Hinweise an allen Maschinen:**
  - Stellteile: deutlich sichtbar und als Stellteil kenntlich kennzeichnen
  - Anzeigevorrichtungen: sicherheitsrelevante Hinweise
  - Warnhinweise vor nicht offensichtlichen Risiken
- **auswechselbare Ausrüstungen, auszuwechselnde Maschinenteile:**
  Angabe des *Gewichts* gut sichtbar auf dem Maschinenteil
- **Nahrungsmittelmaschinen:**
  Angabe der empfohlenen Reinigungs-, Desinfektions- und Spülmittel in der Betriebsanleitung
- **verfahrbare Maschinen:**
  Angabe der folgenden Werte an der Maschine:
  - Nennleistung in kW
  - Masse in kg
  - maximale Zugbeanspruchung am Zughaken in N
  - vertikale Stützlastbeanspruchung des Zughakens in N
  - Angabe der folgenden Werte in der Betriebsanleitung:
  - Vibrationswerte, siehe oben
- **Ketten, Seile, Gurte zum Heben von Lasten:**
  Schild an dem Element mit Hersteller und Kennung der entsprechenden Bescheinigung. Die Bescheinigung enthält folgende Angaben:
  - Name und Anschrift des Herstellers
  - Beschreibung der Kette ...
  - Nennabmessungen
  - Werkstoff und metallurgische Sonderbehandlungen
  - maximale Tragfähigkeit
  - die CE-Kennzeichnung!

- **Lastaufnahmeeinrichtungen:**
  Kennzeichnung an der Lastaufnahmeeinrichtung
  - Angaben zum Hersteller
  - Angaben zum Material
  - maximale Tragfähigkeit
  - die CE-Kennzeichnung!
- **Hebezeuge (als Maschine):**
  zusätzlich zu den normalen Mindestangaben
  - Angabe der Nennlast an jedem Bedienstand
  - falls Nennlast vom Betriebszustand abhängt ein Lastenschild an jedem Bedienplatz
- **elektrische Maschinen:**
  zur Kennzeichnungspflicht für sicherheitsrelevante Angaben ist zusätzlich zur Maschinenrichtlinie die Richtlinie für elektrische Betriebsmittel/Niederspannungsrichtlinie zu beachten (siehe Kap. 2.2.c)
- **elektronische Komponenten, Steuerungen:**
  zur Kennzeichnungspflicht für sicherheitsrelevante Angaben ist zusätzlich zur Maschinenrichtlinie die EMV-Richtlinie zu beachten (siehe Kap. 2.2.d)
- **Maschinen zur Verwendung in explosionsgefährdeten Räumen:**
  zur Kennzeichnungspflicht für sicherheitsrelevante Angaben und als Ergänzung zur CE-Kennzeichnung ist zusätzlich zur Maschinenrichtlinie die Explosionsschutzrichtlinie ATEX zu beachten (siehe Kap. 2.2.e)

f. Zusammenfassung der Neuerungen der MRL^{2006}

Die neue Maschinenrichtlinie 2006/42/EG enthält gegenüber der alten Fassung aus dem Jahr 1989 elf wichtige Änderungen, die in diesem Abschnitt aufgelistet sind. Diese Änderungen sind in dem Text über die Maschinenrichtlinie in den Kapiteln 2.1 und 3 bis 5 natürlich eingearbeitet.

Änderungen hinsichtlich der formalen Abwicklung zum Nachweis der Konformität:

1. Alle in der Richtlinie definierten Maschinenarten, auch die Sicherheitsbauteile, Lastaufnahmemittel, Seile, Ketten und Gelenkwellen unterliegen den gleichen **Regelungen für Information und Kennzeichnung**. Insbesondere gilt für alle diese Teile die CE-Kennzeichnungspflicht gem. MRL.
2. Anstatt der indirekten Forderung nach einer „Gefährdungsanalyse“ in der alten Richtlinie wird nun für alle Maschinen explizit eine „**Risikobeurteilung**“ gefordert, die eine „Risikoanalyse“ mit einer „Identifizierung der Gefährdungen“ und eine „Risikobewertung“ einschließt.
3. Die **Angabe des Herstellungsjahres** auf dem Typschild der Maschine, wie in der allerersten Ausgabe der MRL gefordert, ist nun wieder vorgeschrieben (MRL Anh. I, 1.7.3).
4. In der Konformitätserklärung ist die Angabe der in der EU ansässigen *Person* (mit Adresse) vorgeschrieben, die als **Bevollmächtigter zur Zusammenstellung der technischen Unterlagen** eingesetzt ist.
5. Die **Abgrenzung zur Niederspannungsrichtlinie** ist schärfer definiert (MRL Art. 1 „Anwendungsbereich“ (2j)): Die MRL ist *nicht* anzuwenden auf Haushaltsgeräte für den häuslichen Gebrauch, Audio- und Videogeräte, Informationstechnische Geräte, gewöhnliche Büromaschinen, Niederspannungsschaltgeräte und -steuergeräte, Elektromotoren, Hochspannungsschalt- und steuergeräte und Transformatoren.

6. Für alle Serienmaschinen wird eine definierte „**Interne Fertigungskontrolle**" (gem. MRL Anh. VIII) gefordert.
7. Die **EG-Baumusterprüfungen** (gem. MRL Anh. IX) müssen durch die benannte Stelle (notifizierte Prüfstelle) alle fünf Jahre überprüft werden. Die Technische Dokumentation dazu ist 15 Jahre aufzubewahren.

Änderungen für bestimmte Maschinenarten:

1. Für die **unvollständigen Maschinen** entfällt die Herstellererklärung. Sie wird ersetzt durch die „Erklärung für den Einbau einer unvollständigen Maschine". Eine „Montageanleitung unvollständiger Maschinen" (gem. MRL Anh. VI) und zusätzliche, „spezielle Unterlagen" (gem. MRL Anh. VII B) sind immer beizufügen.
2. Bei **Maschinen mit besonderem Risikopotenzial** (Liste siehe MRL Anh. IV) können drei Verfahren zum Nachweis der Konformität angewendet werden:
   a. Die Maschine ist nach einer harmonisierten Norm konstruiert und gebaut:
   Der Hersteller führt in eigener Verantwortung das normale Verfahren mit interner Fertigungskontrolle bei der Herstellung der Maschine durch.
   b. Die Maschine ist *nicht* nach einer harmonisierten Norm konstruiert und gebaut:
   Der Hersteller führt in eigener Verantwortung das normale Verfahren und wendet das umfassende Qualitätssicherungsverfahren gem. MRL Anh. X an.
   c. oder alternativ
   Der Hersteller lässt (freiwillig) von der Prüfstelle eine Baumusterprüfung gem MRL Anh. IX durchführen und führt die interne Fertigungskontrolle durch.
3. **Hebezeuge** werden differenziert behandelt:
   Fahrgeschwindigkeit ≤ 0,15 m/s ⟶ Hebezeug unterliegt der MaschinenRL
   Fahrgeschwindigkeit >0,15 m/s ⟶ Hebezeug unterliegt der AufzugsRL
4. **Baustellenaufzüge** unterliegen der Maschinenrichtlinie.

2.2 Andere zutreffende Richtlinien

Neben der Maschinenrichtlinie müssen alle Sicherheitsvorschriften aller zutreffenden Richtlinien beachtet werden. Fünf häufig vorkommende Zusatzrichtlinien sollen hier kurz und nur im Zusammenhang mit der Maschinenrichtlinie (also für Maschinenbauer) besprochen werden.

Übersicht

a. **Pressensicherheit**
b. **Druckgerätesicherheit**
c. **Niederspannungsrichtlinie (elektrische Betriebsmittel)**
d. **EMV-Richtlinie (elektromagnetische Verträglichkeit)**
e. **Explosionsschutzrichtlinie ATEX**

a. Pressensicherheit

Pressen sind Maschinen mit großem Sicherheitsrisiko. Sie werden in der Maschinenrichtlinie in der „Liste der besonderen Maschinen" des Anhangs IV aufgeführt und dürfen deshalb bestenfalls nach dem Konformitätverfahren Aa unter Einschaltung einer Prüfstelle mit dem CE-Kennzeichnung versehen werden.

Definition, Abgrenzung und Konformitätsverfahren für Pressen:

<table>
<tr><td colspan="4">mechanische Pressen einschließlich Biegepressen für die Kaltbearbeitung von Metall oder teilweise aus Metall bestehenden Werkstoffen duch Formgebung zwischen Werkzeugen</td></tr>
<tr><td colspan="3">mit Handbeschickung UND/ODER Handentnahme</td><td rowspan="2">ohne jeglichen manuellen Eingriff belieb. Hub und Geschwindigkeit</td></tr>
<tr><td colspan="2">Pressenhub > 6 mm UND Pressengeschwindigkeit > 30 mm/s</td><td>Hub ≤ 6 mm ODER Geschwindigkeit ≤ 30 mm/s</td></tr>
<tr><td colspan="2">besondere Maschine gem. MRL Anh. IV</td><td colspan="2" rowspan="2">normale Maschine gem. MRL
Bau nach einer harmonisierten Norm nicht zwingend notwendig oder gesetzlich vorgeschrieben</td></tr>
<tr><td>nicht gebaut nach einer harmonisierten Norm</td><td>gebaut nach der C-Norm EN 692</td></tr>
<tr><td>Konformitätsbewertungs-verfahren B</td><td>Konformitätsbewertungs-verfahren Aa</td><td colspan="2">Konformitätsbewertungsverfahren A</td></tr>
<tr><td colspan="2">Erfüllung der Sicherheitsanforderungen MRL Anh. I</td><td colspan="2" rowspan="2">Erfüllung der Sicherheitsanforderungen gem. MRL Anh. I</td></tr>
<tr><td>Erfüllung von zur EN 692 gleichwertigen/ähnlichen Sicherheitsanforderungen</td><td>Erfüllung aller Anforderungen der Norm EN 692</td></tr>
<tr><td>Baumusterprüfung bei einer Prüfstelle gem. MRL Anh. VI</td><td>Hinterlegung der techn. Dokumentation bei einer Prüfstelle</td><td colspan="2">Erstellung und Aufbewahrung der technischen Dokumentation in eigener Verantwortung</td></tr>
<tr><td>Konformitätserklärung mit Nr. der Baumusterbescheinigung, Name und Anschrift Prüfstelle</td><td>Konformitätserklärung mit Name und Anschrift der Prüfstelle</td><td colspan="2">Konformitätserklärung in eigener Verantwortung</td></tr>
</table>

Das Inhaltsverzeichnis der einschlägigen C-Norm für Pressen soll hier nur einen Überblick vermitteln:

Norm DIN EN ISO 16092-2:2021-04 „Mechanische Pressen – Sicherheit" Inhaltsverzeichnis

1. Anwendungsbereich (Definition einer Presse)
2. Normative Verweisungen (andere ggf. anzuwendende Normen)
3. Definitionen (Begriffe, Komponenten, Vorgänge)
4. Liste der Gefährdungen bei Pressen
5. Sicherheitsanforderungen und/oder -maßnahmen
6. Feststellung der Übereinstimmung mit den Sicherheitsanforderungen
7. Benutzerinformationen (Inhalt Betriebsanleitung)

Anh. A (normativ) Pressen mit formschlüssigen Kupplungen – Anforderungen für die Gestaltung *)
Anh. B (normativ) Verriegelnde trennende Schutzeinrichtungen
Anh. C (normativ) Berechnung von Mindest-Schutzabständen
Anh. D (informativ) Sichere Werkzeuge
Anh. E (informativ) Berührungslos wirkende Schutzeinrichtungen
Anh. F (informativ) Einstellung des Nockenschaltwerkes
Anh. G (informativ) Bestimmung der Gesamt-Ansprechzeit T
Anh. H (informativ) Bedingungen für die Geräuschmessung an mech. Pressen
Anh. J (informativ) Literaturhinweise

In den §§ 5 und 6 enthält die Norm konkrete Anforderungen an die Sicherheit der Pressen und an die Sicherheitsnachweise.

*) Folgendes muss hier noch angemerkt werden: Die EU-Kommission hat sich auf den Antrag Frankreichs veranlasst gefühlt, die harmonisierte Norm DIN EN ISO 16092-2:2021-04 „Mechanische Pressen – Sicherheit“ in ihrer Gültigkeit einzuschränken (siehe dazu in § Anhang: „Pressensicherheit“ die Entscheidung der Kommission vom 22.01.1998):

Pressen mit **formschlüssiger Kupplung** (Kupplung, die einmal eingerastet und betätigt ist und erst nach dem vollständigen Hub wieder ausgerastet werden kann) werden als unsicher angesehen, zumindest was ihre Behandlung in der DIN EN ISO 16092-2:2021-04 anbelangt. Damit können diese Pressen nicht nach gültiger Norm gebaut werden und müssen auf jeden Fall (bis zur Veröffentlichung einer neuen entsprechenden harmonisierten Norm) einer Baumusterprüfung unterzogen werden.

Pressen mit **kraftschlüssiger Kupplung** (Kupplungsart mit der Möglichkeit des Ein- und Ausschaltens an jeder Stelle des Hubs) werden als sicher angesehen und dürfen nach der DIN EN ISO 16092-2:2021-04 gebaut werden.

b. Die Druckgerätesicherheit

Für druckbeaufschlagte Produkte, wie Behälter, Druckgeräte, Rohrleitungen usw. muss, je nach Spezifikation, eine der beiden folgenden Richtlinien angewendet werden:

Richtlinie für einfache Druckbehälter 2014/29/EU

Druckgeräterichtlinie 2014/68/EU

Zur ersten Orientierung soll die folgende Tabelle dienen. Im Zweifelsfalle ist der Originaltext der Richtlinie heranzuziehen (siehe „§ Anhang“).

<table>
<tr><td colspan="6">druckbeaufschlagte Behälter, Geräte, Baugruppen
maximal zulässiger Druck PS > 0,5 bar</td></tr>
<tr><td colspan="3">geschweißter Behälter
für Luft oder Stickstoff</td><td colspan="3">Behälter, Rohrleitungen, Ausrüstungsteile, Baugruppen
für Fluide (Gase, Flüssigkeiten, Dämpfe, Gemische)</td></tr>
<tr><td colspan="3">maximaler Betriebsdruck:</td><td colspan="3">maximaler Betriebsdruck:</td></tr>
<tr><td colspan="2">0,5 < PS < 30 bar</td><td>PS > 30 bar</td><td>PS nicht begrenzt</td><td>PS < 50 bar</td><td>PS < 200 bar</td></tr>
<tr><td colspan="3">Druckvolumen:</td><td colspan="3">Druckvolumen:</td></tr>
<tr><td>PS*V < 50 bar*l</td><td>PS*V < 1000 bar*l</td><td>PS*V > 1000 bar*l</td><td>PS*V > 50 bar*l</td><td>PS*V < 50 bar*l</td><td>PS*V < 25 bar*l</td></tr>
<tr><td colspan="3">zulässige Betriebstemperatur:</td><td colspan="3" rowspan="2">die genauen Grenzwerte für PS und PS*V sind den Konformitätsbewertungsdiagrammen PS(V) zu entnehmen. Sie unterscheiden sich durch Fluidgruppe, Befeuerung usw.</td></tr>
<tr><td colspan="2">- 50°C < TS < 300°C</td><td>TS > 300°C</td></tr>
<tr><td colspan="2">einfacher Druckbehälter
gem. 87/404/EWG</td><td colspan="3">Druckgerät
gem. 97/23/EU</td><td>kein Druckgerät
[Art. 3.3]</td></tr>
<tr><td>nicht geregelter Bereich</td><td>geregelter Bereich</td><td>Geräte der Kategorien I - IV</td><td>Geräte der Kategorie II - IV</td><td>Geräte der Kategorie I</td><td>nicht geregelter Bereich (Kat. "0")</td></tr>
<tr><td>allgemeine Sicherheits-anforderungen</td><td>wesentliche Sicherheitsanfor. gem. RL einf. Druckb. Anh. I</td><td rowspan="3">entsprechend dem Konformitäts-bewertungs-diagramm 2 für ungefährliche Fluide in die Kategorien I - IV einzuordnen</td><td colspan="2">grundlegende Sicherheitsanforderungen Druckgeräte RL Anh. I</td><td>allgemeine Sicherheits-anforderungen</td></tr>
<tr><td>nichtselbstständige Komponente ohne eigenständiges Konformitäts-bewertungsverfahren</td><td>Konformitäts-bewertungsverfahren B (Baumusterprüfung bei Prüfstelle)</td><td>je nach Kategorie Konformitäts-bewertungsverfahren A H gem. DruckgeräteRL Anh. II</td><td>Konformitäts-bewertungsverfahren A (eigene Verantwor-tung des Herstellers)</td><td>nichtselbstständige Komponente ohne eigenständiges Konformitäts-bewertungsverfahren</td></tr>
<tr><td>kein CE-Zeichen</td><td>CE-Zeichen</td><td>CE-Zeichen mit Püfstellen-Nr.</td><td>CE-Zeichen</td><td>kein CE-Zeichen</td></tr>
</table>

Zunächst soll aufgelistet werden, was nicht unter die Druck-Sicherheitsrichtlinien fällt. Es sind Behälter und Geräte für

- kerntechnische Zwecke,
- Antriebe von Wasser- und Luftfahrzeugen,
- Systeme von Off- und Onshore-Anlagen,
- Netze zur Versorgung und Entsorgung von Wasser,
- Triebwasserwege von Wasserkraftanlagen,
- Kraftfahrzeuge und deren Anhänger,
- zum Transport von Getränken mit PS*V < 500 bar*l.

Außerdem gelten die beiden Richtlinien nicht für

- Flaschen und Dosen für kohlesäurehaltigen Getränke,
- Druckgeräte, die aus einer flexiblen Umhüllung bestehen,
- Heizkörper und Rohrleitungen für Warmwasserheizungen,
- Systeme, die erst beim Anwender zusammengebaut werden.

Die zutreffenden Behälter und Geräte sind der obigen Tabelle zu entnehmen.

Die Inhaltsverzeichnisse der beiden Richtlinien sollen einen Eindruck vom geregelten Umfang vermitteln:

Richtlinie für einfache Druckbehälter 2014/29/EU Inhalt

Kap. I	**Anwendungsbereich, Inverkehrbringen**
Kap. II	**Bescheinigungsverfahren Baumusterprüfung, Konformitätserklärung**
Kap. III	**CE-Kennzeichnung**
Anh. I	**Werkstoffe, Auslegung, Herstellverfahren, Inbetriebnahme**
Anh. II	**CE-Kennzeichnung, Betriebsanleitung, Bauunterlagen, Begriffsbestimmungen, Symbole**
Anh. III	**Mindestkriterien für die Benennung von Prüfstellen**

Druckgeräterichtlinie 2014/68/EU Inhalt

Art. 1, 2	**Geltungsbereich und Begriffsbestimmungen, Marktüberwachung**
Art. 3	**Technische Anforderungen**
Art. 4, 5	**Freier Warenverkehr, Konformitätsvermutung**
Art. 6	**Ausschuss für Normen und technische Vorschriften**
Art. 7	**Ausschuss für Druckgeräte**
Art. 8	**Schutzklausel**
Art. 9	**Einstufung von Druckgeräten**
Art. 10	**Konformitätsbewertung**
Art. 11	**Europäische Werkstoffzulassung**
Art. 12	**Benannte Stellen**
Art. 13	**anerkannte unabhängige Prüfstellen**
Art. 14	**Betreiberprüfstellen**
Art. 15	**CE-Kennzeichnung**
Art. 16	**Zu Unrecht vorgenommenen CE-Kennzeichnung**
Art. 17	**Zusammenarbeit der Behörden**
Art. 18	**Zu Ablehnung oder Einschränkungen führende Entscheidungen**
Art. 19	**Ausserkraftsetzung**
Art. 20	**Umsetzung und Übergangsbestimmungen**
Anh. I	**Grundlegende Sicherheitsanforderungen** 1. Allgemeines 2. Entwurf 3. Fertigung 4. Werkstoffe 5. Befeuerte überhitzungsgefährdete Druckgeräte 6. Rohrleitungen 7. Besondere quantitative Anforderungen für bestimmte Druckgeräte
Anh. II	**Konformitätsbewertungsdiagramme**
Anh. III	**Konformitätsbewertungsverfahren (Module A – H)**
Anh. IV	**Mindestkriterien für die Bestimmung der Benannten Stellen**

Anh. V Kriterien für die Zulassung von Betreiberprüfstellen
Anh. VI CE-Kennzeichnung
Anh. VII Konformitätserklärung

Für beide Richtlinien gilt in abgestufter Form, dass bei dem Konformitätsbewertungsverfahren eine Prüfstelle hinzuzuziehen ist. In der Regel ist eine Baumusterprüfung für den Behälter oder das Gerät erforderlich (Konformitätsbewertungsmodul B). Darüber hinaus sind für Druckgeräte der Kategorien II – IV (nicht für einfache Druckbehälter) weitere Konformitätsbewertungsmodule vorgesehen. Alle Module sind im Anhang III der Druckgeräterichtlinie beschrieben. Hier soll nur ein Überblick gegeben werden:

Produktart		Konformitätsbewertungsmodul	
einfache Druckbehälter, geregelter Bereich		B	EG-Baumusterprüfung
Druckgeräte, geregelter Bereich	Kategorie I	A*	interne Fertigungskontrolle*
	Kategorie II	A1	interne Fertigungskontrolle mit Überwachung
		D1	Qualitätsicherung Produktion mit zert. QS-System
		E1	Qualitätssicherung Produkt mit zert. QS-System
	Kategorie III	B1+ D	EG-Entwurfsprüfung durch Prüfstelle Qualitätssicherung Produktion mit Überwachung
		B1+ F	EG-Entwurfsprüfung durch Prüfstelle + Prüfung der Produkte mit Überwachung
		B+ E	EG-Baumusterprüfung + Qualitätssicherung Produkt mit zert. QS-System
		B+ C1	EG-Baumusterprüfung + Konformität mit der Bauart mit Überwachung
		H	Umfassende Qualitätssicherung mit zert. QS-System
	Kategorie IV	B+ D	EG-Baumusterprüfung + Qualitätssicherung Produktion mit Überwachung
		B+ F	EG-Baumusterprüfung + Prüfung der Produkte mit Überwachung
		G	EG-Einzelprüfung der Produkte durch Prüfstelle
		H1	Umfass. QS mit Entwurfsprüfung und Abnahmeüberwachung

* Anmerkung: Alle Module außer A finden unter Mitwirkung einer Prüfstelle statt!

c. Die Niederspannungsrichtlinie

Die erste europäische Sicherheitsrichtlinie, die Niederspannungsrichtlinie 2014/35/EU wurde durch die Neukodifizierung (Änderungsrichtlinie 93/68/EWG) als „Richtlinie für elektrische Betriebsmittel" in die Reihe der Richtlinien des New Approachs aufgenommen. Seit dem Inkrafttreten der neuen Regelung im Jahre 1993 werden auch elektrische Betriebsmittel mit dem CE-Kennzeichnung versehen und müssen eine Konformitätserklärung haben.

Zuerst der Überblick mit Hilfe des Inhaltsverzeichnisses:

Niederspannungsrichtlinie 2014/35/EU Inhalt

1 Anwendungsbereich (Spannungsgrenzen)
2 – 3 Inverkehrbringen, freier Warenverkehr
4 Elektrizitätsversorgung
5 – 7 harmonisierte Normen, nationale Normen, Einwände

8	**freier Warenverkehr**
9	**Maßnahmen bei Verstoß gegen die Richtlinie**
10	**Konformitätsbescheinigung, Konformitätszeichen**
11	**Verwaltungsvorschrift für benannte Stellen**
12	**Ausfuhr in Nicht-EU-Staaten**
13 – 14	**In Kraftsetzung der Richtlinie**
Anh. I:	**Wichtigste Angaben über Sicherheitsziele für elektrische Betriebsmittel zur Verwendung innerhalb bestimmter Spannungsgrenzen**
Anh. II:	**Betriebsmittel und Bereiche, die nicht unter die Richtlinie fallen**
Anh. III:	**CE-Konformitätskennzeichnung**
Anh. IV:	**Interne Fertigungskontrolle (= Beschreibung des Konformitätsbewertungsverfahren A)**

Drei Punkte wollen wir herausgreifen, die auch für Maschinenhersteller wichtig sind, wenn es z. B. um die richtige Bewertung des Schaltschrankbauers und der eingesetzten Produkte geht.

Die Niederspannungsrichtlinie ist **anzuwenden auf**:

- elektrische Betriebsmittel mit einer Nennspannung von 50 ... 1000 V Wechselstrom oder 75 ... 1500 V Gleichstrom
- Haushaltsgeräte, verwendungsfertige Konsumgüter, Elektrowerkzeuge
- Motoren
- Ladegeräte und akkubetriebene Geräte mit Ladegeräten
- Beleuchtungsgeräte
- elektrische Betriebsmittel zum Einbau in andere elektrische Betriebsmittel
- Kabel, Leitungen, Installationsmaterial (Schalter, Stecker ...)

Für diese Produkte sind die Sicherheitsanforderungen zu beachten, ist eine Konformitätserklärung auszustellen und sie müssen die CE-Kennzeichnung tragen. Dies gilt ausdrücklich auch für Produkte, die auf einer Messe ausgestellt werden und für den Eigenbedarf!

Hinweis: Die Niederspannungsrichtlinie kennt keine Einbauerklärung und demnach auch keine „sicherheitstechnisch unvollständigen" Produkte oder Komponenten. Alle elektrischen Betriebsmittel müssen sicher sein im Sinne der Richtlinie (und der entsprechenden Normen) und die CE-Kennzeichnung tragen!

Die Niederspannungsrichtlinie **wird nicht angewendet auf** [Anh. II]

- Personen- und Lastenaufzüge,
- elektro-medizinische Betriebsmittel,
- spezielle Betriebsmittel für Schiffe, Flugzeuge und Eisenbahnen,
- Elektrizitätszähler,
- Haushaltssteckvorrichtungen,
- Vorrichtungen zur Stromversorgung von elektrischen Weidezäunen und
- Funkentstörung.

Die sogenannten **Sicherheitsziele** der Richtlinie im Anhang I sind sehr knapp und pauschal, in der Praxis also nicht hilfreich. Deshalb ist bei Konformitätserklärungen von elektrischen

Betriebsmitteln immer darauf zu achten, dass mindestens die entsprechende allgemeine Sicherheitsnorm, noch besser aber die Einhaltung der zugehörigen C-Norm bestätigt wird. Für die elektrische Ausrüstung von Maschinen ist die passende und hinreichende Norm die EN 60204.

Die **Konformitätserklärung** eines elektrischen Betriebsmittels muss nach Anhang III die folgenden Angaben enthalten:

- Name und Anschrift des Herstellers oder seines in der Gemeinschaft ansässigen Bevollmächtigten,
- Beschreibung der elektrischen Betriebsmittel,
- Bezugnahme auf die harmonisierten Normen,
- ggf. Bezugnahme auf die Spezifikationen, die der Konformität zu Grunde liegen,
- Identität des vom Hersteller oder seinem in der Gemeinschaft ansässigen Bevollmächtigten beauftragten Unterzeichners,
- die beiden letzten Ziffern des Jahres, in dem die CE-Kennzeichnung angebracht wurde.

d. Die EMV-Richtlinie

Die Richtlinie über die magnetische Verträglichkeit von Geräten 2014/30/EU versucht, die elektromagnetische Störaussendung von elektrischen und insbesondere elektronischen Geräten zu begrenzen und umgekehrt, die elektromagnetische Störbeeinflussung auf elektronische Geräte zu verhindern.

Dies soll durch genormte Laborprüfungen durch sogenannte zuständige Stellen (Prüflabors) erreicht werden. Die Anwendung der entsprechenden harmonisierten Normen

DIN EN 61000-1-2:2017-07 EMV; Störaussendung und Störfestigkeit

wird von der Richtlinie ausdrücklich gefordert.

Leider enthält die Richtlinie keinerlei Hinweise darauf, wie die Höchstwerte der EM-Störungen erreicht werden können (wie dies z. B. bei den Sicherheitszielen der Maschinenrichtlinie der Fall ist). Solche Prüfungen sind bei kleinen Geräten und bei Komponenten gut durchführbar. Bei großen Maschinen oder gar bei Anlagen sind die Prüfungen nicht möglich, da die vorhandenen (streng genormten) Prüfkammern viel zu klein sind.

Hinzu kommt noch eine fatale Eigenschaft der elektromagnetischen Verträglichkeit von elektronischen Komponenten. Die EMV-Bestätigung der einzelnen Komponenten garantiert nicht, dass die zusammengeschlossenen Komponenten im Verbund (und das ist ja der Normalfall) ebenfalls die EMV-Prüfung bestehen würden. Dies ist für Maschinenbauer unbefriedigend, da für komplexe Maschinensteuerungen mit verteilten Sensoren und Aktuatoren keine *100 %*-Garantie für EMV-gerechten Betrieb gegeben werden kann.

Aus der folgenden Aufstellung des **Gültigkeitsbereichs** der EMV-Richtlinie geht hervor, dass Maschinen durchaus EMV-gerecht gebaut werden müssen. Für folgende Geräte müssen die harmonisierten Grundnormen für Störaussendung und Störfestigkeit angewendet werden,

- selbstständig betreibbare elektrische und elektronische Apparate, Anlagen und Systeme, die elektromagnetische Störungen verursachen und/oder deren Betrieb durch diese Störungen beeinflusst werden kann
- Elektro-Haushaltsgeräte
- informationstechnische Geräte
- Industrieausrüstungen

Für einige Gerätearten gibt es entsprechende B-Normen, so z. B. die EN 55014 – 1 (2000) „EMV; Anforderungen an Haushaltsgeräte, Elektrowerkzeuge und ähnliche Elektrogeräte".

Für folgende Geräte müssen zwar die Formalien der EMV-Richtlinie, wie Ausstellung der Konformitätserklärung und Anbringung der CE-Kennzeichnung, *nicht* durchgeführt werden, die einschlägigen Normen zur elektromagnetischen Verträglichkeit müssen gleichwohl beachtet werden:

- Geräte zur ausschließlichen Verwendung in eigenen Laboratorien und Werkstätten
- Bausätze für Funkamateure
- Anlagen, die erst am Betriebsort zusammengesetzt werden

Hinweis: Der letzte Punkt gibt den Maschinen- und Anlagenbauern die legale Möglichkeit, ihre Produkte, deren Elektroinstallation meist erst vor Ort komplettiert wird, ohne die (unmöglichen) EMV-Normprüfungen und ohne EMV-CE-Kennzeichnung in Verkehr zu bringen.
Dieser Passus befreit die Steuerungsbauer jedoch nicht von der Pflicht, ausschließlich EMV-geprüfte und zertifizierte Komponenten zu verwenden!

Die EMV-Richtlinie ist nicht anzuwenden auf folgende Produkte:

- Zuliefer- und Ersatzteile zur Weiterverarbeitung durch fachkundige Betriebe in Industrie und Handwerk
- Bauteile, die nicht für den Endbenutzer bestimmt sind
- Funkgeräte (gem. § 1 des Amateurfunkgesetzes)
- Kraftfahrzeuge
- medizintechnische Produkte

Trotz aller kritischen Anmerkungen aus Sicht des Maschinenbauers soll noch die Inhaltsübersicht der Richtlinie wiedergegeben werden:

EMV-Richtlinie 2014/30/EU Inhalt

Kap. I	**Anwendungsbereich, Inverkehrbringen, freier Warenverkehr**
Kap. II	**Schutzanforderungen, Konformitätsnachweis, Kennzeichnung**
Kap. III	**Aufgaben und Befugnisse des Bundesamtes für Telekommunikation**
Kap. IV	**Anpassung der Rechtsvorschriften**
Kap. V	**Bußgeldvorschriften**
Anhang I	**Voraussetzungen für die zuständigen Stellen (Prüflabor)**
Anhang II	**Konformitätserklärung und Konformitätszeichen**
Anhang III	**Verzeichnis der wesentlichen Schutzanforderungen**

Abschließend sei darauf hingewiesen, dass für die EMV-Richtlinie mit dem Bundesamt für Telekommunikation ein aktives und effektives Überwachungsinstrument existiert, das sogar berechtigt ist, eine nicht konforme Maschine abzuschalten!

Praktische Hinweise für Maschinenbauer finden sich noch in Kap. 4.3 „Steuerungen".

e. Die Explosionsschutzrichtlinie ATEX

Die „Richtlinie für Geräte und Schutzsysteme zur bestimmungsgemäßen Verwendung in explosionsgefährdeten Bereichen", kurz ATEX, ist die Neufassung einer der ältesten geregelten Bereiche der europäischen Gesetzgebung. Für elektrische Betriebsmittel zum Einsatz in explosionsgefährdeten Bereichen wurde mit einem ausführlichen Normenwerk (EN 50014ff., jetzt EN 60079-...) schon Anfang der 70er Jahre einheitliche europäische Bauvorschriften und Zertifizierungsverfahren geschaffen.

Die ATEX 2014/34/EU ist eine Herstellerrichtlinie, die Sicherheitsanforderungen und Zulassungsverfahren an Produkte regelt, die für den Ex-Bereich gedacht sind. Die zugehörige Ex-Betreiberrichtlinie 2007/66/EG regelt den Einsatz der Geräte in den verschiedenen Zonen der explosionsgefährdeten Bereiche.

Hier kann nur sehr kurz auf die ATEX eingegangen werden. Insbesondere sollen einige Punkte für *Maschinenbauer* aufgeführt werden, wenn das Gerät für den Einsatz in Ex-Zonen bestimmt ist und wenn explosionsgeschützte Komponenten integriert werden müssen. Da in der Maschinenrichtlinie der Ex-Schutz nur sehr kurz und pauschal behandelt wird, muss im Ex-Bereich die *ATEX als Hauptrichtlinie* (siehe Kap. 2, 0) angesehen werden. Für Hersteller von elektrischen Ex-Betriebsmitteln ist die vorliegende kurze Zusammenfassung nicht geeignet! Zunächst wieder als erste Orientierung die Inhaltsangabe der Richtlinie:

Explosionsschutzrichtlinie 2014/34/EU – Inhalt

Kap. I	Anwendungsbereich, Inverkehrbringen, freier Warenverkehr
Kap. II	Konformitätsbewertungsverfahren
Kap. III	CE-Konformitätskennzeichnung
Kap. IV	Schlussbestimmungen
Anh. I	Gerätegruppen / Kategorien
Anh. II	Sicherheitsanforderungen
	1. Gemeinsame Anforderungen an Geräte und Schutzsysteme
	2. Weitergehende Anforderungen an Geräte (bestimmter Kategor.)
	3. Weitergehende Anforderungen an Schutzsysteme
Anh. III	EG-Baumusterprüfung
Anh. IV	Qualitätssicherung Produktion
Anh. V	Prüfung Produkte
Anh. VI	Konformität mit der Bauart
Anh. VII	Qualitätssicherung Produkt
Anh. VIII	Fertigungskontrolle
Anh. IX	Einzelprüfung
Anh. X	Konformitätserklärung

In die ATEX wurden die folgenden Punkte neu aufgenommen bzw. neu geregelt:

- die Explosionsschutzrichtlinie umfasst nicht nur die elektrischen Eigenschaften der Betriebsmittel, sondern die gesamten Maschinen und Komponenten
- Einteilung der Geräte in Gruppen und Kategorien
- Konformitätsverfahren
- die CE-Kennzeichnung gem. ATEX (siehe dazu Kap. 3.5)

Anwendungsbereich der ATEX

Die Richtlinie umfasst alle autonom einsetzbaren Geräte, Maschinen, Betriebsmittel, Vorrichtungen (stationär oder beweglich), Baugruppen, Steuerungs- und Ausrüstungsteile, Warn- und Vorbeugesysteme,

- die einzeln oder kombiniert Energie übertragen, speichern, regeln, umwandeln oder verbrauchen und
- die eigene Zündquellen aufweisen und dadurch eine Explosion verursachen können.

Elektrische Geräte-Komponenten sind Geräte, die elektrische Bauteile enthalten. Die Kombination eines nichtelektrischem und eines elektrischen Gerätes (z. B. mechanische Pumpe plus Elektromotor) erfordert nur die Konformitätsverfahren der Einzelgeräte, nicht des Gesamtgerätes.

Komponenten, die keine autonome Funktion haben (auch elektrische Komponenten), müssen zwar den Sicherheitsanforderungen der ATEX genügen, dürfen aber *keine* CE-Kennzeichnung gem. ATEX tragen.

Zündquellen können sein:

- elektrische Funken, Lichtbögen, Blitze, elektrostatische Entladungen
- elektromagnetische Wellen, ionisierende Strahlung, optische Strahlung
- Flammen, heiße Gase, chemische Reaktionen
- heiße Oberflächen (z. B. Reibung)
- mechanisch erzeugte Funken
- adiabatische Verdichtung, Ultraschall

Die letzten drei Punkte betreffen *mechanische, nichtelektrische* Systeme!

Einteilung der Geräte in Gruppen und Kategorien (Anh. I)

Gerätegruppe	Gerätekategorie	Einsatzbereich	Zone
Gruppe I unter Tage (Grubengas, brennbare Stäube)	**Kategorie M1**	**dauernder Gebrauch (Sicherheit auch bei 2 auftretenden Fehlern)**	**Schlagwetter, unter Tage, Bergwerk**
	Kategorie M2	**bei Ex-Atmosphäre erfolgt Abschaltung**	

Gerätegruppe	Gerätekategorie	Einsatzbereich	Zone
Gruppe II Industrie (**G**=Luft/Gas-, **D**=Luft/ Staub-Gemisch)	Kategorie 1	Ex-Atmosphäre ständig vorhanden (Sicherheit auch bei 2 auftretenden Fehlern)	0 20
	Kategorie 2	Ex-Atmosphäre tritt gelegentlich auf (Sicherheit auch bei 1 Fehler oder bei Störungen)	1 21
	Kategorie 3	Ex-Atmosphäre sehr selten und nur kurz (normales Maß an Sicherheit)	2 22

Zulassungsvoraussetzungen und Konformitätsverfahren

- Das Gerät entspricht den grundlegenden Sicherheitsanforderungen nach ATEX §3 und Anh. 2. Insbesondere muss bei allen Maschinen eine **Zündquellen- und Risikoanalyse** durchgeführt werden!
- Das Gerät ist entsprechend gekennzeichnet (siehe Kap. 3.5) und es liegt eine **Konformitätserklärung** vor (Beispiel siehe Kap. 4.5).
- Dem Gerät ist eine **Betriebsanleitung** beigefügt.
- Das entsprechende **Konformitätsbewertungsverfahren** wurde durchgeführt:

Grp.	Kat.	Konformitätsbewertungsverfahren	gemäß
I	M1	EG-Baumusterprüfung bei benannter Stelle (Modul B) UND Qualitätssicherung Produktion (Modul D) ODER Prüfung der Produkte (Modul F)	Anh. III Anh. IV Anh. V
	M2	Motoren mit innerer Verbrennung und elektrische Geräte	Wie Kat. M1
		sonstige: interne Fertigungskontrolle durch Hersteller UND Übermittlung der Unterlagen an benannte Stelle (A1)	Anh. VIII
II	1	EG-Baumusterprüfung bei benannter Stelle (Modul B) UND Qualitätssicherung Produktion (Modul D) ODER Prüfung der Produkte (Modul F)	Anh. III Anh. IV Anh. V
	2	Motoren mit innerer Verbrennung und elektrische Geräte	wie Kat. 1
		sonstige: interne Fertigungskontrolle durch Hersteller UND Übermittlung der Unterlagen an benannte Stelle (A1)	Anh. VIII
	3	interne Fertigungskontrolle durch den Hersteller selbst (A)	Anh. VIII

Ein Maschinenhersteller muss in seine Maschine (Gruppe I, Kategorie 2: z. B. für den Einsatz in Chemieanlagen, Zone 1) elektrische Komponenten und Maschinen einbauen, die eine Ex-Baumusterprüfung haben; er muss die Gesamtmaschine jedoch nur einer internen Fertigungskontrolle unterziehen und die Technische Dokumentation bei einer Prüfstelle hinterlegen (Konformitätsbewertungsmodul A1). Dieser Fall entspricht der Maschinenrichtlinie, Anh. IV, besondere Maschinen, Fall c, Konformitätsverfahren Aa (siehe auch Kap. 4.3).

2.3 Die Betreiberrichtlinien

Das vorliegende Buch „Die EU-Maschinenrichtlinie“ ist vornehmlich für die „Zielgruppe“ *dieser* Richtlinie, also für die Maschinen*hersteller* gedacht. Aber auch die Hersteller und Lieferanten von Maschinen sollten wissen, dass auch nach dem Inverkehrbringen einer sicheren Maschine bis zum sicheren Betrieb noch viel (das meiste, nach Ansicht der Betreiber!) getan werden muss.

Hier sollen nun die beiden wichtigsten Betreiberrichtlinien – die sogenannten § 118a-Richtlinien – vorgestellt werden. Dabei wird auf Einzelheiten des Arbeitsschutzes nicht eingegangen. Das Ziel soll vielmehr sein, die Schnittstelle zwischen Hersteller und Betreiber, zwischen Errichter und Bediener der Maschine zu beleuchten und klarzustellen. Dies soll im Abschnitt c an drei Beispielen illustriert werden.

Übersicht

a. Arbeitsschutz-Grundlagenrichtlinie
b. Arbeitsmittel-Benutzungsrichtlinie
c. Verhältnis Hersteller – Betreiber

a. Arbeitsschutz-Grundlagenrichtlinie

Die Grundlagen-Richtlinie regelt die grundsätzlichen Pflichten der Arbeitgeber und der Arbeitnehmer, um den Letzteren die optimale Sicherheit vor Gefährdungen am Arbeitsplatz zu gewährleisten.

Richtlinie zur Durchführung von Maßnahmen zur Verbesserung der Sicherheit und des Gesundheitsschutzes der Arbeitnehmer bei der Arbeit 89/391/EWG Inhalt

Kap. I	**Allgemeine Bestimmungen** **Anwendungsbereich, Definitionen**
Kap. II	**Pflichten des Arbeitgebers** **Gefährdungsverhütung, Gefährdungsbeurteilung, Hilfe-Maßnahmen, Unterrichtung, Anhörung und Unterweisung der Arbeitnehmer**
Kap. III	**Pflichten des Arbeitnehmers** **eigene Sicherheit, Befolgung der Unterweisung und Anweisungen**
Kap. IV	**Sonstige Bestimmungen** **präventivmedizinische Überwachung, Risikogruppen**

Der **Gültigkeitsbereich** der Richtlinie umfasst alle Arbeitsplätze in allen privaten oder öffentlichen Tätigkeitsbereichen, seien sie gewerblich, landwirtschaftlich, kaufmännisch, verwaltungsmäßig, dienstleistungsbezogen, ausbildungsbezogen, kulturell oder freizeitbezogen.

Nicht anzuwenden ist die Arbeitsschutz-Richtlinie auf Streitkräfte, Polizei und Katastrophenschutz.

Der Kernsatz der Richtlinie (Art. 6) lautet: Im Rahmen seiner **Verpflichtungen** trifft der Arbeitgeber die für die Sicherheit und den Gesundheitsschutz der Arbeitnehmer erforderlichen Maßnahmen, einschließlich der

- Maßnahmen zur **Verhütung** berufsbedingter Gefährdungen,
- Maßnahmen zur **Information** und zur **Unterweisung**,
- Bereitstellung einer geeigneten **Organisation**,
- Bereitstellung der erforderlichen **Mittel**.

Der Maschinenbetreiber hat also Maßnahmen zur Maschinensicherheit zu treffen, die die Verpflichtungen des Maschinenherstellers weiterführen und ergänzen. Fünf sind besonders hervorzuheben:

- **Risikoanalyse** für die Arbeitsplätze unter Berücksichtigung der betrieblichen Gegebenheiten, Aufgaben und der vorhandenen Arbeitnehmer
- Maßnahmen zur Ausschaltung oder **Minimierung von Gefährdungsmomenten** durch die Gestaltung von Arbeitsmitteln und der Fertigungsorganisation
- Beauftragung der **geeigneten Arbeitnehmer** in Bezug auf Sicherheit und Gesundheit
- **Unterrichtung** der Arbeitnehmer über Risiken, Gefährdungsverhütung und die dazu ergriffenen Maßnahmen
- **Einweisung** der Arbeitnehmer in Gefährdungsmomente an seinem Arbeitsplatz; Erteilung geeigneter Anweisungen an die Arbeitnehmer

In der im Folgenden kurz besprochenen Arbeitsmittel-Benutzungsrichtlinie werden diese Grundsätze weiter präzisiert.

Die für Maschinenbauer und -lieferanten wichtige Erkenntnis ist, dass der Arbeitgeber, das heißt der Käufer der Maschine und Maschinenbetreiber, für die Unterweisung und Einweisung in die Maschine verantwortlich ist. Diese Arbeitnehmer-Information ist nicht im gesetzlichen Lieferumfang einer Maschine enthalten (siehe dazu nächsten Abschnitt „Verhältnis Hersteller – Betreiber“ dieses Kapitels).

b. Arbeitsmittel-Benutzungsrichtlinie

Diese, aus der vorherigen Grundlagenrichtlinie abgeleitete Benutzungsrichtlinie präzisiert die zunächst noch allgemein formulierten Anforderungen an einen sicheren Arbeitsplatz. Die Arbeitsmittel-Benutzungsrichtlinie ist damit die wichtigste (gesetzliche) Regelung der Schnittstelle zwischen Maschinenhersteller und -betreiber.

Richtlinie für Mindestvorschriften für Sicherheit und Gesundheitsschutz bei Benutzung von Arbeitsmitteln bei der Arbeit 2007/66/EG Inhalt

Kap. I **Allgemeine Bestimmungen; Ziel, Definitionen, Anwendungsbereich**
Kap. II **Pflichten des Arbeitgebers**
Vorschriften und Überprüfung der Arbeitsmittel, spezifisch gefährliche Arbeitsmittel, Unterrichtung, Unterweisung und Anhörung der Arbeitnehmer
Kap. III **Sonstige Bestimmungen**
Anh. I **Mindestvorschriften für Sicherheit und Gesundheitsschutz bei Benutzung von Arbeitsmitteln; allgemeine Mindestvorschriften, besondere Arbeitsmittel, Arbeitsmittel zum Heben von Lasten**
Anh. II **Zusätzliche Vorschriften für die Benutzung von Arbeitsmitteln**
allgemeine Bestimmungen, Bestimmungen für mobile selbstfahrende und nicht selbstfahrende Arbeitsmittel, Arbeitsmittel zum Heben von Lasten

Die Arbeitsmittel-Benutzungsrichtlinie gilt für alle Arten der Arbeitsplätze, wie die Rahmenrichtlinie. Als **Arbeitsmittel** sind alle

- Maschinen und Anlagen,
- Apparate,
- Werkzeuge

definiert, die bei der Arbeit benutzt werden.

Die **Benutzung** der Arbeitsmittel umfasst alle Tätigkeiten wie

- An- und Abschalten,
- Gebrauch,
- Transport,
- Instandsetzung, Umbau,
- Instandhaltung und Wartung, Reinigung.

In Kap. II, Art. 4, 1. Absatz wird endlich eindeutig geregelt, welche Maschinen **beschafft und betrieben** werden dürfen:

- **Altmaschinen**, die vor dem 31.12.1992 in Betrieb genommen wurden:
  - Maßnahmen und Nachweis, dass die Maschine den Mindestanforderungen der Anhänge I und II der Arbeitsmittel-BenutzungsRL genügt (siehe „kleine CE-Kennzeichnung").
- **Neumaschinen**, die nach dem 31.12.1992 in Betrieb genommen wurden:
  - müssen den Bestimmungen aller zutreffenden EU-Richtlinien genügen (es ist also nur die Inbetriebnahme von Maschinen mit CE-Kennzeichnung und Konformitätserklärung erlaubt!)
- **besondere Arbeitsmittel** (gem. Anh. I, 3), die nach dem 05.12.1998 in Betrieb genommen wurden:
  - nur Maschinen mit CE-Kennzeichnung und Konformitätserklärung
  - *zusätzlich*er Nachweis durch den Betreiber, dass die Mindestvorschriften des Anhangs I, Art. 3 und des Anhangs II erfüllt sind

Werden Maschinen vom Betreiber nachgerüstet, umgebaut, ergänzt oder mit anderen als vom Hersteller erlaubten Teilen oder Komponenten instandgesetzt, muss man zwei Fälle unterscheiden:

- **Die Funktion** der Maschine wird dabei **nicht wesentlich verändert:**
  - Für die Maschine gilt noch die ursprüngliche Konformitätserklärung.
  - Der Betreiber muss eine Überprüfung der nachgerüsteten Maschine vornehmen und diese Überprüfung dokumentieren (siehe „kleine CE-Kennzeichnung").
- **Die Funktion** der Maschine wird dabei **wesentlich verändert** oder andere Funktionen werden hinzugefügt oder ermöglicht:
  - Die ursprüngliche Konformitätserklärung und die CE-Kennzeichnung des Herstellers sind nicht mehr gültig.
  - Der Betreiber muss für die umgebaute = „neue" Maschine eine neue Konformitätserklärung ausstellen und dazu eine Risikobeurteilung gem. MaschinenRL durchführen.

Hinweis: Eine Erläuterung des Begriffs „wesentliche Veränderung" ist in der Vorschrift GSG 7.1 Interpretation des BMA und der Länder für den im GSG benutzten Begriff

„wesentliche Veränderung" im Bezug auf Maschinen zum GSG / 9. GSGV [www.ce-zeichen.de/templates/ce-zei/richtlinien/ce-9te-gpsgv.pdf].

Die „kleine CE-Kennzeichnung"

Diese nichtoffizielle (!) Bezeichnung soll andeuten, dass der Betreiber in gewissen o. g. Fällen durch ein Verfahren die Sicherheit einer Maschine oder eines Arbeitsmittels herstellen, nachweisen und dokumentieren muss, das dem Vorgehen in der Maschinenrichtlinie entspricht, jedoch wesentlich verkürzt ist:

- Das Arbeitsmittel muss den „Mindestvorschriften für Sicherheit und Gesundheitsschutz" und ggf. den „zusätzlichen Vorschriften zur Benutzung von Arbeitsmitteln" gem. Arbeitsmittel-BenutzungsRL Anhang I und II genügen.
- (diese Anforderungen sind wesentlich kürzer gehalten als die „Grundlegenden Sicherheits- und Gesundheitsanforderungen" im Anhang I der MaschinenRL)
- Die Einhaltung der o. g. Anforderungen muss nachgewiesen und dokumentiert werden (kleine Risikosanalyse).
- Es wird *keine* Konformitätserklärung ausgestellt und *keine* CE-Kennzeichnung angebracht!

Weitere wichtige Pflichten des Arbeitgebers (Maschinenbetreibers)

- Der Betreiber muss die erforderlichen Vorkehrungen treffen, damit die Arbeitsmittel während der gesamten Zeit der Benutzung durch eine entsprechende Wartung auf dem ursprünglich geforderten **Sicherheitsniveau** gehalten werden.
- Bei **besonderen** (spezifischen) **Gefährdungen** bei der Benutzung des Arbeitsmittels muss der Maschinenbetreiber dafür sorgen, dass
  - die Benutzung des Arbeitsmittels/die Bedienung der Maschine nur von hierzu beauftragten Personen durchgeführt wird [Art. 5, Satz 1],
  - Instandsetzungs-, Umbau-, Instandhaltungs- und Wartungsarbeiten nur von eigens hierzu befugten Arbeitnehmern durchgeführt werden [Art. 5, Satz 1].
- Der Arbeitgeber hat dafür Sorge zu tragen, dass den Arbeitnehmern angemessene Informationen bzw. Betriebsanleitungen der zu bedienenden Maschine zur Verfügung stehen (unbeschadet der Pflichten des Maschinenherstellers gem. Artikel 10 der MaschinenRL).
  - Die Informationen und die Betriebsanleitungen müssen Angaben über Einsatzbedingungen und absehbare Störfälle und Rückschlüsse aus den bei der Benutzung von Arbeitsmitteln gesammelten Erfahrungen enthalten.
  - Die Informationen und die Betriebsanleitungen müssen für die betroffenen Arbeitnehmer verständlich sein.
- Der Arbeitgeber muss die Arbeitnehmer **unterrichten** [Art. 6] und **unterweisen** [Art. 7]:
  - Die Arbeitnehmer müssen auf die sie betreffenden Risiken der in ihrer unmittelbaren Arbeitsumgebung vorhandenen Arbeitsmittel aufmerksam gemacht werden, auch wenn sie diese Arbeitsmittel nicht direkt benutzen.
  - Die mit der Benutzung der Arbeitsmittel beauftragten Arbeitnehmer müssen eine angemessene Unterweisung auch in Bezug auf die mit der Benutzung gegebenenfalls verbundenen Risiken erhalten (unbeschadet der Pflichten des Maschinenherstellers gem. Artikel 5 und 12 der MaschinenRL).

c. Verhältnis Hersteller - Betreiber

Der Zusammenhang der Hersteller-Richtlinien (die sog. §100a-Richtlinien mit grundlegenden Anforderungen an sichere Industrieprodukte und Arbeitsmittel) und den Betreiber-Richtlinien (die sog. §118a-Richtlinien mit Mindestvorschriften zum Schutz und zur Sicherheit von Arbeitnehmern) regelt indirekt das Verhältnis von Lieferant und Hersteller einer Maschine einerseits und dem Käufer und Betreiber andererseits. Die Pflichten der beiden Vertragsparteien, insbesondere an der „Schnittstelle Übergabe/Abnahme“ der Maschine oder Anlage wird durch die neuen, seit dem 01.04.1997 in Kraft getretenen Betreiber-Richtlinien sauber geregelt.

Dies soll an drei Beispielen illustriert werden, mit denen häufig gestellte Fragen beantwortet werden:

Beispiel 1: Der Betreiber führt nach der Übergabe/Abnahme eine **Nachrüstung** oder **Umbauten** an der Maschine durch.
Wer ist für die Sicherheit der Maschine verantwortlich?
Muss eine „neue“ CE-Kennzeichnung vergeben werden?

Beispiel 2: Für die Anwender oder Bediener einer Maschine muss eine **Sicherheits-Unterweisung** oder eine **Einweisung** stattfinden.
Wer ist für diese Unterweisungen verantwortlich?

Beispiel 3: Für den **Lärmschutz** gibt es sowohl in der Maschinenrichtlinie als auch in der Arbeitsstättenverordnung Gesundheits-Anforderungen.
Welche Lärmschutz-Maßnahmen sind gesetzlich vorgeschrieben?
Wer muss die Lärmschutz-Auflagen der BG erfüllen?

Wie immer ist die kurze Antwort auf die Fragen einfach (und kompliziert zugleich): Verantwortlich sind beide Seiten:

Beispiel 1: Übergabe - Abnahme - Nachrüstung - Umbau

Der Betreiber einer Maschine ist nach der Erstübergabe, Abnahme und Erstinbetriebnahme für den Zustand der Maschine verantwortlich. Er hat sogar das Sicherheitsniveau der Maschine regelmäßig zu überprüfen und durch geeignete Instandhaltungsmaßnahmen zu erhalten.

Eine Nachrüstung oder ein Umbau einer Maschine geht eventuell weit über die normale Instandhaltung hinaus. Solche Maßnahmen verantwortet allein der Maschinenbetreiber. Er muss darauf achten, ob nach dem Umbau eine dokumentierte Sicherheitsüberprüfung gem. Arbeitsmittel-Betreiberrichtlinie genügt oder ob die umgebaute Maschine als „neu in den Verkehr gebrachte“ Maschine gilt, und deshalb nur nach einem neuen Konformitätsverfahren gem. Maschinenrichtlinie wieder in Betrieb genommen werden darf (siehe vorheriger Abschnitt „Arbeitsmittel-Benutzungsrichtlinie“).

Natürlich kann der Betreiber den ursprünglichen Maschinenhersteller mit diesen Aufgaben (Instandsetzung, Wartung, Nachrüstung, Umbau) beauftragen.

Hinweis: Der ursprüngliche Maschinenhersteller und Lieferant sollte bei der Übernahme weiterer Dienstleistungen beim Betrieb der Maschine das Rechtsverhältnis zu seinem Kunden sauber regeln.
Von einer vertraglichen Vermischung von Erstlieferung und nachfolgenden Arbeiten rate ich ab (Die Verantwortung für die Sicherheit der Maschine liegt bei der Erstlieferung eindeutig beim Hersteller, danach jedoch beim Betreiber).

Im Wartungsvertrag, Nachrüstungsvertrag usw. sollte explizit festgelegt werden, welcher Vertragspartner die sicherheitstechnische Ertüchtigung nach welcher Richtlinie übernimmt. Die sicherste Position des ursprünglichen Herstellers (wie auch jedes anderen Maschinenbauers) bei solchen Nachrüst-/Umbauaufträgen ist die einer *beratenden* Funktion bezüglich der Maschinensicherheit.

Die (neuerliche) Übernahme der Gesamtverantwortung für die Maschine gem. Produkthaftungsgesetz und Maschinenrichtlinie sollte auf alle Fälle vermieden werden.

Ein beauftragtes Instandsetzungs-/Umbauunternehmen kann sich natürlich nicht aus der Verantwortung für seinen Lieferumfang stehlen. Da diese jedoch bei solchen Aktionen (im Gegensatz zur Erstlieferung) nicht gesetzlich geregelt ist, sollte die Abgrenzung vertraglich möglichst genau festgelegt werden.

Beispiel 2: Sicherheits-Unterweisungen und -Einweisungen

Inwieweit ist der Maschinenhersteller und Lieferant für die Einweisung und Unterweisung der Maschinenbediener in puncto Maschinensicherheit verantwortlich? Diese Frage stellen sich seit der Einführung der Maschinenrichtlinie die Verantwortlichen der Technischen Dokumentation. Oft hat dies dazu geführt, dass die Betriebsanleitung zu einer Unterweisungsunterlage für die Maschinenbediener mutierte. Vor allem die Forderung, dass die Betriebsanleitung für den Anwender „verständlich“ sein muss, hat die technischen Redakteure vor eine unlösbare Aufgabe gestellt, da sie nicht wissen konnten, wen der Betreiber mit welchen Sprachkenntnissen zum Bediener der neuen Maschine befördert.

Mit den beiden Betreiberrichtlinien wurde auch diese Frage eindeutig beantwortet.

Gesetzliche Pflichten des Maschinenherstellers

- Jeder Maschine ist beim Inverkehrbringen (Verkauf, Inbetriebnahme und Übergabe) eine Betriebsanleitung beizulegen.
- Die Betriebsanleitung muss den Betreiber in die Lage versetzen, die Maschine in allen Lebensphasen (Installation, Betreiben, Umrüsten ... Warten, Fehlerbehebung ..., Reinigen ...) 10 Jahre sicher zu betreiben.

Hinweis: Ein sicherer Betrieb ist unter anderem nur dann garantiert, wenn die Betriebsanleitung für den Anwender der Maschine *verständlich* ist. Das wiederum hängt von der Zielgruppe für das Produkt ab:

- Geht das Produkt in den *privaten* Bereich, ist der Benutzer ein Laie, dessen Verständnisfähigkeit sehr niedrig angesetzt werden muss.
- Geht die Maschine in den *industriellen* Bereich, ist der verantwortliche Benutzer in der Regel ein Fachmann, dessen Verständnisfähigkeit entsprechend hoch angesetzt werden kann.

Der Hersteller ist nicht verpflichtet, eine Betriebsanleitung für jede Qualifikationsstufe der Mitarbeiter beim Betreiber zu erstellen.

- Der Mindestinhalt der Betriebsanleitung ist im Anhang I der Maschinenrichtlinie aufgeführt. Ausführliche Hinweise auf den Inhalt sind in der Norm DIN EN ISO 12100 festgelegt.

Hinweis: Eine spezielle Einweisungs- oder Schulungsunterlage für alle Bediener ist in der Richtlinie nicht gefordert.
In der Betriebsanleitung müssen allerdings alle Punkte enthalten sein, die der Betreiber benötigt, um eine Einweisung oder Schulung seiner Mitarbeiter für sicherheitsrelevante Sachverhalte durchführen zu können.

Praktischer Tipp: In die Bedienungsanleitung sollten aus diesem Grund zwei Hinweise aufgenommen werden:

- Hinweis, dass für die Bediener eine Einweisung und eine Sicherheitsunterweisung gem. Arbeitsmittel-Benutzungsrichtlinie durchgeführt werden muss, um den sicheren Betrieb der Maschine zu gewährleisten.
- Hinweis, dass für die Bedienung der Maschine ein Fachmann verantwortlich ist und dass bestimmte sicherheitsrelevante Tätigkeiten ausschließlich von Fachleuten durchzuführen sind.

- Die Betriebsanleitung muss in zwei Sprachen ausgeliefert werden: der Originalsprache (in der sie ursprünglich erstellt wurde) und in einer der Amtssprachen des Verwenderlandes.

Gesetzliche Pflichten des Maschinenbetreibers (Arbeitgebers)

- Der Arbeitgeber ist verpflichtet, seine Mitarbeiter an der zu bedienenden Maschine einzuweisen und insbesondere alle sicherheitsrelevanten Sachverhalte zu vermitteln.
- Die Einweisung und Unterweisung muss in geeigneter (das heißt, an die jeweiligen Mitarbeiter angepassten) Form erfolgen. Die Verständnisfähigkeit der Mitarbeiter (Sprachkenntnisse) ist dabei zu berücksichtigen.

Hinweis: Gegebenenfalls muss der Arbeit*geber* spezielle Einweisungs- oder Schulungsunterlagen für seine Mitarbeiter erstellen (lassen).

- Gegebenenfalls müssen durch den Betreiber an der Maschine mehrsprachige Hinweise angebracht werden.
- Die Schulungs-, Einweisungs- und Kennzeichnungsmaßnahmen sind vom Arbeitgeber zu dokumentieren.

Beispiel 3: Lärmschutz-Maßnahmen und -Auflagen

Für beide Seiten, den Hersteller als verantwortlichen Konstrukteur der Maschine und den Betreiber als verantwortlichen Arbeitgeber der Bediener der Maschine gibt es eindeutige Vorschriften.

Wichtiger Hinweis: Die Arbeitsschutzverordnungen und damit die betrieblichen Lärmschutz-Auflagen und Lärm-Emissionsgrenzwerte sind in den einzelnen EU-Mitgliedsstaaten *verschieden* geregelt!
Für die Hersteller von Maschinen gilt als gesetzliche Regelung nur die EU-Maschinenrichtlinie und ggf. die OutdoorRL. Darüberhinausgehende Auflagen aufgrund der einzelstaatlichen Arbeitsstättenverordnungen sind gegebenenfalls vertraglich zwischen Lieferant und Käufer der Maschine zu vereinbaren.

Gesetzliche Regelung für den Hersteller im Anhang I der Maschinenrichtlinie

- Bei der bestimmungsgemäßen Verwendung der Maschine müssen Belästigung ... und psychische Belastung des Bedienpersonals ... auf das *mögliche Mindestmaß* reduziert werden [Anh. I, 1.1.6].
- Die Maschine muss so konzipiert und gebaut sein, dass Gefährdungen durch Lärmemission auf das ... *niedrigste erreichbare Niveau* gesenkt werden
- (und zwar unter Berücksichtigung des Standes der Technik und der verfügbaren Mittel zur Lärmminderung) [MRL Anh. I, 1.5.8].
- Die *Betriebsanleitung* muss folgende Angaben über den von der Maschine ausgehenden Luftschall enthalten [MRL Anh. I, 1.7.4.2.u]:
  - den A-bewertete äquivalente Dauerschalldruckpegel an den Arbeitsplätzen, wenn er über 70 dB(A) liegt (sonst genügt die Angabe „70 dB(A)").
  - den Höchstwert des momentanen C-bewerteten Schalldrucks, sofern er 63 Pa (130 dB bezogen auf 20 m) übersteigt.
  - den Schallleistungspegel der Maschine, wenn der A-bewertete Dauerschalldruckpegel an den Arbeitsplätzen über 85 dB(A) liegt.

Gesetzliche Regelung für den Betreiber (Arbeitgeber)

In Deutschland regelt die Arbeitsstättenverordnung den Lärmschutz am Arbeitsplatz. In § 15 „Schutz gegen Lärm" sind die Grenzwerte definiert:

- In Arbeitsräumen ist der Schallpegel so niedrig zu halten, wie es nach Art des Betriebes möglich ist. Die Grenzwerte sind:
  - bei überwiegend geistigen Tätigkeiten ≤ 55 dB(A)
  - bei einfachen Bürotätigkeiten ≤ 70 dB(A)
  - bei sonstigen Tätigkeiten ≤ 85 dB(A)
  - falls aus betrieblichen Gründen 85 dB(A) nicht möglich ≤ 90 dB(A)
- in Pausen-, Bereitschafts- und Sanitätsräumen ≤ 55 dB(A)
  (Berücksichtigung der Betriebseinrichtungen in den Räumen und die von außen einwirkenden Geräusche)

Unter Umständen ist der von einer gelieferten Maschine ausgehende Lärm größer, als es die Arbeitsstättenverordnung zulässt. Wer hat die Pflicht, geeignete Maßnahmen zu ergreifen, um die Grenzwerte an der Arbeitsstätte zu erreichen?

Die Aufgaben sind eindeutig verteilt:

- Der **Maschinenhersteller** hat gem. Maschinenrichtlinie die Pflicht,

 - die Maschine nach Stand der Technik **so lärmarm wie möglich** zu konzipieren und zu bauen (ein bestimmter Grenzwert für den Schallpegel ist nicht vorgeschrieben).
 - den Betreiber in der Betriebsanleitung über den tatsächlichen, von der Maschine ausgehenden Schalldruckpegel zu **informieren**.
- Der **Maschinenbetreiber** hat gem. Arbeitsmittel-Benutzungsrichtlinie und gem. Arbeitsstättenverordnung die Pflicht,
 - die Maschine so aufzustellen und nach den betrieblichen Möglichkeiten mit (bauseitigen) **Lärmminderungsmaßnahmen** auszustatten, dass die Grenzwerte für die Arbeitsstätte eingehalten werden (der Grenzwert für den Schallpegel ist normalerweise ≤ 85 dB(A)).
 - in Ausnahmefällen, wenn eine Lärmminderung in dem erforderlichen Umfang betrieblich nicht zumutbar ist, die Überschreitung des Grenzwertes für den Schallpegel auf 5 dB(A) zu begrenzen.
 - ggf. die Arbeitnehmer und Maschinenbediener mit geeigneten persönlichen Schutzausrüstungen auszustatten.

3 Die fünf Schritte zur Konformitätserklärung

Im 3. Kapitel soll nun das Vorgehen im Einzelnen besprochen werden, das zu einer mit der **Maschinenrichtlinie** konformen Maschine (salopp ausgedrückt: zu einer „CE-fähigen" Maschine) führt. Es wird dabei vor allem das formale Vorgehen der Maschinenrichtlinie erläutert. Auf die Unterschiede bei den anderen Richtlinien, die zum Teil Abweichungen im Prozedere aufweisen (siehe Kap. 2.2), wird nur am Rande eingegangen.

Die hier geschilderten „fünf Schritte zur Konformitätserklärung" beziehen sich zunächst nur auf **normale Maschinen** ohne besonderes Risikopotenzial. Auf das Vorgehen bei Maschinen mit erhöhtem Risikopotenzial oder bei Produkten aus dem geregelten Bereich mit sehr großem Risikopotenzial wird jeweils hingewiesen. Das genaue Vorgehen ist dann der entsprechenden Richtlinie zu entnehmen:

Übersicht Vorgehensweisen

normale Maschinen gem. Maschinenrichtlinie

mit normalem Risikopotenzial und allgemeinen Sicherheits- und Gesundheitsschutzanforderungen nach MRL Anh. I

Vorgehen: fünf Schritte gemäß Kap. 3.1 – 3.5

Maschinen mit besonderen Anforderungen aus MRL Anh. I

mit normalem Risikopotenzial jedoch speziellen, dem besonderen Verwendungszweck entsprechenden zusätzlichen Anforderungen aus MRL, Anh. I

Vorgehen: fünf Schritte gemäß Kap. 3.1 – 3.5

Maschinen nach MRL Anh. IV mit besonderem Risikopotenzial

und deshalb besonderen Anforderungen an die Sicherheit und an das Konformitätsbewertungsverfahren

Vorgehen: fünf Schritte + interne Fertigungskontrolle/umfassende Qualitätssicherung oder Einschaltung einer Prüfstelle, siehe Kap. 4.3

Maschinen, die unter die Outdoor-Richtlinie, die Druckgeräterichtlinie oder die Explosionsschutzrichtlinie fallen

mit sehr großem Risikopotenzial und speziell vorgeschriebenen Normen zur Einhaltung der Sicherheitsanforderungen

Vorgehen: fünf Schritte + Baumusterprüfung und Qualitätsprüfungen, siehe Konformitätsbewertungsverfahren in der entsprechenden Richtlinie

Übersicht „5 Schritte"

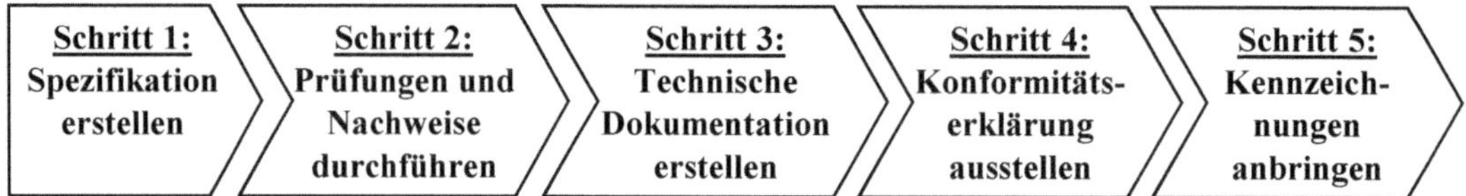

Diese „5 Schritte zur CE-Kennzeichnung" können nacheinander abgearbeitet werden. Bereits mit dem Beginn des Maschinen-Entstehungs-Prozesses, der Aufstellung der Spezifikation für das zukünftige Produkt, müssen die ersten „sicherheitsrechtsrelevanten" Punkte beachtet werden. Diese Sorgfaltspflicht bei der Anwendung der zutreffenden Gesetze (Richtlinien) und Normen muss durchgezogen werden bis zum Abschluss, wenn vor der Auslieferung oder nach der Abnahme die CE-Kennzeichnung angebracht werden darf.

> **Warnung!** Bereits beim ersten Schritt einer Maschinenplanung und -entstehung ist zu beachten, dass *alle*, auf irgendwelche Art erzeugten produktbezogenen Dokumente relevant im Sinne der Maschinenrichtlinie sind!

Die in den folgenden Kapiteln beschriebenen „5 Schritte" bilden die Grundlage für alle Konformitätsbewertungsverfahren. Sie sind also zunächst für die Maschinenrichtlinie ebenso anwendbar wie für die Niederspannungsrichtlinie, die Druckgeräterichtlinie oder die ATEX. Für normale Maschinen, die der Hersteller in eigener Verantwortung konform erklärt, sind mit den geschilderten fünf Schritten alle formalen und technischen Anforderungen aus der Richtlinie abgedeckt:

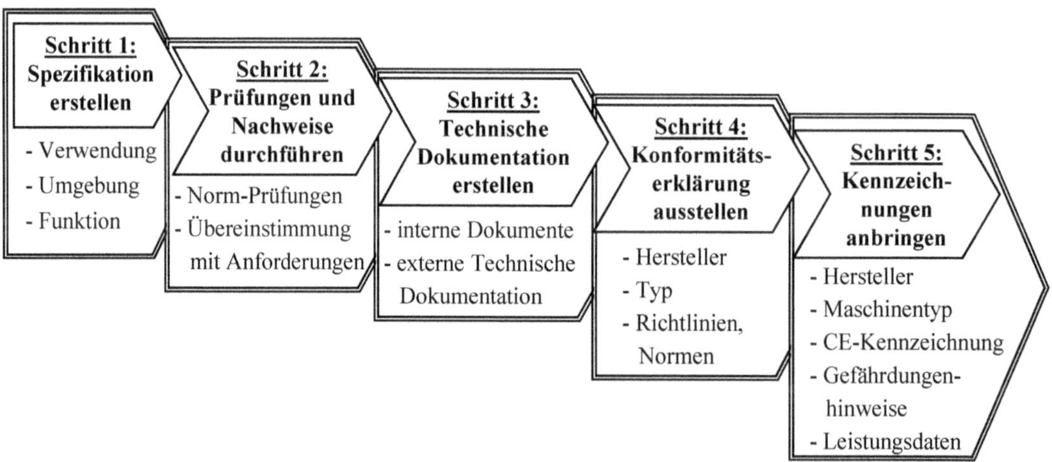

Bei Maschinen mit besonderem Risikopotenzial und den Maschinen mit sehr großem Risikopotenzial (im sogenannten geregelten Bereich) ist die Abarbeitung der fünf Schritte wie beschrieben zwar notwendig, aber noch nicht hinreichend. In diesen Fällen müssen vor der Erklärung der Konformität bestimmte Prüfungen durchgeführt und/oder eine Prüfstelle eingeschaltet werden.

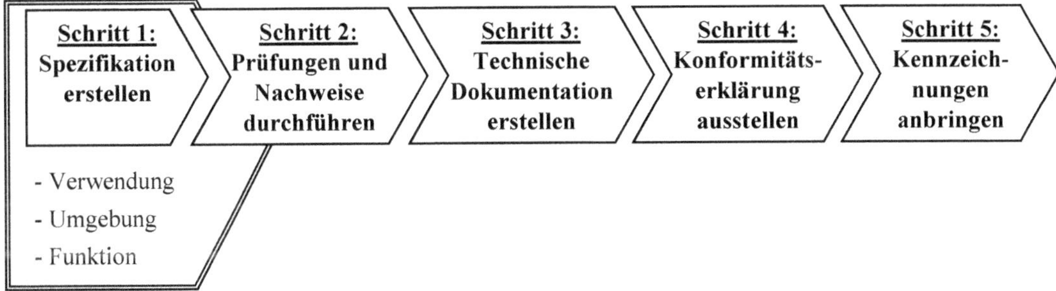

3.1 Spezifikation erstellen

Unter der Spezifikation einer Maschine, eines Gerätes oder einer Komponente versteht man normalerweise die folgenden internen Festlegungen:

- bestimmungsgemäße **Verwendung**: Zweck und Einsatz der Maschine
- **Umgebung**: vorgesehene Umgebungsbedingungen für die Maschine
- **Funktion**: Funktions-, Antriebs- und Energieprinzipien
- Funktions- und **Leistungsdaten** der Maschine
- Auswahl der anzuwendenden **Normen** und sonstigen Vorschriften

Diese Daten dienen der Entwicklung und Konstruktion als Grundlage für das Pflichtenheft und dem Marketing für geeignete Werbeaktionen.

Die Festlegung der ersten beiden Punkte entscheidet darüber,

- welche **Richtlinien** für das Produkt zutreffen,
- welche Richtlinie die **Hauptrichtlinie** ist, nach der die Konformität bewertet und die Konformitätserklärung ausgestellt wird,
- welche **Konformitätsbewertungsverfahren** angewendet werden müssen.

Erinnerung: Das Konformitätsbewertungsverfahren (auch Modul genannt) gibt pauschal an, was zu tun ist, bevor eine Maschine als konform mit der Richtlinie erklärt werden darf, also CE-gerecht ist.

Die Entscheidung über das richtige anzuwendende Konformitätsbewertungsverfahren fällt also bereits im ersten Schritt bei der Aufstellung der Spezifikation der Maschine. In den Kapiteln 2.1 und 2.2 wurden die sog. Module bei den besprochenen Richtlinien erwähnt. Als Entscheidungshilfe wird hier noch einmal eine Zusammenfassung gegeben, auf die bei den folgenden Schritten immer verwiesen wird:

Auswahl des Konformitätsbewertungsverfahren für Maschinen

[Module nach Richtlinie 90/683/EWG]

Anwendungsbereich	zutreffende Richtlinie	Kategorieneinteilung				Konformitätsbewertungsverfahren (Module): A	Aa	B + ...	G, H
Maschinen, Geräte, Ausrüstungsteile / Gesamtheit von Teilen und Vorrichtungen mit mind. 1 angetriebenen beweglichen Teil / Maschinen gemäß MRL / in Gebäuden eingesetzt	Maschinenrichtlinie MRL	normale Maschinen				A			
		Maschinen gem. MRL Anh. IV	nach C-Norm gebaut				Aa		
			nicht nach Norm gebaut					B	
im Freien eingesetzt	Outdoor-Richtlinie OdRL	Maschinen gem. Liste Art. 13 OdRL				A			
		Maschinen gem. Liste Art. 12 OdRL					A1		G, H
+ Behälter, Rohre, Ausrüstungsteile, Baugruppen für Fluide / Druck > 0,5 bar	Druckgeräterichtlinie DgRL	Druckvolumen PS*V	< 25 bar*l	nur Faustwerte, genaues siehe DgRL Anh. II	nur falls Maschine	A			
			< 50 bar*l		Kat. I				
			> 50 bar*l		Kat. II		A1, D1, E1		
					Kat. III			B + C, D, E, F	H
					Kat. IV			B + D, F	G, H
+ mechanische Baugruppen, Vorrichtungen, elektrische Betriebsmittel / mit Zündquellen (Funken, Temperatur, ...)	Explosionsschutzrichtlinie ATEX	Gruppe I (unter Tage)	Schlagwetter	Kat. M1	alle			B + D, F	
				Kat. M2	Motoren, elektr. Geräte				
					sonstige		A1		
		Gruppe II (sonst)	Zone 0, 20	Kat. 1	alle			B + D, F	
			Zone 1, 21	Kat. 2	Motoren, elektr. Betriebsmittel				
					sonstige		A1		
			Zone 2, 22	Kat. 3	alle	A			

A	Erklärung der Konformität, technische Dokumentation und Qualitätssicherung (interne Fertigungskontrolle) in alleiniger Verantwortung des Herstellers
Aa	Hinterlegung der technischen Dokumentation bei einer benannten Stelle, interne Fertigungskontrolle
A1	+ Überwachung der internen Fertigungskontrolle durch benannte Stelle
C	Baumusterprüfung bei einer Prüfstelle (benannte Stelle)
D	Qualitätssicherung Produktion, überwachtes Qualitätssicherungssystem durch benannte Stelle
E	Qualitätssicherung Produkt, Bewertung und Überwachung des Qualitätssicherungssystems durch benannte Stelle
F	Prüfung der (einzelnen) Produkte durch eine Prüfstelle (benannte Stelle)
G	Einzelprüfung des Produkts (Entwurf, Konstruktion, technische Dokumentation) und Zulassung durch benannte Stelle
H	Umfassendes Qualitätssicherungssystem, Bewertung, Zertifizierung und Überwachung durch benannte Stelle
Bedeutung der Verknüpfungszeichen: " + " = UND (beide Module sind anzuwenden) " , " = ODER (nach freier Wahl des Herstellers)	

Das einfachste Konformitätsbewertungsverfahren nach dem Modul A (Erstellung der Dokumentation, interne Fertigungskontrolle und Erklärung der Konformität in alleiniger Verantwortung des Herstellers) trifft in den folgenden vier Fällen zu:

- **normale Maschinen** (siehe Kap. 2.1.a),
- **Outdoormaschinen** der Liste gem. **Art. 13** der OutdoorRL (siehe Kap. 2.1.d),
- **Druckbehälter** unter 25 bar*liter und **Druckgeräte** der **Kategorie I** (siehe Kap. 2.2.b),
- Maschinen und Betriebsmittel für **explosionsgefährdete Bereiche** der **Kategorie 3** (siehe Kap. 2.2.e).

Dieses einfachste und im Normalfall anzuwendende Konformitätsbewertungsverfahren wird in der Maschinenrichtlinie Anh. VIII detailliert beschrieben.

Für gewisse Maschinengruppen mit erhöhtem Risikopotenzial *muss* die interne Technische Dokumentation bei einer benannten Stelle hinterlegt und *kann* dort auch geprüft werden. Zu dieser Gruppe von Maschinen mit Modul Aa oder A1 gehören

- ggf. **Maschinen** mit **besonderem Risikopotenzial** gem. MRL **Anhang IV** (vergl. auch Kap. 2.1.c und Kap. 4.3),
- **Outdoormaschinen** der Liste gem. **Art. 12** der OutdoorRL (siehe Kap. 2.1.d),
- **Druckgeräte** der Kategorie II (siehe Kap. 2.2.b),
- Maschinen (keine Motoren und keine elektrischen Betriebsmittel!) für **explosionsgefährdete Bereiche** der **Kategorien M2** und **2** (siehe Kap. 2.2.e).

Auswahl der Normen

Zur Auswahl und Angabe der angewendeten Normen muss noch eine Erläuterung gegeben werden. Man sollte grundsätzlich zwei Gruppen unterscheiden:

- Normen (vorzugsweise EN-Normen), die für das betreffende Produkt sicherheitsrelevant sind und deshalb *vollständig* beachtet werden müssen, inklusive den dort vorgeschriebenen Prüfungen.
- Normen, die als informative Grundlage für die Auslegung und Konstruktion verwendet werden, jedoch *nicht* in *allen* Punkten vollständig erfüllt werden.

Nur die erstgenannten Normen dürfen in die offizielle Liste der Technischen Dokumentation aufgenommen werden. Diese Normen dürfen auch in der Konformitäts- oder Einbauerklärung aufgeführt werden (vergl. Kap. 4.4 und 4.5). Es muss auch darauf geachtet werden, dass nur diese offiziell freigegebenen Normen in Vertriebsunterlagen oder Datenblättern auftauchen!

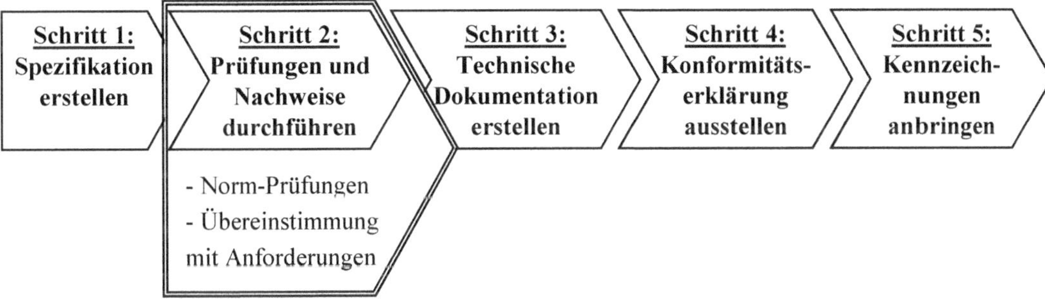

3.2 Prüfungen und Nachweise durchführen

Die Prüfungen, die an dem Produkt vorgenommen werden müssen, kann man in drei Gruppen aufteilen:

- **Prüfungen**, die durch die angewendeten Normen vorgeschrieben sind
- **Nachweis der Übereinstimmung** mit den Sicherheitsanforderungen
- **Qualitätssicherungsprüfungen**: Endprüfung bei Montage oder Inbetriebnahme

Nun zu den Prüfungen und der dazugehörigen Dokumentation im Einzelnen:

Norm-Prüfungen

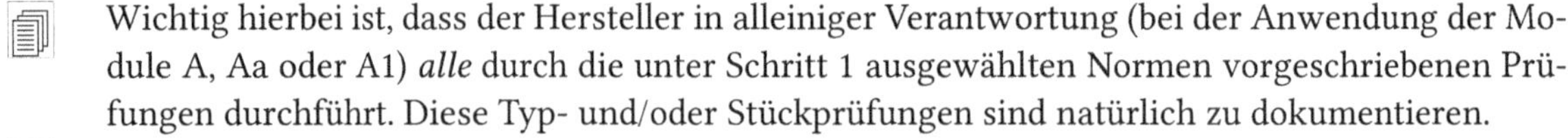

Wichtig hierbei ist, dass der Hersteller in alleiniger Verantwortung (bei der Anwendung der Module A, Aa oder A1) *alle* durch die unter Schritt 1 ausgewählten Normen vorgeschriebenen Prüfungen durchführt. Diese Typ- und/oder Stückprüfungen sind natürlich zu dokumentieren.

Die Norm-Prüfungen können im Auftrag des Herstellers durch ein sog. Laboratorium durchgeführt werden. Dies sind Prüfinstitute, die keine Akkreditierung für EU-Baumusterprüfungen benötigen. Auch die Prüfungen zum deutschen GS-Zeichen fallen unter diese Regelung. Die entsprechenden Prüfbescheinigungen sind Bestandteil der Technischen Dokumentation.

Qualitätssicherungsprüfungen

In der Maschinenrichtlinie ist zwar kein zertifiziertes QS-System vorgeschrieben (das wäre der Konformitätsbewertungsmodul H, vergl. Kap. 4.1), aber an das Qualitätssicherungssystem des Herstellers werden durchaus Mindestanforderungen gestellt:

- Es muss eine festgelegte und dokumentierte Endprüfung durchgeführt werden.
- Die Prüfungsergebnisse müssen produktbezogen dokumentiert werden.

Für alle **Serienmaschinen** ist darüber hinaus eine definierte „**Interne Fertigungskontrolle**“ nach Anh. VIII gesetzlich gefordert. Insbesondere ist nachzuweisen, dass die hergestellten Maschinen mit der Technischen Dokumentation übereinstimmen.

Nachweise der Übereinstimmung

Die Nachweise der Übereinstimmung der vorliegenden Maschine bzw. Maschinentyps mit allen zutreffenden Anforderungen aller zutreffenden Richtlinien ist mit größerem Aufwand verbunden. Um den gesamten Umfang dieser Aufgabe zu verstehen, sollen noch einmal die gesetzlichen Anforderungen dazu aufgelistet werden. Der erste Punkt ist eine Anforderung, die eigentlich bereits im Schritt 1 „Spezifikationen“ hätte erledigt werden müssen:

- Erstellung einer **Liste aller zutreffenden Sicherheitsanforderungen** der Richtlinie(n) und der Normen (MRL Anh. VII, A1.a (i))

Auf der Grundlage dieser Liste ist der Hersteller verpflichtet,

- eine **Risikobeurteilung** (Risikoanalyse und Risikobewertung) vorzunehmen und die Maschine unter Berücksichtigung dieser Analyse zu entwerfen und zu bauen (MRL Anh. I, Allgemeine Grundsätze).
- eine **Beschreibung der technischen Lösungen** durchzuführen, die zur Beseitigung oder zur Minderung der Risiken dienen (MRL Anh. VII, A1.a (ii)).

Bei der Anwendung von verschiedenen technischen Lösungen bzw. Maßnahmen zur Behebung von Risiken ist folgende *Reihenfolge bindend* (MRL Anh. I, 1.1.2).

Schritt	Maßnahme zur Beseitigung / Verminderung des Risikos	
1	**Risiko/Gefährdung konstruktiv beseitigen** Umkonstruktion oder Verbesserung unter Beachtung der technischen Sicherheitsregeln	
2	**Risiko/Gefährdung konstruktiv minimieren** geeignete konstruktive oder steuerungstechnische Maßnahmen zur Verminderung der Gefährdung	
3	**Eintritt des Risikos und Folgen minimieren** Organisatorische Maßnahmen zur Verminderung von Exposition, Verbesserung Betrieb, Qualifikation	
4	**Verwenden von Schutzeinrichtungen** trennende und nicht trennende Schutzeinrichtungen (s. Anhang §5.1) zum Einbau von verbleibenden Risiken	
5	**Benutzer über Restrisiken informieren** Instruktionspflicht: Hinweise in der Betriebsanleitung und auf Warn- und Hinweisschildern	

Diese geforderten Nachweise laufen also auf eine Risikobeurteilung mit Gefährdungsanalyse und Risikobewertung hinaus, wie sie in Kap. 5.2 ausführlich beschrieben ist.

Ist für das Produkt eine **Baumusterprüfung** vorgeschrieben (siehe Schritt 1), sind natürlich die dort genannten Bestimmungen für Vorgehen und Nachweise zu beachten!

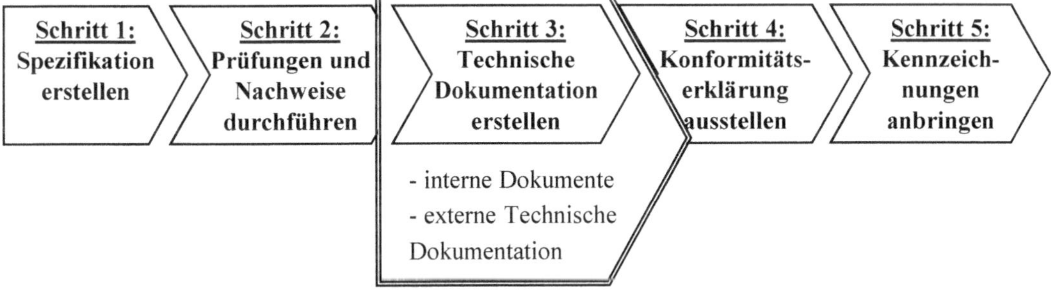

3.3 Technische Dokumentation erstellen

Zunächst wird eine (Normen-)Definition für den Begriff „Technische Dokumentation" oder genauer „Technische Produktdokumentation" (Teil a.) gegeben. Dann werden der Mindestinhalt der Technischen Dokumentation und die Verwaltungsauflagen der Maschinenrichtlinie behandelt (Teil b). Im Teil c soll noch kurz auf die Betriebsanleitung eingegangen werden, ohne die ganze Breite dieses Themas ausschöpfen zu können (technischen Redakteuren sei diesbezüglich die einschlägige Literatur empfohlen).

a. Die Technische Produktdokumentation

Die klassischen Definitionen der Begriffe stammen aus DIN-Normen:

- Eine **Technische Dokumentation** ist eine Dokumentation in der für technische Zwecke erforderlichen Art und Vollständigkeit.
- Eine **Technische Produktdokumentation** ist die Gesamtheit der während der Lebensphase eines Erzeugnisses erstellten technischen Dokumente.

Da die Umschreibungen der Begriffe doch etwas ungenau und allgemein gehalten sind (insbesondere im Zusammenhang mit der Maschinenrichtlinie), schlage ich eine andere Definition vor:

- Die **interne Technische Dokumentation**, die beim Hersteller verbleibt, besteht aus allen, während der Lebensphase des Produktes erstellten Dokumenten, insbesondere jedoch der in den europäischen Richtlinien und der Norm EN ISO 12100 / EN 292 vorgeschriebenen Dokumente. Die „*interne* Technische Dokumentation“ entspricht der Definition der technischen *Produkt*dokumentation.
- Die **externe Technische Dokumentation** wird an Kunden, Käufer von Maschinen und Maschinenbetreiber ausgegeben und enthält insbesondere die in den europäischen Richtlinien und der Norm DIN EN ISO 12100 vorgeschriebenen Dokumente. Die „*externe* Technische Dokumentation“ entspricht der Technischen Dokumentation im allgemeinen Sprachgebrauch.

Alle, in den Schritten 1 und 2 mit gekennzeichneten Dokumente sind somit Bestandteil der internen Technischen Dokumentation.

Eine zweite Bemerkung: Grundsätzlich ist die *externe* Technische Dokumentation auch Bestandteil der *internen* Technischen Dokumentation, denn jedes Dokument, das an einen Kunden geht, *muss* beim Hersteller hinterlegt werden! Umgekehrt gilt der Satz natürlich nicht: Nicht alle Dokumente, die der Hersteller zu eigenen Zwecken erstellt, dürfen an Kunden weitergegeben werden! Dies wird in den Richtlinien auch nicht gefordert.

Inhalt der Technischen Dokumentation

interne Technische Dokumentation	externe Technische Dokumentation
Spezifikation	Prospektunterlagen
– bestimmungsgemäße Verwendung,	– Produktbeschreibung,
– Leistungsdaten	– Datenblätter
Liste der zutreffenden Bestimmungen	
– EU-Richtlinien,	
– Normen	
Prüfungen	
– Auslegungen, Berechnungen	
– von den Normen vorgeschriebene Prüf. (MRL,	Wartungspläne (MRL
– Prüfpläne, QS-Prüfungen,	
– Prüfungen von Prüfstellen,	ggf. Abnahmeprotokoll
– Endprüfung (MRL, Abnahmeprotokoll	

interne Technische Dokumentation	**externe Technische Dokumentation**
Fertigungsunterlagen – Zusammenbauzeichnung, – Stückliste, – Einzelteilzeichnungen, – Steuerungspläne Risikobeurteilung – Liste der zutreffenden Sicherheitsanforderungen (MRL, – Überprüfung der Übereinstimmung mit den Sicherheitsanforderungen (MRL, – Beschreibung der Maßnahmen (MRL Konformitäts- und Montageerklärungen der eingebauten Maschinen, Geräte und Komponenten (falls zutreffend) (MRL	Produktunterlagen – Übersichtszeichnung (MRL, – Ersatzteil-/Verschleißteil-Liste (MR, – Aufstellungsplan, – Steuerkreispläne (MRL Betriebsanleitung (MRL – mit allen Sicherheitshinweisen, – in Originalsprache UND in Amtssprache des Verwenderlandes
eigene Konformitätserklärung (Originale) (MRL – in Originalsprache UND in den Amtssprachen der Verwenderländer	Kopie der Konformitätserklärung (MRL des vorliegenden Produkts (nicht die Erklärungen der eingebauten Komponenten)

Die mit (MRL gekennzeichneten Dokumente sind in der Maschinenrichtlinie *ausdrücklich* gefordert. Die anderen Dokumente sind in den einschlägigen Normen empfohlen.

Bei den aufgeführten Prüfungen ist wichtig, dass insbesondere die Sicherheitsaspekte der Maschine abgeprüft und in das Prüfprotokoll bzw. Abnahmeprotokoll mit aufgenommen werden.

b. Die besonderen Vorschriften der EU-Richtlinien

In diesem Abschnitt werden die Vorschriften der EU-Richtlinien und ggf. der zugeordneten Normen zur Technischen Dokumentation aufgelistet. Die Angaben zum **Inhalt** decken sich mit der Liste im letzten Abschnitt; zur Sicherheit soll hier noch einmal der Originaltext wiedergegeben werden. Zusätzlich werden die besonderen **Auflagen** benannt, denen die Technische Dokumentation unterliegt. Die Maschinenrichtlinie soll dabei als Basis dienen. Für die anderen Richtlinien werden nur die *zusätzlichen* Vorschriften aufgeführt.

Maschinenrichtlinie

Zum **Inhalt** der Technischen Dokumentation schreibt der Anhang VII A „Technische Unterlagen für Maschinen" folgendes vor:

- allgemeine Beschreibung der Maschine
- Pläne: Gesamtplan der Maschine, Steuerkreispläne, detaillierte und vollständige Pläne für die Überprüfung der Maschine (dazu gehören die nur für die Herstellung notwendigen Pläne nicht)
- Listen: zutreffende grundlegende Anforderungen der Richtlinie, angewendete Normen, sonstige Spezifikationen
- Nachweis der Übereinstimmung mit den Anforderungen der Richtlinie und Beschreibung der Lösungen, die zur Risikominderung gewählt wurden.
- Die Unterlagen über die Risikobeurteilung (Gefährdungsanalyse ...), aus denen auch hervorgeht, welches Verfahren angewendet wurde.
- alle technischen Berichte mit den Ergebnissen der Prüfungen

- technische Berichte oder Zertifikate von Laboratorien
- bei Serienfertigungen: Nachweis der „internen Fertigungskontrolle“, die sicherstellen, dass die Übereinstimmung der Maschine mit der Richtlinie gewährleistet ist.
- ein Exemplar der (Original-)Betriebsanleitung

Die interne Technische Dokumentation muss gewissen **Auflagen** genügen. In allen EU-Richtlinien der neuen Generation werden folgende Punkte gefordert:

- Die Unterlagen müssen in einer Amtssprache eines EU-Mitgliedlandes verfasst sein.
- Ausnahme: Die Betriebsanleitung *muss zusätzlich* in den Übersetzungen der Amtssprachen *aller* Verwenderländer (in denen sie in Verkehr gebracht wurden) vorliegen.
- Der Hersteller (oder sein in der EU bevollmächtigter Vertreter) muss die Unterlagen 10 Jahre (ab dem Zeitpunkt der Auslieferung des letzten zugeordneten Produkts) aufbewahren.

Die Maschinenrichtlinie schreibt zusätzlich (für „Normalmaschinen“) vor, dass

- die o. g. Unterlagen innerhalb eines angemessenen Zeitraums auf Anforderung der zuständigen Behörde zusammengestellt werden können (sie *müssen* also nicht von einer zentralen betrieblichen Stelle verwaltet werden).
- Die Unterlagen müssen eindeutig der betreffenden Maschine zuzuordnen sein.

Für sogenannte „hinterlegungspflichtige Maschinen“, das sind Maschinengruppen mit erhöhtem Risikopotenzial (siehe Kap. 3.1 „Spezifikationen“, Abschnitt „Auswahl des Konformitätsbewertungsverfahrens“), *muss* die interne Technische Dokumentation (und damit natürlich auch die externe Dokumentation) bei einer benannten Stelle hinterlegt werden; sie *kann* dort auch geprüft werden. Zu dieser Gruppe von Maschinen gehören ggf. die besonderen Maschinen des Anhangs IV der MRL und die Geräte des geregelten Bereichs (siehe Outdoor-RL, Druckgeräte-RL, ATEX).

Für **unvollständige Maschinen** werden „spezielle Unterlagen“ gefordert (MRL Anh. VII B):

- Pläne: Gesamtplan der Maschine, Steuerkreispläne, detaillierte und vollständige Pläne für die Überprüfung der Maschine (dazu gehören nicht die nur für die Herstellung notwendigen Pläne)
- Liste der zutreffenden grundlegenden Anforderungen der Richtlinie
- Nachweis der Übereinstimmung mit den Anforderungen der Richtlinie und Beschreibung der Lösungen, die zur Risikominderung gewählt wurden
- Die Unterlagen über die Risikobeurteilung (Gefährdungsanalyse ...), aus denen auch hervorgeht, welches Verfahren angewendet wurde
- alle technischen Berichte mit den Ergebnissen der Prüfungen, technische Berichte oder Zertifikate von Laboratorien
- bei Serienfertigungen: Nachweis der „internen Fertigungskontrolle“, die sicherstellen, dass die Übereinstimmung der Maschine mit der Richtlinie gewährleistet ist.
- ein Exemplar der (Original-)Montageanleitung

Outdoor-Richtlinie

Im Anhang V der Outdoor-Richtlinie ist das Konformitätsbewertungsverfahren A „Interne Fertigungskontrolle“ genauer beschrieben, das mindestens auf die betroffenen Maschinen angewendet werden muss. Dort sind weitere Angaben für die technischen Unterlagen gefordert:

- Name und Anschrift des Herstellers oder sein in der EU ansässiger Bevollmächtigter
- Beschreibung der Maschine
- Handelsbezeichnung, Typ, Serie

Hinweis: Diese Angaben sind auch für alle Maschinen der Maschinenrichtlinie selbstverständlich! In der neueren Outdoor-Richtlinie sind sie im Gegensatz zur Maschinenrichtlinie explizit erwähnt.

Zusätzlich sind noch „outdoor-spezifische“ Angaben erforderlich:

- die für die Identifizierung der Maschinen und die Beurteilung seiner Geräuschemission relevanten Daten (ggf. Schemazeichnungen, Beschreibungen oder Erläuterungen)
- technischer Bericht zu den Geräuschmessungen, die entsprechend den Bestimmungen der Richtlinie durchgeführt wurden
- verwendete technische Instrumente und Abschätzung der Unsicherheiten auf Grund produktionsbedingter Schwankungen des garantierten Schallleistungspegels

Druckgeräterichtlinie

Auch in der Druckgeräterichtlinie wird im Rahmen der Beschreibung des Konformitätsbewertungsmoduls A „Interne Fertigungskontrolle“ und des Moduls D1 „Qualitätssicherung Produktion“ für die technischen Unterlagen gefordert, dass sie eine Bewertung der Übereinstimmung des Geräts mit den Anforderungen der Richtlinie ermöglichen:

- allgemeine Beschreibung des Druckgeräts
- Entwürfe, Fertigungszeichnungen, Pläne von Bauteilen, Unterbaugruppen, Schaltkreise mit Beschreibungen und Erläuterungen, die zum Verständnis der Zeichnungen und Pläne notwendig sind
- eine Liste der in DgRL Art. 5 genannten Normen (auch die nur teilweise angewendeten!)
- falls die in Art. 5 genannten Normen nicht oder nur teilweise angewendet worden sind: eine Beschreibung der Lösungen, die zur Erfüllung der grundlegenden Anforderungen der Richtlinie gewählt wurden
- Ergebnisse der Berechnungen, Prüfungen
- Prüfberichte

Niederspannungsrichtlinie

In der neuen Fassung der Niederspannungsrichtlinie (Richtlinie für elektrische Betriebsmittel) werden im Anhang IV bei der Beschreibung der „internen Fertigungskontrolle“ dem Sinne nach dieselben Inhalte wie bei der Druckgeräterichtlinie (s. o.) verlangt.

ATEX

Auch die Explosionsschutzrichtlinie als jüngste Richtlinie enthält eine detaillierte Beschreibung des Konformitätsbewertungsmoduls A „Interne Fertigungskontrolle“. Die Anforderungen an die Technische Dokumentation sind sinngemäß die gleichen, wie bei der Druckgeräterichtlinie beschrieben.

c. Die Betriebsanleitung

Dieser kurze Abschnitt enthält die grundlegenden Anforderungen der besprochenen Richtlinien an die Betriebsanleitung. Es können hier die vielfältigen Aspekte, die bei der Erstellung einer

- für den Anwender verständlichen,
- für einen sicheren Betrieb notwendigen

Betriebsanleitung zu beachten sind, nicht besprochen werden. Dazu sei auf die einschlägige Fachliteratur verwiesen.

Maschinenrichtlinie

Die Betriebsanleitung einer Maschine muss detaillierten Anforderungen genügen (MRL Anh. I, 1.7.4):

- Jede Maschine muss mit einer Betriebsanleitung versehen sein.
- Die Betriebsanleitung wird vom Hersteller oder seinem in der EU ansässigen Bevollmächtigten erstellt.
- Die Betriebsanleitung muss in die Amtssprachen des Verwenderlandes übersetzt werden.
- Bei der Inbetriebnahme einer Maschine muss zusätzlich die Betriebsanleitung in Originalsprache vorliegen.
- Für Maschinen, die zum Gebrauch durch private Benutzer bestimmt sind, muss bei Abfassung und Gestaltung der Betriebsanleitung dem allgemeinen Wissensstand und der Verständnisfähigkeit (die nach vernünftigem Ermessen erwartet werden kann) Rechnung getragen werden.
- Die Betriebsanleitung muss nicht nur die bestimmungsgemäße Verwendung berücksichtigen, sondern auch jede, vernünftigerweise vorhersehbare Fehlanwendung.

> **Hinweis:** Aus den Vorschriften der Richtlinie kann man sinngemäß entnehmen: Die Betriebsanleitung einer Maschine ist wie ein sicherheitsrelevantes Maschinenteil zu behandeln. Dies gilt insbesondere für die Qualitätssicherung und die vollständige Lieferung beim Inverkehrbringen.

Zum **Inhalt** der Betriebsanleitung schreibt der Anhang I „Grundlegende Sicherheits- und Gesundheitsschutzanforderungen" für alle Maschinen folgendes vor:

- Angaben zur Maschinenkennzeichnung:
- Firmenname und vollständige Anschrift des Herstellers
- Bezeichnung der Serie oder des Typs
- ggf. wartungsrelevante Hinweise: Anschrift des Importeurs, Service-Werkstatt
- allgemeine Beschreibung der Maschine,
  bestimmungsgemäße Verwendung und Hinweise auf sachwidrige Verwendung
- Angaben über die Arbeitsplätze des Bedienpersonals
- Angaben, dass die folgenden Arbeiten gefahrlos durchgeführt werden können:
  - Transport, Handhabung und Lagerung der Maschine, dazu Angabe des Gewichts der Maschine bzw. von Maschinenteilen, wenn sie regelmäßig transportiert werden müssen
  - Installation, Montage und Inbetriebnahme
  - Rüsten und Umrüsten

  - Verwendung der Maschine (Betrieb, Normalbetrieb, Automatikbetrieb ...)
  - Instandhaltung, Inspektion, Wartung, Störungsbeseitigung, Überprüfung der Funktionsfähigkeit, dazu alle notwendigen Pläne, Schemata und Angaben
  - Außerbetriebnahme
  - Abbau, und falls erforderlich die Entsorgung
- Angaben zu den Restrisiken
- Installationsvorschriften zur Verminderung von Lärm und Vibrationen, Anleitung von zu treffenden Schutzmaßnahmen
- ggf. Einarbeitungshinweise
- ggf. die wesentlichen Merkmale der Werkzeuge, die an der Maschine angebracht werden können

Zusätzlich zu diesen (fast selbstverständlichen) Angaben schreibt die Maschinenrichtlinie noch folgende Punkte vor:

- für alle Maschinen:
  Angabe des von der Maschine ausgehenden Luftschalls (A-bewerteter Dauerschalldruckpegel, momentaner C-bewerteter Schalldruck, Schallleistungspegel), siehe dazu MRL Anh. I, 1.7.4.2.u
  und Hinweise für den Betreiber zu möglichen Schalldämmungsmaßnahmen
- für *Nahrungsmittelmaschinen* (MRL Anh. I, 2.1):
  Angabe der empfohlenen Reinigungs-, Desinfektions- und Spülmittel
  und der entsprechenden Verfahren
- für handgeführte und tragbare Maschinen (MRL Anh. I, 2.2)
  Angabe der Vibrationswerte (gewichteter Effektivwert der Beschleunigung für obere Gliedmaße) siehe dazu Kap. 2.1.d
- für bewegliche (verfahrbare) Maschinen (MRL Anh. I, 3.6.3)
- Angabe der Vibrationswerte (gewichteter Effektivwert der Beschleunigung für obere Gliedmaße, Füße, Sitzfläche ...)
- ggf. Angaben zur sicheren Montage von auswechselbaren Ausrüstungen und Zusatzausrüstungen zur Grundmaschine
- für *Lastaufnahmeeinrichtungen* (Hebezeuge MRL Anh. I, 4.4)
  - normale Einsatzgruppen
  - Benutzungs-, Montage- und Wartungsanweisungen
  - etwaige Einsatzbeschränkungen
  - Tragfähigkeitstabellen (MRL Anh. I, 4.3.3.)
  - Auflagedruck und Kenndaten der Laufbahnen
  - ggf. Angaben über Ballastmassen
  - Wartungsheft
  - Benutzungshinweise und Ratschläge, wie das Bedienpersonal die mangelnde Direktsicht auf die Last ausgleichen kann
  - notwendige Angaben zu Prüfungen vor der erstmaligen Inbetriebnahme

Druckbehälterrichtlinie

Zusätzlich zu den grundlegenden Angaben der Maschinenrichtlinie müssen noch folgende Punkte in der Betriebsanleitung von einfachen Druckbehältern aufgeführt werden (Richtlinie einfache Druckbehälter Anh. II, 2):

- Baumusterkennzeichnung, Serien- und Loskennzeichnung des Behälters
- vorgesehener Verwendungsbereich
- Aufstellungsbedingungen
- Wartungsbedingungen
- technische Angaben:
  - maximaler Betriebsdruck (PS in bar)
  - maximale Betriebstemperatur (T_{max} in °C)
  - minimale Betriebstemperatur (T_{min} in °C)
  - Fassungsvermögen des Behälters (V in l = Liter)

Druckgeräterichtlinie

Die zusätzlichen Angaben bei Druckgeräten sind (DgRL Anh. I, 3.4):

- Typkennzeichnung
  (Serien-, Loskennzeichnung, Fabrikationsnummer sind auf dem Druckgerät anzubringen, für die Betriebsanleitung sind die Angaben optional),
- Herstellungsjahr des Druckgeräts,
- Angaben zur Montage einschließlich der Verbindung verschiedener Druckgeräte,
- Angabe der wesentlichen zulässigen oberen und unteren Grenzwerte,
- Angabe zur beabsichtigten Verwendung, der Produktgruppe und Warnhinweise auf unsachgemäße Verwendung,
- technische Angaben:
  - Druckgerätevolumen V (in l = Liter),
  - Nennweite DN für die Rohrleitungen,
  - aufgebrachter Prüfdruck PT (in bar) und das Prüfdatum,
  - Einstelldruck der Sicherheitseinrichtung (in bar),
  - Druckgeräteleistung (in kW), Netzspannung (in V),
  - Füllungsgrad (in kg/l) und Höchstfüllmasse (in kg),
  - Leermasse (in kg).

ATEX

Zusätzlich zu den Angaben der Maschinenrichtlinie sind die folgenden weiteren Inhalte der Betriebsanleitung erforderlich (ATEX Anh. I, 1.0.6):

- Baujahr der Maschine
- die spezielle Kennzeichnung, die auf die Verhütung von Explosionen und die Gerätekategorie verweist (siehe Kap. 3.5, Abschnitt „Kennzeichnungen gem. ATEX)
- alle für die Sicherheit bei der Verwendung unabdingbaren Hinweise
- wartungsrelevante Hinweise, auch Anschriften des Importeurs und der Service-Werkstätte
- erforderlichenfalls Angaben zur Einarbeitung
- erforderlichenfalls die Markierung von gefährdeten Bereichen von Druckentlastungseinrichtungen

Die Norm DIN EN ISO 80079-36:2016-12 „Nichtelektrische Geräte für den Einsatz in explosionsgefährdeten Bereichen“ gibt weitere Hinweise auf eine konforme Betriebsanleitung:

- Angaben zur zweifelsfreien Entscheidung, ob das Gerät mit der angegebenen Kategorie im vorgesehenen Bereich unter den erwarteten Bedingungen gefahrlos zu verwenden ist (Bezug auf die durchgeführte Zündgefahranalyse).
- Angaben über Drücke, maximale Oberflächentemperaturen und andere Grenzwerte
- wesentliche Merkmale des Zubehörs
- Texte, alle Zeichnungen und Diagramme, die für Inbetriebnahme, Instandhaltung, Überprüfung, Prüfung der Funktionsfähigkeit und ggf. der Instandsetzung des Gerätes erforderlich sind.

Zielgruppendefinition

Die Betriebsanleitung muss grundsätzlich so abgefasst sein, dass für die betreffende „Zielgruppe“, das heißt für den Personenkreis, für den die Betriebsanleitung bestimmt ist, die Anleitungen zum sicheren Betrieb und die Warnhinweise verständlich sind. Dabei ist zwischen *privaten* Nutzern und *industriellen* Nutzern zu unterscheiden.

Private Nutzer

Ist die Maschine oder das Gerät für private Nutzer vorgesehen, muss der Verständnisfähigkeit der Nutzer in besonderem Maße Rechnung getragen werden. Dabei müssen durchaus länderspezifische Unterschiede bzw. Gegebenheiten beachtet werden, die bei einer Übersetzung zu berücksichtigen sind.

Wo immer es möglich ist, sollte der Text durch Illustrationen verdeutlicht werden. Der Einsatz von Farben zur schnellen und sicheren Identifikation (z. B. von bestimmten Bauteilen) sollte in Erwägung gezogen werden (Vorschläge aus der Norm EN DIN EN ISO 12100).

Industrielle Nutzer

Für Betriebsanleitungen aller Kategorien ist die Definition der Personenkreise, die für bestimmte Tätigkeiten zugelassen sind, entscheidend wichtig. In der Betriebsanleitung muss sorgfältig unterschieden und in den einzelnen Fällen immer speziell darauf hingewiesen werden, für welche Tätigkeit welche Qualifikation erforderlich ist. Folgende Unterscheidungen können getroffen werden:

- Fachpersonal des Herstellers oder des Serviceunternehmens des Herstellers
- Fachpersonal von Serviceunternehmen mit ausgewiesener Kompetenz auf dem entsprechenden Gebiet
- Fachkräfte des Betreibers mit besonderer Qualifikation (Sicherheitsfachkraft)
- Fachkräfte des Betreibers (mech. Fachkraft, Elektrofachkraft ...)
- unterwiesene Personen (insbesondere unterwiesen in potenziellen Risiken)
- Laien bzw. ungelernte, nur eingewiesene Personen

Die Betriebsanleitung muss nicht so abgefasst sein, dass sie für *alle* Betriebsangehörigen des Betreibers der Maschine verständlich ist. Der Betreiber muss nur in die Lage versetzt werden, eine Unterweisung und/oder eine Einweisung des weniger qualifizierten Personenkreises durchführen zu können (siehe auch Kap. 2.3.c). Eine Ausnahme bilden die Risiko- und Gefahrenhinweise, die sowohl in der Betriebsanleitung als auch an der Maschine in allgemein verständlicher Form dargestellt werden müssen.

Risiko- und Gefahrenhinweise

Es ist erforderlich, den Benutzer einer Maschine über Restrisiken zu informieren und davor zu warnen (DIN EN ISO 12100).

Warnhinweise bzw. Gefährdungshinweise sollen auf der Maschine gut lesbar, eindeutig und haltbar angebracht *und* in der Betriebsanleitung erläutert werden. Schilder mit der alleinigen Aufschrift „Gefahr" sind nicht erlaubt, da sie nicht eindeutig auf die entsprechende Gefährdungsart hinweisen (EN ISO 12100 / EN 292 – 2).

Die Regel für Risiko- und Gefahrenhinweise in der Betriebsanleitung lautet:

- Hinweis auf die Gefahr und den Gefahrenort
- Hinweis auf das richtige Verhalten zur Vermeidung der Gefährdung
- Hinweis auf die Gefährdung und die Gefährdungsfolge bei Nichtbeachten des Gefahrenhinweises.

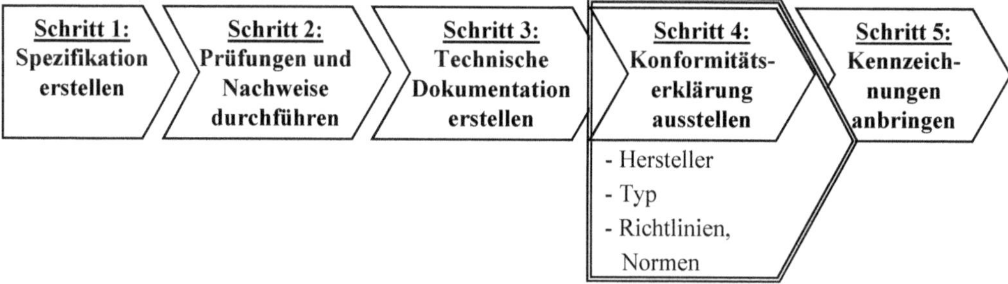

3.4 Konformitäts- oder Einbauerklärung ausstellen

Konformitäts- und Einbauerklärungen sind Bestandteile der internen Technischen Dokumentation und sind damit 10 Jahre aufzubewahren. Dies gilt für selbsterstellte ebenso wie für entsprechende Erklärungen der Lieferanten von Zukaufkomponenten. Beispiele für Konformitäts- und Einbauerklärungen finden Sie in Kap. 4.4 und 4.5.

Konformitätserklärung gem. MRL

Eine Konformitätserklärung darf nur für (sicherheitstechnisch vollständige) Maschinen, Anlagen, Sicherheitsbauteile, auswechselbare Ausrüstungen, Lastaufnahmemittel und zugehörige Seile und Ketten ausgestellt werden. Mit der Konformitätserklärung wird vom Hersteller die Übereinstimmung der Maschine mit den Sicherheits- und Gesundheitsschutzanforderungen der Maschinenrichtlinie und aller anderen zutreffenden Richtlinien erklärt und ggf. bestätigt, dass die Maschine gemäß den aufgeführten Normen gebaut ist.

Eine Konformitätserklärung muss gemäß Maschinenrichtlinie Anh. II 1.A die folgenden **Mindestangaben** enthalten:

- Name und Anschrift des Herstellers (oder des Bevollmächtigten in der EU)
- Name und Anschrift des Bevollmächtigten (in der EU!) zur Zusammenstellung der technischen Unterlagen gem. Anh. VI A

- Bezeichnung der Maschine, Funktion, Modell, Typ-Nr., Handelsbezeichnung (zur eindeutigen Identifizierung)
- Erklärung, dass die Maschine allen zutreffenden Bestimmungen der MRL entspricht und Nennung der sonstigen Bestimmungen oder Richtlinien, denen die Maschine noch entspricht
- gegebenenfalls die angewandten harmonisierten Normen
- Datum, Ort, Angaben zum Unterzeichner, Unterschrift

Konformitätserklärung mit Baumusterprüfung

In den meisten Richtlinien werden für bestimmte Gerätegruppen Baumusterprüfungen bei einer Prüfstelle (benannte Stelle) gefordert oder ermöglicht (siehe Kap. 3.1 „Spezifikationen", Abschnitt „Auswahl des Konformitätsbewertungsverfahren").

Das Prüfzeugnis der Prüfstelle für die Baumusterprüfung wird in der internen Dokumentation des Herstellers abgelegt. Der Käufer der Maschine erhält nur eine entsprechende Konformitätsbescheinigung, aus der hervorgehen muss, dass eine Baumusterprüfung erfolgt ist.

Für diese Maschinengruppe enthält die Konformitätserklärung folgende zusätzliche Angaben:

- Name und Anschrift der gemeldeten Stelle, die die EG-Baumusterprüfung (gem. MRL Anh. IX) durchgeführt hat.
- ggf. die Nummer der gemeldeten Stelle
- Nr. der Baumusterbescheinigung
- die harmonisierten Normen, denen die Maschine genügt und nach denen sie geprüft worden ist.

Einbauerklärung

Zunächst muss noch einmal gesagt werden, dass nur die Maschinenrichtlinie eine Einbauerklärung für nicht selbstständig betreibbare und/oder sicherheitstechnisch unvollständige Produkte kennt (Anh. II 1.B). Voraussetzungen, Form und Inhalt der Einbauerklärung sind identisch mit den Mindestangaben der Konformitätserklärung. Nur zwei zusätzliche Passagen sind gesetzlich vorgeschrieben:

- Erklärung, dass die speziellen technischen Unterlagen gemäß Anhang VII B erstellt wurden.
- Hinweis darauf, dass die Inbetriebnahme so lange untersagt ist, bis festgestellt wurde, dass die Maschine, in die die vorliegende Komponente eingebaut ist, den Sicherheitsbestimmungen der Maschinenrichtlinie (vollständig) entspricht.
- Verpflichtung, die speziellen Unterlagen gem. Anh. VII B auf Verlangen der einzelstaatlichen Stelle zu übermitteln und die Art und Weise der Übermittlung.

Hinweis: Die Einbauerklärung (gem. Anh. II 1.B) und die Montageanleitung (gem. Anh. VI) ist von dem Käufer der Maschinenkomponente beim Hersteller (oder Verkäufer) unbedingt anzufordern. Sie ersetzt innerhalb der Gesamtmaschine die Risikoanalyse für diese Komponente. Die Einbauerklärung und die Montageanleitung ist Bestandteil der internen Technischen Dokumentation der Gesamtmaschine und wird vom Maschinenhersteller 10 Jahre aufbewahrt.

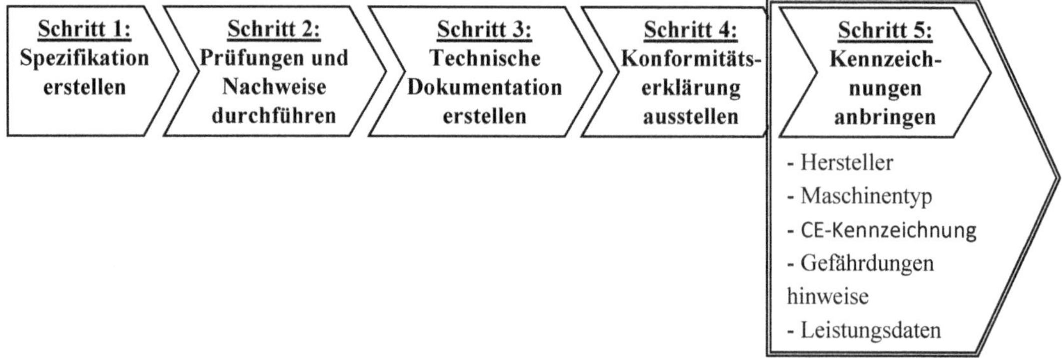

3.5 Kennzeichnungen an der Maschine anbringen

Zunächst muss jede Maschine mit Hinweis/Warnschildern versehen werden, die auf

nicht offensichtliches Restrisiko hinweisen (z. B. Piktogramm „Nicht eingreifen", vergl. auch Kap. 3.3 Abschnitt „Gefährdungsanalyse"). Des Weiteren ist der Hersteller in gewissen Fällen verpflichtet, Kennzeichnungen für besondere Risiken

an der Maschine anzubringen (z. B.: Angabe „Gewicht" in N bei auswechselbaren Teilen, oder die zusätzlichen Angaben für Hebezeuge gem. MRL Anh. I, 4.3, vergl. auch Kap. 2.1e Abschnitt „Besondere Informationspflichten").

Diese beiden Kennzeichnungsarten werden in der Risikoanalyse identifiziert, analysiert und durch entsprechende Maßnahmen festgeschrieben.

Im Folgenden sollen die Kennzeichnungen aufgeführt werden, die üblicherweise das Typschild der Maschine enthält. Die Kennzeichnungen unterscheiden sich entsprechend der zutreffenden Richtlinie:

Kennzeichnungen gemäß MRL

Die **Mindestkennzeichnung** auf einer Maschine besteht aus den Angaben (MRL Anh. I, 1.7.3):

- Firmenname und vollständige Anschrift des Herstellers
- Bezeichnung der Maschine, der Serie oder des Typs, ggf. die Seriennummer
- Baujahr (Jahr, in dem der Herstellungsprozess abgeschlossen wurde)

Die Grundregel für die genannten Angaben heißt:

- Eine Maschine muss eindeutig zu identifizieren sein und
- die Angaben müssen mit denen der eindeutig zuordenbaren Betriebsanleitung identisch sein.

Zusätzlich ist die CE-Kennzeichnung mit einer Mindesthöhe von 5 mm gut sichtbar anzubringen (gem. MRL Anh. III).

Elektrische Maschinen (bei denen auch die Niederspannungsrichtlinie zu beachten ist) müssen zusätzlich die notwendigen Hinweise tragen, von deren Kenntnis die bestimmungsgemäße Verwendung abhängt (gem. elektrische Betriebsmittelverordnung § 2 (2) 1.). Diese sind in der Regel

- Leistungsangabe (in kW) und Spannungsangabe (in V~) sowie
- Angaben zur Schutzart: Vollisolation oder IP-Schutzart.

Bei den in die Maschinen eingebauten elektronischen oder Steuerungskomponenten muss gemäß EMV-Richtlinie (Anh. II, 2) hinter der CE-Kennzeichnung die

- Nummer der Prüfstelle

stehen, die die Baumusterprüfung durchgeführt hat.

Im Gegensatz zur alten MRL unterliegen alle Maschinenarten, auch die Sicherheitsbauteile, den gleichen Regelungen für Information und Kennzeichnung. Insbesondere gilt für alle diese Teile die CE-Kennzeichnungspflicht gem. MRL.

Die EN 45014 „Allgemeine Kriterien für Konformitätserklärungen von Anbietern" erlaubt sogar, dass die **Konformitätserklärung** auf die Maschine aufgedruckt werden kann. Dies ist in der Praxis jedoch nicht üblich.

Kennzeichnungen gemäß OutdoorRL

Zusätzlich zu den Angaben gem. Maschinenrichtlinie muss eine Outdoor-Maschine noch die folgende zusätzliche Angabe enthalten (OutdoorRL Art. 11 Anh. I, 3.3):

- garantierter Schalleistungspegel in dB durch das L_{WA}-Zeichen (siehe Anh. IV der OutdoorRL) mit einer Mindesthöhe von 40 mm.

Kennzeichnungen gemäß DruckgeräteRL

Zusätzlich zu den Angaben gem. Maschinenrichtlinie muss ein **Druckgerät** noch die folgenden zusätzlichen Angaben enthalten:

- CE-Kennzeichnung ggf. ergänzt durch die Kennnummer der zugelassenen Stelle, die mit Produktionsüberwachung beauftragt wurde (DruckgeräteVO §5)
- das Herstellungsjahr, die wesentlichen oberen/unteren Grenzwerte, Daten, die für eine regelmäßige Prüfung erforderlich sind (z. B. Volumen V, Nennweite DN, Prüfdruck PT mit Prüfdatum, Füllungsgrad und Höchstfüllmasse ...) (DruckgeräteRL Anh. I, 3.3)

Druckbehälter müssen die folgenden zusätzlichen Angaben aufweisen:

- CE-Kennzeichnung ergänzt durch die Kennnummer der benannten Stelle, die mit der Baumusterprüfung bzw. der Überwachung beauftragt wurde (RL einfache Druckbehälter Art. 16 (1))
- maximaler Betriebsdruck (PS in bar), maximale und minimale Betriebstemperatur (T_{max}, T_{min} in °C), Fassungsvermögen des Behälters (V in l), (RL einfache Druckbehälter Anh. II, 1b)

Kennzeichnungen gemäß ATEX

Bei Maschinen, die in explosionsgefährdeten Bereichen eingesetzt werden, ist die Kennzeichnung etwas differenzierter. Es gibt zwei Kennzeichnungen:

1. CE- und Ex-Kennzeichnung gem. ATEX (Art. 10; Anh. II 1.0.5; Anh. X A)

Typ-Bezeichnung/Typ-Nummer	**TYP**
Baujahr (belieb. Beispiel)	2004
CE-Kennzeichnung	CE
Nr. der Prüfstelle (belieb. Beispiel)	0123
Ex-Zeichen	⟨Ex⟩
Gerätegruppe (Bsp.: Industrie)	II
Gerätekategorie (Bsp.: hohe Sicherheit)	2
Umgebungsart (Bsp.: Gas-Luft-Gemisch)	G
ggf. max. Temperatur oder Temperaturklasse (belieb. Beispiel)	T≤85°C

Sind *nicht-elektrische* Betriebsmittel gem. EN 13463 „Nicht-elektrische Geräte für den Einsatz in explosionsgefährdeten Bereichen" gebaut, wird die Ex-Kennzeichnung mit der Schutzart (z. B. „c" für konstruktive Sicherheit) ergänzt (EN 13463, § 14.2).

2. EEx-Kennzeichnung für elektrische Betriebsmittel gem. EN 60079-0 (§ 29.3)

a)	**Zeichen für elektr. Ex-Betriebsmittel gem. EN 60 079-0 ff**	EEx
b)	**Zündschutzart (Bsp.: druckfest +erhöhte)**	de
c)	**Explosionsgruppe (Bsp.: II = über Tage) C = Wasserstoffgrp.)**	II C
d)	**Temperaturklasse (Bsp.: T6 = Oberfl. < 85°)**	T6
e)	**Geräteschutzniveau EPL (Bsp. Hohes Schutzniveau**	Gb
	Symbol Prüfstelle (Bsp.: Phys. Techn. Bundesanstalt, Braunschweig	PTB
	Bescheinigungsjahr (Bsp.: 2004)	04
	Prüfbescheinigungsnr. (belieb. Beispiel)	4567
	Zusatzangabe (Bsp.: besondere Bedingung)	X

4 Dokumentation von Betriebsanleitung und Risikobeurteilung am praktischen Beispiel

Zuerst wird eine Übersicht zu den Kapiteln gegeben, die eine Betriebsanleitung enthalten sollte. Am praktischen Beispiel eines Förderbandes wird die Dokumentation der Betriebsanleitung als Hilfestellung dargestellt. Auch die Risikobeurteilung wird am Beispiel des Förderbandes für einen Gefährdungsbereich in ihrer Vorgehensweise erläutert.

4.1 Die Betriebsanleitung (Inhalt und Gliederung)

Die Betriebsanleitung ist in verschiedene Kapitel aufgeteilt. Hier werden praktische Vorschläge zur Gestaltung einer Betriebsanleitung aufgezeigt.

Diese Liste ist nur ein Hilfsmittel und kann nicht als rechtliche Handhabung für eine Betriebsanleitung gesehen werden. Hierzu dient z. B. die Norm DIN EN ISO 20607.

Vorwort und Hinweise:

Titelblatt:

Gestaltung des Titelblatts:

- Betriebsanleitung + Firmenlogo
- Bezeichnung der Maschine
- Baujahr
- Bild oder CAD Zeichnungsbild der Maschine
- Eventuelle Hinweise, wie z. B., dass sie an der Maschine aufbewahrt werden soll und sie gelesen und beachtet werden muss.

Inhaltsverzeichnis:

- Inhaltsverzeichnis für die Betriebsanleitung anlegen
- BA (Betriebsanleitung) muss nummerierte Seiten enthalten

Hinweis-Seiten:

- Herstelleranschrift
- Rechtliche Hinweise
- Allgemeine Produktdaten (Seriennummer usw.)
- Produktdaten von Komponenten
- Zweck der Betriebsanleitung
- Ausstelldatum
- Abkürzungen erklären
- Hinweise zu Symbolen und Schildern in der Betriebsanleitung

Allgemeine Sicherheit

Sicherheitsbestimmungen:

- Sicherheitsbestimmungen allgemein
- Gefahren im Umgang mit der Maschine
- Verpflichtung und Haftung des Herstellers (Sicherheitsgerechte Konstruktion)
- Verpflichtung des Betreibers (Thema Arbeitssicherheit)
- Warnungen vor möglichen Gefährdungssituationen
- Warnungen von negativen Beeinflussungen der Maschine, z. B. in Bezug auf Herzschrittmacher
- Beschreibung oder tabellarische Darstellung der Risiken
- Beschreiben der Restrisiken
- Warnungen und Vorsichtsmaßnahmen
- Erklärung zur PSA = Persönlichen Schutzausrüstung
- Platzierung der Sicherheitssymbole auf der Maschine
- Verfahren, das nach einem Unfall oder Ausfall befolgt werden muss
- Brandschutzbekämpfungsmittel
- Warnung vor Emissionen und giftigen Stoffen (falls vorhanden)
- Schutzeinrichtungen
- Ausbildung des Personals (Wer was machen darf)
- Sicherheitsvorschriften zur Maschinensteuerung
- Sicherheitsmaßnahmen im Normalbetrieb
- Gefahren der elektrischen und pneumatischen und hydraulischen Energie
- Bauliche Veränderungen an der Maschine
- Lärm an der Anlage/Maschine (Schalldruck muss gemessen werden)
- Angaben zu den Vibrationen
- Falls Komponenten anderer Hersteller im Einsatz sind, Hinweise und Angaben zu den einzelnen Betriebsanleitungen dieser Hersteller
- Notfälle und angemessenes Verhalten

Übersicht der Maschine:

- Beschreibung der Maschine
- Grafik oder Layout-Bild
- Technische Angaben (Technisches Datenblatt)
- Bestimmungsgemäße Verwendung
- Vorhersehbare Fehlanwendungen
- Verbotene Anwendungen
- Arbeitsplatzanforderungen

Bedienung und Steuerung der Maschine:

- Erklärung der Steuerungsknöpfe
- Ein- und Ausschalten
- Alle Funktionen der Maschine
- Spezielle Bedienverfahren

- Fehlerbehebung
- NOTAUS-Positionen und wieder in Gang bringen nach einem NOTAUS
- Erklärung der verschiedenen Betriebsarten und wie diese gesteuert werden
- Einrichtermodus, falls vorhanden (spezielle Sicherheiten zu beachten)

Transport:

- Technische Daten zu den Abmessungen und Gewicht
- Transportaufnahmen
- Sicherheitshinweise
- Empfohlene Transporthandhabung
- Anforderungen an die Lagerungsbedingungen und Aufstellbedingungen

Montage und Inbetriebnahme:

- Anforderungen an den Zusammenbau
- Benötigte Werkzeuge und Spezialwerkzeuge
- Aufstellvoraussetzungen
- Befestigung am Boden
- Energieversorgung
- Abgassauganlage
- Installationsüberprüfung
- Sicherheiten und Vorschriften zur Inbetriebnahme
- Vorgangsweise der Inbetriebnahme
- Verfahren wie Anpassungen und Tests und Inspektionen
- Mechanische Einstellungen
- Sicherheitsbezogene Einstellungen

Betrieb:

- Beachten der Betriebssicherheit
- Nennen von besonderen Risiken und Gefährdungen
- Manuelle Steuerungen
- Betriebsarten
- Fehlermeldungen des Steuerungssystems
- Restrisiken, die entstehen können
- Persönliche Schutzausrüstung, die während des Betriebs getragen werden muss
- Schulungen, die für den Betrieb notwendig sind
- Hinweis, dass sich keine Personen in Gefährdungsbereichen aufhalten dürfen
- Vorgehensweise bei Verklemmungen oder Störungen
- Informationen zur Betriebsumgebung und Vibrationseigenschaften
- Gegebenenfalls die Erwähnung von anderen Betriebsanleitungen
- Warnkomponenten und Signale müssen deutlich beschrieben werden
- Produkt- oder Kapazitätswechsel (z. B. Akku austauschen)

Wartung:

- Bestimmungsgemäße Lebensdauer der Maschine und der einzelnen Komponenten
- Häufigkeit (Angabe eines Zeitintervalls) und Art der Wartungstätigkeit
- Ersatzteilbeschreibung
- Beschreibung der Eigenschaften der verwendeten Substanzen
- Anleitung zur sicheren Durchführung der Wartungstätigkeiten (wer darf was tun: Bediener, Fachpersonal usw.)
- Zeichnungen, Bilder, Diagramme zur Erklärung verwenden
- Angabe von Wartungsarbeiten, die nur vom Hersteller durchgeführt werden dürfen
- Sicherheitsrelevante Wartungen müssen folgende Punkte enthalten:
  1. Was gewartet oder getestet werden muss
  2. Die Häufigkeit der Inspektionen oder Wartungsarbeiten
  3. Wie es getestet oder gewartet wird
  4. Kriterien für das Akzeptieren oder Ablehnen des momentanen Bauteilzustandes
  5. Erforderliche Maßnahmen bei Ablehnung des Bauteilzustandes

Reinigung der Maschine:

- Geräte, die dazu benötigt werden
- Zu verwendende Reinigungsmittel
- Schutzausrüstung
- Reinigungsverfahren erklären

Fehlersuche und Reparatur:

- Beschreibung zur Fehlersuche und Lokalisierung
- Störungsbeseitigung auf elektrischer und technischer Seite
- Schutzvorschriften, die eingehalten werden müssen

Demontage, Außerbetriebssetzung und Verschrottung:

- Vorbeugende Maßnahmen vor der Außerbetriebssetzung
- Aufzählung der hierfür benötigten Spezialwerkzeuge
- Persönliche Schutzausrüstung
- Einzuhaltende Sicherheitsvorschriften
- Ablauf der einzelnen Schritte zur Außerbetriebssetzung

Stichwortverzeichnis (gegebenenfalls)

Anhänge (falls notwendig):

- Dokumente und Zeichnungen
- Prüfungen und Testverfahren
- Werkzeugbeschreibungen

- Ersatzteilliste
- Montagezeichnungen

4.2 Die Betriebsanleitung am Beispiel eines Förderbandes

Titelseite:

- Betriebsanleitung oder Betriebsanweisung
- Bezeichnung des Förderbandes (Name und Seriennummer)
- Foto oder Grafik der Maschine bzw. des Förderbandes
- Firmenname

Inhaltsverzeichnis:

- Standard oder selbst erstelltes nutzen

Einleitung:

- Kurze Beschreibung des Förderbandes. Kurz die Funktionsweise und eventuell den Einsatz des Förderbandes in ein paar Sätzen beschreiben. Hier kann auch zusätzlich eine Aufzählung der verwendeten Komponenten erfolgen und die Firmenanschrift kann hierbei angegeben werden.

Sicherheitsvorschriften und Maschinenbeschreibung

Sicherheiten:

- Beschreibung der elektrischen Sicherheiten (kurzer Hinweis, z. B., dass nur eine elektrische Fachkraft Störungen beheben darf und dass elektrische Ausrüstungen regelmäßig überprüft werden müssen)
- Beschreiben der Schutzausrüstung (keine langen Haare, Krawatten usw., denn sie könnten eingezogen werden)
- Im Notfall Erste Hilfe leisten
- NOTAUS/NOTHALT-Knopf oder -Schalter beschreiben (Position mit Bildern)
- Nur in einwandfreiem Zustand darf das Förderband genutzt werden (klar gekennzeichneter Hinweis)
- Unfallverhütungsvorschriften sind einzuhalten (UVV am Arbeitsplatz)
- Arbeitssicherheit ist zu beachten (Allgemeines und Sicherheitsmaßnahmen)
- Warnhinweise beschreiben (z. B. elektrisches Gefährdungsschild am Steuerungskasten, Warnschild bzgl. des Heißlaufens vom Motor und ebenfalls das Warnzeichen für Quetschungen an den Bandenden)
- Was tun im Notfall (Schritt für Schritt-Anleitung)
- Unsachgemäße Benutzung ist zu untersagen. (Hier kreativ überlegen, wozu das Förderband unsachgemäß verbotenerweise genutzt werden könnte.) Dies entspricht auch den vorhersehbaren Fehlanwendungen, die in jeder Betriebsanleitung erwähnt werden müssen.

- Umbaumaßnahmen sind verboten (außer der Hersteller erlaubt dies)
- Schutzeinrichtungen müssen immer vorhanden und in einwandfreiem Zustand sein (Überprüfen vor jeder Nutzung).
- Die Betriebsanleitung muss an der Maschine für jeden Benutzer zugänglich aufbewahrt werden.
- Zuständigkeiten des Personals müssen klar festgelegt sein. Möglich in Tabellenform: Bediener, elektrische Fachkraft, technische Fachkraft und Abteilungsleiter.
- Wer welche Tätigkeiten ausführen darf: Bedienen, Reparieren, Wartung ausführen, Instandsetzen, Transport, Entsorgung, Unterweisung usw.
- Keine Steuerungsänderungen vornehmen.
- Elektrik darf nur ein ausgebildeter Elektriker warten und Störungen beseitigen.
- Gefahrenstellen aufzählen:
  z. B. Gefährdungen durch den Motor des Förderbandes (er könnte heiß werden, Verbrennungsgefahr) und Gefährdungen durch das sich bewegende Band (Quetschgefahr)
- Reinigungshinweise (welche Reinigungsmittel und die entsprechende Entsorgung)
- Lärm der Maschine angeben, hierfür eine Lärmmessung des Förderbandes durchführen
- Vibrationen angeben
- Brandbekämpfung erklären (welche Feuerlöscher sind erlaubt und was gilt es zu beachten)

Bestimmungsgemäße Verwendung:

Hier wird erklärt, wofür die Maschine benutzt werden darf und wofür nicht. Ein Förderband hat die Funktion, Dinge von A nach B zu transportieren. Hierzu ist festzulegen, was für Dinge transportiert werden dürfen, wie schwer diese sein dürfen und welche Sachen ausgeschlossen sind für einen Transport.

Übersicht der Maschine:

Ein CAD-Bild oder ein Foto mit Hinweispfeilen, wo sich was (welches Bauteil/Komponente) befindet und eventuell eine kurze Beschreibung dazu.

Technische Daten:

Hier sind die Maße und der Flächenbedarf (inkl. Laufwege) anzugeben.

Das Gewicht und die Lebenszeit der Maschine sind wichtig, ebenso alle elektrischen Angaben wie Spannung, Strom und Leistung. Falls Pneumatik oder Hydraulik im Einsatz ist, dann den entsprechenden Druck angeben.

Umgebungsbedingungen: Temperaturen
Luftfeuchtigkeit: meist 0 % bis 70 % oder 80 %
Schalldruck: z. B. 70 dB(A)
(Hinweis, ab 80 dB(A) wird ein Gehörschutz empfohlen und ab 85 dB(A) ist ein Gehörschutz Vorschrift.)
Klima: Wo wird das Förderband genutzt, nur drinnen und überdacht oder draußen, vielleicht auch im Regen

Erklärung der Teilsysteme:

z. B. bei Montageanlagen (Funktionsbeschreibung und evtl. technische Daten)
Ein Förderband hat meistens keine Teilsysteme, außer es besteht aus mehreren Förderanlagen, die hintereinandergeschaltet sind.

Funktion des Förderbandes

Funktionsablauf:

Beschreibung der einzelnen Stationen, die während eines Einsatzes genutzt werden:

Beim Förderband sind das die Stationen, an denen das Teil eingelegt und an der es einer Maschine oder Sonstigem übergeben wird, sowie der Transport. Wie läuft dieser ab, wie hoch ist die Geschwindigkeit, darf nur ein Teil drauf oder mehrere, welche Abstände müssen eingehalten werden usw.

Bedienelemente und Kontrollleuchten:

Alle Knöpfe und Bildschirme, die genutzt werden können, sowie deren Funktionen sollten benannt und erläutert werden. Die Kontrollleuchten und ggf. akustische Signaltöne sollten ebenfalls mit ihrer jeweiligen Funktion kurz erklärt werden.

Beim Förderband gibt es z. B. den Ein- und Ausschalter, den NOTAUS-Schalter, den Geschwindigkeitsregler und den Vor- und Rückwärtslauf-Schalter.

Fehler und ihre Behebung:

Auftretende Fehler und deren Behebung sollten ausführlich erklärt werden.

Beim Förderband ist dies z. B. eine Verklemmung von Teilen.

Gefahrenstellen:

Die Gefahrenstellen müssen erklärt werden. Am besten zuerst die Gefahrenstelle beschreiben, dann ein Foto davon zeigen und schließlich die Schutzmaßnahme benennen.

- z. B. Gefahr: Einziehen von langen Haaren oder Kleidungsstücken in das Förderband
- Foto mit Kennzeichnung der Gefahrenstellen (z. B. Hinweispfeile)
- Maßnahme: Hinweis in der Betriebsanleitung und Schutzabdeckungen an den Seiten des Förderbandes

Betriebsarten

Transport:

- Wer darf den Transport durchführen und entsprechende Bedingungen
- Sicherheitsvorschriften, die zu beachten sind
- Zwischenlagerung (zu berücksichtigende Details)
- Aufstellung (Beschreibung des Vorgangs und Sicherheitsvorschriften, wie z. B. persönliche Schutzausrüstung)
- Flächenbedarfsplan (Skizze der Aufstellfläche mit Maßangaben)
- Energieversorgung

Inbetriebnahme:

- Erstinbetriebnahme (wer führt diese durch und welche Sicherheitsvorschriften sind einzuhalten)
- Abnahme der Maschine (NOTAUS und andere Sicherheitseinrichtungen überprüfen)

Bedienung:

- Sicherheitsvorschriften erklären. Korrekter Stand und Nivellierung überprüfen.
- Vorbereitungen und Einschalten der Maschine. NOTAUS in regelmäßigen Abständen überprüfen. Ausschalten dokumentieren.

Wartung:

Bei komplexeren Anlagen ist es vorteilhaft eine extra Wartungsanleitung mit Bildern, guten Erklärungen und übersichtlichen Zeitangaben zu erstellen. Bei einem Förderband kann die Wartungsanleitung auch in die Betriebsanleitung integriert werden.

Es ist eine allgemeine kurze Beschreibung der zu wartenden Bauteile zu erstellen (hierfür kann auch ein Bild des Förderbandes eingesetzt werden, welches die zu wartenden Komponenten mit entsprechenden Pfeilen beschreibt). Eine Wartungsübersicht tabellarisch oder aufgelistet verschafft einen Überblick. Danach können die einzelnen Wartungstätigkeiten detailliert mit Bildern beschrieben werden. Wichtige Informationen sind auch die Sicherheitsvorschriften, welche eingehalten werden müssen (z. B. vor jeder Wartung das Förderband ausschalten und eventuell gegen Wiedereinschalten sichern). Auch Betriebs- und Hilfsstoffe sollten eindeutig mit Gefahren aufgelistet werden und Informationen zum Kundendienst (Service des Herstellers) bei externem Verkauf des Förderbandes angeben werden.

Instandsetzung:

Sicherheitsvorschriften und Allgemeines zu Reparaturarbeiten beschreiben. Beim Förderband könnte ein Bandwechsel beschrieben werden und der Austausch des Motors.

Außerbetriebssetzung, Lagerung und Verpackung:

Die Sicherheitsvorschriften, die zu beachten sind. Den Außerbetriebssetzungsvorgang (Ablauf) erklären und die Lagerbedingungen beschreiben. Verpackung beschreiben mit entsprechend zu beachtenden Hinweisen.

Entsorgung:

Die Entsorgung darf nur von Fachleuten durchgeführt werden. Auch hier wieder die Warnhinweise und Sicherheitsvorschriften beschreiben.

Anhänge

Bildverzeichnis:

Eine Liste der Abbildungen mit Seitenangaben erstellen.

Stichwortverzeichnis:

Die wichtigsten Begriffe aufführen und die entsprechenden Seitenzahlen dazu angeben.

4.3 Die Risikobeurteilung am Beispiel eines Förderbandes

In der Risikobeurteilung werden die Gefahrenzonen und die Gefahrdungen betrachtet. Wichtig ist hierfür, in welcher Lebensphase (Betriebsart) dies stattfindet. Die Beschreibung und Bewertung der Gefährdung sind ebenso elementar, wie die Erläuterung der Lösung zur Risikovermeidung oder Minderung. Um überhaupt eine Einschätzung und Bewertung des Risikos zu bekommen, wird eine Risikozahl ermittelt. Hierbei werden das Schadensausmaß, die Aufenthaltsdauer im Gefahrenbereich, die Gefahrenabwendung und die Eintrittswahrscheinlichkeit betrachtet.

Wichtig: Ein Risiko wird immer ohne jegliche Schutzmaßnahmen bewertet. Danach werden konstruktive oder andere Schutzmaßnahmen getroffen und das Risiko erneut über genau das gleiche Verfahren nochmals bewertet. Ist das Risiko null, dann war die Risikominderung erfolgreich. Bleibt ein Risiko bestehen, so gibt es ein Restrisiko, welches in der Betriebsanleitung beschrieben und worauf unbedingt hingewiesen werden muss (z. B. mit Hinweisschildern).

Es ist nicht immer möglich, alles so abzusichern, dass überhaupt kein Risiko mehr besteht. Selbst bei einem Messer (was noch keine Maschine ist) z. B. kann sich jederzeit jemand in den Finger schneiden. Doch die Maschinenrichtlinie verlangt, alles Mögliche dafür zu tun, um jegliche Risiken zu vermindern und ganz zu vermeiden.

4.4 Lebensphasen

- Transport, Verpackung
- Inbetriebnahme
- Betrieb
- Wartung/Umrüstung
- Instandsetzung
- Lagerung/Außerbetriebssetzung
- Entsorgung

Für die Ermittlung einer Risikozahl ist eine Tabelle notwendig, die aus den vier Einflussfaktoren Schadensausmaß, Aufenthaltsdauer, Gefahrenabwendung und Eintrittswahrscheinlichkeit besteht. Die Beschreibungen in den Klammern sind nur als ungefähre Hinweisangaben anzusehen.

Schadensausmaß:

S1 = leichte Verletzung
(reversible Verletzungen, höchstens 2-3 Tage zur Genesung)

S2 = mittlere Verletzung
(reversible länger andauernde Verletzungen oder leichte gesundheitliche Folgen)

S3 = schwere Verletzung/Tod
(irreversible Verletzungen, wie Gliedmaßenverlust oder sogar Tod)

Aufenthaltsdauer im Gefahrenbereich:

A1 = selten bis manchmal
(1–2 mal pro Arbeitsschicht, und nicht länger als 15-20 min)
A2 = häufig oder immer
(mehrfach pro Arbeitsschicht und länger als 15-20 min)

Gefahrenabwendung:

G1 = unter gegebenen Bedingungen möglich
(Wenn sich Teile der Maschine im Gefahrenbereich unter 0,25 m/s bewegen und es offensichtlich ist, dass eine Gefährdung jetzt eintritt.)
G2 = fast nicht möglich
(Es besteht keine Möglichkeit, der Gefährdung auszuweichen.)

Eintrittswahrscheinlichkeit:

E1 = klein
(Unwahrscheinlich, dass die Gefahr eintritt.)
E2 = mittel
(Kann gelegentlich eintreten, auch bei Personen, die sich der Gefahr bewusst sind.)
E3 = wahrscheinlich
(Häufiger Eintritt wahrscheinlich, egal ob durch technisches Versagen oder durch unangemessenes Verhalten.)

Risikotabellen Bewertung: Risikozahl vor der Schutzmaßnahme und nach der Schutzmaßnahme

Für die Ermittlung des zu betrachtenden Risikos werden die vier Punkte der Risikotabelle einzeln betrachtet und somit eine Risikozahl ermittelt. In den Normen und Risikobeurteilungsprogrammen wird meistens das Risiko mit 0-6 bewertet. Dies führt aber dazu, dass oft E1 und E2 die gleiche Risikozahl ergeben wie z. B. bei W1. Somit hat man eine „bessere" und eine „schlechtere" gleiche Risikozahl. Daher wird hier die Skala 0-10 angewendet, um eine bessere Differenzierung der Risikoeinschätzung zu bekommen.

1. Für die Risikobewertung wird links auf Start begonnen.
2. Zuerst wird das Schadensausmaß betrachtet und die mögliche Verletzung S1, S2, S3 bewertet.
3. Danach wird die Aufenthaltsdauer der gefährdeten Personen (Bedienpersonal usw.) angeschaut und mit A1 oder A2 bewertet.
4. Im nächsten Schritt wird geklärt, ob die Gefahr abgewendet werden kann oder nicht: Bewertung mit E1 oder E2.
5. Im letzten Schritt wird die Eintrittswahrscheinlichkeit der Gefahr mit W1, W2 oder W3 bewertet.
6. Mit der Eintrittswahrscheinlichkeit wird die Risikozahl festgestellt.

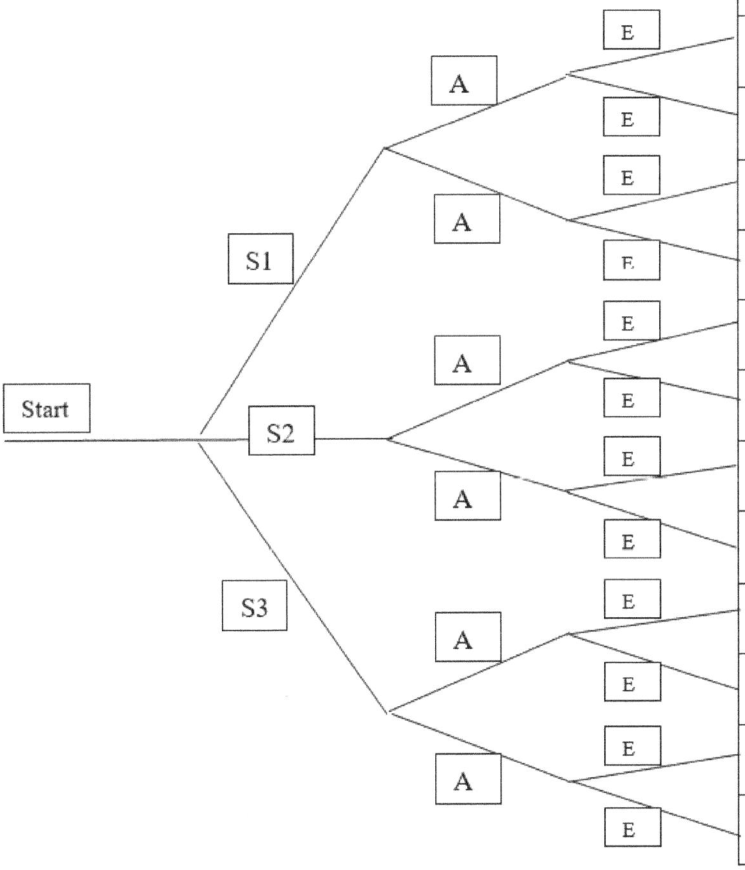

W1	W2	W3
0	0	1
1	1	2
1	2	2
2	3	3
3	4	4
4	5	5
5	6	6
6	7	7
7	7	8
8	8	9
9	9	10
9	10	10

Risikobeurteilungsblatt:

Risikobeurteilung						
Datum:	Auftragsnummer:		Maschine:	Seriennummer:	Firma:	Seite:
Gefahrenbereich (und Lebensphase/n)	Risikotabelle VOR	Risikotabelle NACH	Gefährdung	Beschreibung	Lösung	Risiko
						RISIKO VOR den Lösungsmaßnahmen:
	Schadensausmaß:					
	Aufenthaltsdauer:					
						RISIKO NACH den Lösungsmaßnahmen:
	Gefahrenabwendung:					
						Restrisiko-Beschreibung
	Wahrscheinlichkeit des Eintretens:					

Im Risikobeurteilungsblatt können alle wichtigen Daten zur Bewertung eines Risikos und zur Lösungsfindung und damit zur zweiten Bewertung festgehalten werden. In der obersten Zeile werden das Datum und alle technischen Daten der Maschine, hier des Förderbandes, eingetragen. Links im Gefährdungsbereich wird der Risiko-Ort beschrieben. Danach wird die Risikotabelle, wie zuvor erklärt, ausgefüllt und die Risikozahl ermittelt. In Gefährdung wird die Gefahr wie z. B. Quetschen eingetragen. Die Beschreibung dient zur Erläuterung der Gefahr und des Risikos. In Lösung werden die getroffenen Schutzmaßnahmen erklärt. Unter Risiko ist die Risikozahl, die zuvor über die Bewertungstabelle ermittelt wurde, eingetragen. Die Risikozahl wird einmal als Risikobewertung vor und einmal nach den Schutzmaßnahmen ermittelt. Bleibt ein Restrisiko bestehen (Ist die Risikozahl nach den Schutzmaßnahmen nicht null, so besteht ein Restrisiko), so wird dies im Reiter „Restrisiko Beschreibung“ unten beschrieben.

Risikobeurteilung vom Förderband am Beispiel eines Endes mit der Quetsch- und Einziehgefahr

Im Beispiel wird der Beginn des Förderbandes betrachtet, wo die Umlenkrolle sitzt. Zunächst wird das Risiko (ohne die Schutzmaßnahmen zu berücksichtigen) bewertet. In unserem Beispiel ermitteln wir eine 1 und schreiben diese rechts in das Feld „RISIKO VOR ..." hinein. Danach wird die Gefährdung in der Beschreibung ausführlich erklärt. In Lösung kommen die Schutzmaßnahmen zur Verringerung oder Beseitigung des Risikos. In der „Risikotabelle NACH ..." wird die Risikozahl nach allen Schutzmaßnahmen ermittelt. In unserem Fall erhalten wir jetzt eine Null und haben somit kein Restrisiko in diesem Gefahrenbereich. Rechts unter „Risiko NACH ..." wird die ermittelte Risikozahl mit Schutzmaßnahmen eingetragen.

Hätten wir ein Restrisiko, so wird dieses unten rechts beschrieben.

Risikobeurteilung						
Datum: 11.11.2022	Auftragsnummer: 12345		Maschine: Drehautomat XY	Seriennummer: PER-0987	Firma: XYZ GmbH	Seite: 1
Gefahrenbereich (und Lebensphase/n)	Risikotabelle VOR	Risikotabelle NACH	Gefährdung	Beschreibung	Lösung	Risiko
Anfangsbereich vom Förderband			1.1. Quetschen	Durch das Drehen des Bandes durch den Motor können Finger und Hand gequetscht und eingezogen werden.	Schutzbleche an den Seiten anbringen	
	Schadensausmaß:					RISIKO VOR den Lösungsmaßnahmen:
	S1	S1				1
	Aufenthaltsdauer:					RISIKO NACH den Lösungsmaßnahmen:
	A1	A1				0
	Gefahrenabwendung:					Restrisiko-Beschreibung
	E2	E2				
	Wahrscheinlichkeit des Eintretens:					
	W2	W1				

Gefahrentabelle

Um zu wissen, welche Gefahren es überhaupt gibt, die in einer Risikobeurteilung berücksichtigt werden sollen, soll diese Tabelle als Hilfestellung dienen. Es werden unter den Aufzählungspunkten erst die Gefahren genannt und unter den Gefahren die Folgen oder Gefährdungen, die daraus entstehen können.

1. **Mechanische Gefährdungen**			
1.1	1.2	1.3	1.4
Ungeschützte bewegte Maschinenteile	Teile mit gefährlichen Oberflächen	– Bewegte Transportmittel – bewegte Arbeitsteile	Unkontrolliert bewegte Teile (z.B. durch Schwerkraft, Federn, Gase usw.)
• Quetschen • Durchstich, Einstich	• Scheren • Reibung, Abtrieb	• Schneiden, Abschneiden • Herausspritzen von Flüssigkeiten unter hohem Druck	• Erfassen, Aufwickeln
1.5	1.6	1.7	
Unkontrollierte Maschinenbewegung durch falsches Signal (Steuerung, elektr. Ausrüstung)	Sturz auf der Ebene, Ausrutschen (z.B. durch auslaufende Betriebsmittel	Absturz (bei begehbaren Anlagen)	
• Einziehen, Fangen	• Stoß	• Stoß, Quetschungen, starke Verletzungen	

2. **Elektrische Gefährdungen**				
2.1	2.2	2.3	2.4	2.5
Gefährliche Körperströme	Lichtbögen	Induktion/EMV	Elektrostatische Vorgänge	Restspannungen
• Stromschlag, • Herzinfarkt	• Stromschlag, Verbrennungen, Erblinden	• Stromschlag	• Stromschlag, Herzprobleme	• Stromschlag, Herzprobleme

3. **Gefahrstoffe**		
3.1	3.2	3.3
Gase	Dämpfe	Aerosole
• Atembeschwerden, Vergiftungen	• Atembeschwerden, Vergiftungen	• Vergiftungen
3.4	3.5	3.6
Flüssigkeiten	Feststoffe	Durchgehende Reaktionen
• Rutschgefahr, Vergiftungen	• Vergiftungen	• Vergiftungen

4. **Biologische Gefährdungen**
Bei den meisten Maschinen nicht relevant

5. **Brand- und Explosionsgefährdung**			
5.1	5.2	5.3	5.4
Brandgefährdung durch Feststoffe, Gase	Explosionsfähige Atmosphäre	Explosivstoffe	Elektrostatische Aufladung
• Brandverletzungen, Rauchverletzungen	• Brandverletzungen, Rauchverletzungen	• Brandverletzungen, Rauchverletzungen	• Stromschlag, Brand-verletzungen

6. **Thermische Gefährdung**	
6.1	6.2
Kontakt mit heißen Medien	Kontakt mit kalten Medien
• Hautverbrennungen	• Hautverbrennungen, Unterkühlung

7. **Gefährdung durch spezielle physikalische Einwirkungen**			
7.1	7.2	7.3	7.4
Lärm	Ultraschall	Ganzkörperschwingungen	Hand- und Arm-Schwingungen
• Gehörschäden	• Gehörschäden, Hautprobleme	• Gelenk- und Knochenschäden	• Gelenk- und Knochenschäden
7.5	7.6	7.7	7.8
Nichtionisierende Strahlung	Ionisierende Strahlung	Elektromagnetische Felder	Arbeiten in oder unter Druck
• Haut- und Netzhautschäden	• Haut- und Netzhautschäden	• Herzstörungen	• Quetschungen, schwere Haut- und Knochenverletzungen

8. **Ergonomie**				
8.1	8.2	8.3	8.4	8.5
– Höhe Bedienelemente – Einlegen/ Entnehmen von Teilen	Beheben von Störungen	Bewegen von Lasten	Freiraum am Arbeitsplatz	Lichtverhältnisse/ Beleuchtung
• Gelenkschmerzen, Zerrungen	• Quetschungen, Stromschlag, allgemeine Verletzungen	• Leistenbruch, Rückenschmerzen, Gelenk- und Gliederschmerzen	• Quetschungen, Prellungen	• Augenschmerzen, Verschlechterung der Sehkraft

5 Praktische Hilfestellungen

In diesem Kapitel soll auf fünf Punkte etwas genauer eingegangen werden, die bei der praktischen Arbeit zwar nicht täglich vorkommen, jedoch für Ihr Produkt und für Ihr Unternehmen einmal geklärt werden müssen.

Übersicht

1. Konformitätsbewertungsverfahren [Richtlinie 90/683/EWG]
2. Besonderheiten bei Steuerungen [MRL Anh. I, § 1.2]
3. Besondere Sicherheitsanforderungen [MRL Anh. I und IV]
4. und Baumusterprüfungen [MRL Anh. IX]
5. Beispiele für Einbauerklärungen [MRL Anh. II B]
6. Beispiele für Konformitätserklärungen [MRL Anh. II A]

Für die verschiedenen Bereiche, die durch EU-Richtlinien geregelt sind, werden verschiedene **Konformitätsbewertungsverfahren** vorgeschrieben. Das heißt, das formale Vorgehen bei und die formalen Voraussetzungen zur Erklärung der Konformität eines Produkts mit der zutreffenden Richtlinie ist je nach Sicherheitsrisiko verschieden. In der Richtlinie 90/683/EWG sind in 9 Modulen A – H alle möglichen Verfahren in Kurzform zusammengefasst. In den entsprechenden Einzelrichtlinien sind die Details geregelt: In der Maschinenrichtlinie Modul A, für besondere Maschinen im Anhang IV der Modul H, in der Druckgeräterichtlinie, Anhang IV die Module A – H.

Im Anhang I der Maschinenrichtlinie werden für bestimmte Maschinengattungen **besondere Sicherheitsanforderungen** aufgeführt, die zusätzlich zu den „Grundlegenden Sicherheits- und Gesundheitsschutzanforderungen für Maschinen“ berücksichtigt werden müssen.

Im Anhang IV der Maschinenrichtlinie sind Maschinenarten aufgeführt, die besondere Risikopotenziale beinhalten. Bei diesen sogenannten „besonderen Maschinen“ müssen besondere Qualitätssicherungsmaßnahmen durchgeführt und ggf. eine „benannte Stelle“, also eine Prüfstelle, vor Erklärung der Konformität eingeschaltet und eine **Baumusterprüfung** für das Produkt durchgeführt werden.

Elektrische und elektronische **Steuerungen** stellen für Maschinenbauer oft ein Risiko dar, da sie zugekauft oder von externen Steuerungsbauern nach Pflichtenheft errichtet werden. Der Anhang I der Maschinenrichtlinie enthält auch konkrete Anforderungen an Steuerungen, die Bestandteil eines jeden Pflichtenhefts für den Elektriker, Elektroniker, Programmierer und Steuerungsbauer sein müssen! Zur besseren Absicherung der Maschinenbauer, die Steuerungen zukaufen müssen, findet man in diesem Kapitel einige Tipps. Die Steuerungen unterliegen der Niederspannungsrichtlinie und die Konformitätserklärung wird gem. dieser Richtlinie ausgestellt.

Die Maschinenrichtlinie sieht zwei Arten von Bescheinigungen vor: die Einbauerklärung für nicht selbstständig betreibbare Maschinenkomponenten und die Konformitätserklärung für Maschinen im Sinne der Richtlinie.

Die Beispiele für **Einbauerklärungen** berücksichtigen die verschiedenen Interessenlagen von Komponentenherstellern (Verkäufer) und Gesamtmaschinenbauern (Käufer der Komponente).

Die Beispiele für die **Konformitätserklärungen** berücksichtigen die Unterschiede zwischen Maschinen, die komplett und gebrauchsfertig geliefert werden (so wie sich das der Gesetzgeber in seiner Schlichtheit als Normalfall vorgestellt hat) und Anlagen, die erst vor Ort zusammengebaut und gegebenenfalls auch bauseits mit Sicherheits- und Schutzeinrichtungen zu einer „CE-fähigen Maschine“ komplettiert werden (wie es in der Praxis oft der Fall ist). Anlagen sind bei der Anlieferung eigentlich noch nicht CE-fähig und können noch nicht mit einer Konformitätserklärung ausgestattet werden (was die Kunden oft nicht einsehen!). Ein Ausweg aus dem Dilemma, dass die Konformitätserklärung erst nach erfolgter Anlagenabnahme ausgestellt und die CE-Kennzeichnung angebracht werden kann, wird im dritten Beispiel für eine Konformitätserklärung aufgezeigt.

Es folgen noch drei Beispiele von Konformitätserklärungen für Maschinen mit erhöhtem Sicherheitsrisiko, bei denen eine Prüfstelle hinzugezogen werden muss.

5.1 Konformitätsbewertungsverfahren [Richtlinie 90/683/EWG]

Hier soll ein Überblick über die möglichen Verfahren gegeben werden, die ein Unternehmen anwenden muss oder kann, um die Konformität seiner Produkte mit den anzuwendenden Richtlinien zu bestätigen.

Das Konformitätsverfahren regelt also die formalen Bedingungen und Voraussetzungen, damit eine Konformitätserklärung ausgestellt und die CE-Kennzeichnung angebracht werden darf. Das zutreffende Konformitätsverfahren wird in der jeweiligen Richtlinie beschrieben und vorgeschrieben. Wie bereits erwähnt, ist bei dem formalen Verfahren die Richtlinie zu berücksichtigen, bei deren Anwendungsbereich die betreffende Produktart (Maschine – Maschinenrichtlinie, Steuerungen – Niederspannungsrichtlinie ...) aufgeführt ist.

Tabelle der möglichen Konformitätsbewertungsverfahren

Modul	A	Aa	G	H
Kennzeichen	Interne Fertigungskontrolle	mit Einschaltung einer benannten Stelle	Einzelprüfung mit Prüfung durch benannte Stelle	Umfassende QS mit zertifiziertem QS-System
Maßnahmen beim Entwurf	**Hersteller:** – hält technische Unterlagen zur Verfügung der einzelstaatlichen Behörden	Einschaltung der **benannten Stelle**	**Hersteller:** – legt technische Unterlagen vor	**Hersteller:** – unterhält zugelassenes QS-System für Produktentwürfe **Benannte Stelle:** – kontrolliert QS-System – prüft Konformität der Entwürfe – stellt Entwurfsprüfbescheinigungen aus
Maßnahmen bei der Produktion	**Hersteller:** – erklärt Konformität mit grundlegenden Anforderungen – bringt CE-Kennzeichnung an	**Benannte Stelle:** – prüft bestimmte Aspekte des Produkts – führt Stichproben durch	**Hersteller:** – führt Produkt vor – erklärt Konformität – bringt CE-Kennzeichnung an	**Hersteller:** – unterhält zugelassenes QS-System für Produktion und Prüfung – erklärt Konformität – bringt CE-Kennzeichnung an

			Benannte Stelle: – prüft Konformität mit grundlegenden Anforderungen – stellt Konformitätsbescheinigung aus	**Benannte Stelle:** – überwacht QS-System

Modul	***B***
Kennzeichen	Baumusterprüfung bei benannter Stelle
Maßnahmen beim Entwurf	**Hersteller unterbreiten der benannten Stelle** – technische Unterlagen – Baumuster **Benannte Stelle** – prüft Konformität mit grundlegenden Anforderungen – führt ggf. Prüfungen durch – stellt Baumusterprüfbescheinigungen aus

Modul	**C**	**D**	**E**	**F**
Kennzeichen	Konformität mit Bauart	QS- Produkte EN 29002/DIN ISO 9002	QS-Produkte EN 29003/DIN ISO 9003	Prüfung bei Produkten
Maßnahmen bei der Produktion	**Hersteller:** – erklärt Konformität mit zugelassener Bauart – bringt CE-Kennzeichnung an **Benannte Stelle:** – prüft bestimmte Aspekte des Produkts – führt Stichproben durch	**Hersteller:** – unterhält zugelassenes QS-System für Produktion und Prüfung – erklärt Konformität mit zugelassener Bauart – bringt CE-Kennzeichnung an **Benannte Stelle:** – erkennt QS-System an – überwacht QS-System	**Hersteller:** – unterhält zugelassenes QS-System für Überwachung und Prüfung – erklärt Konformität mit zugelassener Bauart bzw. grundlegenden Anforderungen – bringt CE-Kennzeichnung an **Benannte Stelle:** – erkennt QS-System an – überwacht QS-System	**Hersteller:** – erklärt Konformität mit zugelassener Bauart bzw. grundlegenden Anforderungen – bringt CE-Kennzeichnung an **Benannte Stelle:** – prüft Konformität – stellt Konformitätsbescheinigung aus

Anmerkung: Für alle Maschinen ist als gesetzliche Mindestanforderung nur das einfachste Konformitätsbewertungsverfahren (Modul A) vorgeschrieben!
In Kapitel 3 „Die fünf Schritte zur Konformitätserklärung“ ist deshalb nur der Modul A ausführlich beschrieben. Freiwillig kann allerdings für die besonderen Maschinen gem. Anh. IV der Modul Aa gewählt werden.

Praktischer Tipp: Alle über den Modul A hinausgehenden Anforderungen an Ihr CE-Verfahren, an Ihr Produkt oder an Ihr Unternehmen (z. B. eine QS-Zertifizierung) sind freiwilliger Vertragsbestandteil zwischen Ihnen, Ihrem Kunden oder Ihrem Lieferanten und werden von der Maschinenrichtlinie nicht gesetzlich gefordert!

5.2 Besonderheiten bei Steuerungen [MRL Anh. I, §2]

Übersicht

Bei Maschinensteuerungen sind drei Gesichtspunkte zu beachten:

1. Im Anhang I, § 2.1 der Maschinenrichtlinie sind konkrete Anforderungen an die **logische Konzeption** von Steuerungen für Maschinen enthalten. Diese sind damit gesetzlich vorgeschrieben.
2. Elektrische Steuerungen unterliegen automatisch der **Niederspannungsrichtlinie**. Die entsprechenden Sicherheitsvorschriften sind damit verbindlich.
3. Elektronische Steuerungen unterliegen der **EMV-Richtlinie**. Die dort beschriebenen Anforderungen und Prüfungen sind zu beachten.

Sicherheitsanforderungen an Steuerungen

Die **grundlegenden Sicherheits- und Gesundheitsschutzanforderungen** für Konstruktion und Bau von Steuerungen und Befehlseinrichtungen für Maschinen im § 1.2 im Anhang I der Maschinenrichtlinie enthalten neben der pauschalen Forderung, dass Steuerungen durch Fehler in der Logik zu keiner gefährlichen Situation führen dürfen, die folgenden konkreten Punkte:

- (1.2.2) Gestaltung und Anbringung von Stellteilen, insbesondere hinsichtlich der eindeutigen, gefahrlosen Bedienung und Anordnung des Hauptbedienungsstandes insbesondere die Anforderung an den Überblick auf die Gefahrenzonen der Maschine
- (1.2.3) Ablauf des Ingangsetzens und Verhinderung eines ungewollten Wiederingangsetzens
- (1.2.4) Stillsetzen im Notfall (NOT-AUS), insbesondere für verkettete Anlagen
- (1.2.5) Funktion des Betriebsartenwahlschalters, insbesondere Sperrung des Automatikbetriebs
- (1.2.6) Auswirkungen der Störungen von Energieversorgung und Steuerkreis, insbesondere die Verhinderung von unbeabsichtigtem Ingangsetzen, Herausfallen oder Herausschleudern von Teilen und des Ausfalls von Schutzeinrichtungen

Diese Anforderungen sind in der Checkliste in Kapitel 5.1 unter den Nummern 5, 15-19 detailliert aufgelistet.

Sicherheitsbezogene Teile von Steuerungen sollten den Gestaltungsleitsätzen der Norm EN ISO 13849-1 „Sicherheit von Maschinen; Sicherheitsbezogene Teile von Steuerungen; Teil 1“ genügen. Die Erfüllung der Norm garantiert per „Vermutungswirkung“ die Einhaltung der gesetzlich vorgeschriebenen Anforderungen der Maschinenrichtlinie. Darüber hinaus gibt der Teil 2 der Norm ein Verfahren vor, um die Sicherheitsstufe einer Steuerungskomponente zu bestimmen, einzuhalten und zu überprüfen (validieren). Zur Orientierung eine kurze Inhaltsangabe der Norm:

- Allgemeine Vorgehensweise bei der Gestaltung von Steuerungen, insbesondere die Definition und Beschreibung der Zuverlässigkeit
- Prozess für die Auswahl und Gestaltung von Sicherheitsmaßnahmen, insbesondere die Durchführung einer Risikobeurteilung
- Charakteristische Eigenschaften von Sicherheitsfunktionen, insbesondere der STOP-Funktion, der NOT-AUS-Funktion, der manuellen Rückstellung und Aufhebung von Sicherheitsfunktionen
- Festlegung von Sicherheitskategorien, insbesondere der Kategorie B (Sicherheitsverlust bei 1 Fehler), Kategorie 1 (Sicherheitsverlust bei 1 Fehler, Verwendung bewährter Bauteile), Kategorie 2 (wie 1 mit zusätzlicher Überprüfung der Sicherheitsfunktion), Kategorie 3 (Sicherheitsverlust erst bei > 1 Fehler), Kategorie 4 (wie 3 mit automatischer Meldung eines Fehlers)
- Auswahl von sicherheitsbezogenen Teilen verschiedener Kategorien
- Fehlerbetrachtung, insbesondere Hinweise zum Fehlerausschluss
- Validierung der sicherheitsbezogenen Teile einer Steuerung, insbesondere durch Analyse und durch Prüfung

Die informativen Anhänge der EN ISO 13849-1 und 2 sind für die praktische Arbeit sehr nützlich:

- 1, Anhang A: Hinweise zur Auswahl der Sicherheitskategorien (Performance Level), insbesondere Hinweise zur Auswahl der Parameter Schwere, Gefährdungsexposition und Vermeidungsmöglichkeit für die Risikoeinschätzung
- (siehe auch Kapitel 5.2)
- 2, Listen der wichtigen Fehler und Ausfälle,
- Anhang A5: für mechanische Bauteile,
- Anhang B5: für pneumatische Systeme,
- Anhang C5: für hydraulische Systeme,
- Anhang D5: für elektrische Systeme als Grundlage (Fehlerarten) für eine Risikobeurteilung (siehe auch Kapitel 5.2)

Die sogenannten Sicherheitsziele für elektrische Betriebsmittel im Anhang I der **Niederspannungsrichtlinie** (siehe Anhang) sind relativ allgemein gehalten und bei der praktischen Konzeption, der Auslegung und der Errichtung von Steuerungen und Installationen nicht brauchbar. Es sind lediglich die Gefährdungen aufgelistet, die von elektrischen Betriebsmitteln ausgehen und vor denen „Menschen, Nutztiere und Sachen" geschützt werden müssen. Steuerungen als Teile elektrischer Betriebsmittel werden nicht explizit angesprochen.

Die zur Niederspannungsrichtlinie gehörige Sicherheitsnorm für elektrische Betriebsmittel ist die EN 60204 Teil 1 „Sicherheit von Maschinen; Elektrische Ausrüstungen von Maschinen; Teil 1: Allgemeine Festlegungen" (siehe Kapitel 2.2.a). Die Einhaltung dieser harmonisierten europäischen Norm garantiert nach der „Vermutungswirkung" auch die Einhaltung der Niederspannungsrichtlinie. Die volle Berücksichtigung der Norm sollte deshalb von dem Maschinenbauer immer explizit vom Steuerungsbauer gefordert und bestätigt werden.

In der EN 60204 wird explizit auf Steuerungen eingegangen:

- Steuer- und Meldestromkreise, insbesondere Speisung und Schutz, START und HALT und NOT-AUS
- Steuergeräte, insbesondere Schutz gegen äußere Einflüsse, Ausführung der Komponenten (Schalter, Magnete, Sensoren)

Die **EMV-Richtlinie** ist ausdrücklich auf Industrieausrüstungen [EMV-Richtlinie, Anh. III (b)], also auf Maschinen und Anlagen anzuwenden. Allerdings gibt es dabei eine Schwierigkeit. Die harmonisierte Norm, die die EMV-Grenzwerte, das Messverfahren und damit das Nachweisverfahren zur Erfüllung der Schutzanforderungen des EMV-Gesetzes enthält, ist auf Maschinen und Anlagen in der Praxis nicht anwendbar. Die in den Normen DIN EN 61000-6-3:2011-09 „Elektromagnetische Verträglichkeit (EMV); Fachgrundnorm Störaussendung; Teil 2: Industriebereich" und DIN EN 61000-6-3:2011-09 „Elektromagnetische Verträglichkeit (EMV); Fachgrundnorm Störfestigkeit; Teil 2: Industriebereich" vorgeschriebenen Messungen können auf Grund der Größe der Objekte nicht durchgeführt werden, eine CE-Kennzeichnung gemäß EMV-Richtlinie kann also für die komplette Steuerung in der Regel nicht vergeben werden. Für die Maschine ist das zunächst nicht relevant, da sie ja eine CE-Kennzeichnung gemäß Maschinenrichtlinie haben muss, die auch alle elektrischen und EMV-Gefährdungen mit einschließt. Mit dem folgenden Passus des EMV-Gesetzes:

> Anlagen, die erst am Betriebsort zusammengesetzt werden ... bedürfen keiner EG-Konformitätsbescheinigung und Kennzeichnung [EMV-Gesetz §5 (5)].

ist man rechtlich auch ohne EMV-Prüfung zunächst auf der sicheren Seite. Allerdings ist der Steuerungsbauer nicht von der Pflicht entbunden, die EMV-Schutzanforderungen zu erfüllen! Dies wird in der Regel durch Verwendung EMV-geprüfter und CE-gekennzeichneter Komponenten (bis hin zum Schaltschrank!) und durch EMV-gerechte Verlegung und Abschirmung der Leitungen erreicht.

CE-Dokumentation für sichere Steuerungen

Um sich optimal abzusichern, sollte der Maschinenbauer beziehungsweise der Anlagenverantwortliche vom Steuerungsbauer grundsätzlich drei Dokumente anfordern:

1. eine **Einbauerklärung** für die Steuerung,
2. die **Benutzerinformation** für die Steuerung,
3. ein EMV-**Werkzeugnis** für den Betrieb des Steuerungsbauers.
4. Diese drei Zertifikate sind zwar (leider) nicht gesetzlich einforderbar, aber sie sind wichtige Bestandteile der internen Technischen Dokumentation der Maschine!

Das **Werkzeugnis** deckt folgenden Sachverhalt ab: Da eine komplette Maschine oder Anlage auf Grund der Größe meist nicht der eigentlich vorgeschriebenen EMV-Laborprüfung unterzogen werden kann, muss vom Steuerungsbauer sichergestellt werden, dass die Installation „EMV-gerecht" durchgeführt wurde.

Praktischer Tipp: Das Werkszeugnis sollte die folgende Fachkunde des Steuerungsbauers bestätigen: „Für den Betrieb wird bestätigt, dass die Installation, die Prüfung und die

Abnahme von Fachleuten im Sinne der Niederspannungsrichtlinie und von Mitarbeitern mit Fachkunde im Sinne der EMV-Richtlinie durchgeführt wurde."

Die **Benutzerinformation** und die Technische Dokumentation für die Steuerung sollten den Vorschriften der Norm EN 13849-1 Kap. 10 und 11 genügen. Da fast alle Steuerungen sicherheitsrelevant sind, ist insbesondere der sog. Performance Level (Sicherheitskategorie) nach der Norm EN 13849 – 1 zu bestimmen und anzugeben. Insbesondere sind die folgenden Punkte zu beschreiben:

- Beschreibung der Schnittstellen
- zeitweiliges Aufheben der Sicherheitsfunktionen (Muting)
- Betriebsarten
- Instandhaltung
- Wirkung von Abweichungen der festgelegten Leistung der Sicherheitsfunktionen (siehe auch Risikoanalyse)

Eine **Einbauerklärung** für Steuerungen, angelehnt an die Maschinenrichtlinie Anh. II (1.B), sollte folgenden Text beinhalten:

Die Steuerung erfüllt die Sicherheits- und Schutzanforderungen der

- Maschinenrichtlinie 2006/42/EG, insbesondere Anhang I, § 1.2 „Grundlegende Sicherheits- und Gesundheitsschutzanforderungen bei Konzipierung und Bau von Maschinen; Steuerungen und Befehlseinrichtungen"
- harmonisierten Norm EN ISO 13849-1 „Sicherheit von Maschinen; Sicherheitsbezogene Teile von Steuerungen; Teil 1: Allgemeine Gestaltungsgrundsätze"
- Niederspannungsrichtlinie 2014/35/EU (Fassung vom 22.07.1993)
- harmonisierten Norm EN 60204 Teil 1 „Sicherheit von Maschinen; Elektrische Ausrüstungen von Maschinen; Teil 1: Allgemeine Anforderungen"
- EMV-Richtlinie 2014/30/EU.

Insbesondere wurden ausschließlich nach Niederspannungsrichtlinie und/oder EMV-Richtlinie CE-zertifizierte Komponenten verwendet.

Die Wirksamkeit der Maßnahmen zur Erfüllung der oben genannten Anforderungen wurde durch eine entsprechende Risikoanalyse nachgewiesen.

Praktischer Tipp: Da weder die Niederspannungsrichtlinie noch die EMV-Richtlinie eine Einbauerklärung kennen, ist dieses Vorgehen den Steuerungsbauern oft unbekannt. Schreiben Sie Ihrem Steuerungsbauer deshalb ein entsprechendes Dokument genau vor.

5.3 Besondere Sicherheitsanforderungen [MRL Anh. I und IV] und Baumusterprüfungen [MRL Anh. IX]

Über die „Allgemeinen Sicherheits- und Gesundheitsschutzanforderungen für Konstruktion und Bau von Maschinen" in Anhang I, §1 der Maschinenrichtlinie hinaus gibt es drei Ebenen mit weitergehenden technischen und formellen Anforderungen als Voraussetzung für die Erklärung der Konformität:

Übersicht

a. Anforderungen an besondere Eigenschaften von Maschinen
b. Maschinengattungen in Anh. I mit speziellen Risiken
c. Besondere Maschinen gem. Anh. IV und Baumusterprüfungen gem. Anh. IX

a. Anforderungen an besondere Eigenschaften

Hier soll nur eine Zusammenstellung der *besonderen* Eigenschaften von Maschinen gegeben werden. Die entsprechenden Anforderungen dazu finden sich im Anhang I der Maschinenrichtlinie. Der Verweis auf den entsprechenden Paragraphen ist durch eine Klammer [.] gegeben.

- Verkettete Maschinen (Gesamtheit von Maschinen, Anlagen) [1.2.4.4]
- Mehrfach kombinierte Maschinen [1.3.5]
- Extreme Temperaturen [1.5.5]
- Explosionsgefahr [1.5.7]

Hier muss auf die Explosionsschutzrichtlinie ATEX (siehe Kap. 2.2.e und § Anhang) verwiesen werden: Ex-Maschinen werden dort gem. Abschnitt 3 wie „besondere Maschinen" behandelt!

- Emission gefährlicher Werkstoffe (Staub, Gas) [1.5.13, 3.5.3]
- Lasereinrichtungen [1.5.12]
- Lärm [1.5.8]
  insbesondere die Angabe des Schalldrucks [1.7.4.2.u]
- Vibration [1.5.9]
  insbesondere die Angabe des Effektivwerts der Beschleunigung [3.6.3.1]

Die besonderen Anforderungen, die mit den genannten besonderen Eigenschaften verbunden sind, sind natürlich auch in Kap. 5.1 „Liste der Sicherheitsanforderungen für Maschinen, Modul 1, Abschnitt 3.5" enthalten.

b. Anforderungen an Maschinengattungen mit speziellen Risiken in Anhang I

Im Anhang I der Maschinenrichtlinie sind sieben Gerätegattungen angesprochen, die spezielle potenzielle Risiken beinhalten. In der nachfolgenden Liste ist in Klammer wieder der entsprechende Paragraf aus dem Anh. I aufgeführt.

Nahrungsmittelmaschinen	[2.1]
Maschinen für kosmetische oder pharmazeutische Erzeugnisse	[2.1]
Handgehaltene und/oder handgeführte Maschinen	[2.2]
Maschinen zur Bearbeitung von Holz und ähnlichen Werkstoffen	[2.3]

Bewegliche (fahrbare) Maschinen	[3.]
Ausschaltung der Gefährdungen durch Hebevorgänge	[4.]
Maschinen zum Heben von Personen	[6.]
Untertagebaumaschinen	[5.]

Die besonderen Anforderungen zur Vermeidung der speziellen Risiken, die von den genannten Maschinengattungen ausgehen, müssen in einer Risikobeurteilung untersucht und mit geeigneten Maßnahmen erfüllt werden (siehe Kap. 5.2). Weitergehende Auflagen, wie z. B. die Einschaltung von Prüfstellen, sind nicht vorgesehen.

Die Anforderungen sind in Kap. 5.1 „Liste der Sicherheitsanforderungen für Maschinen" im Modul 4, Punkte 7, 9, 11 und 13 übersichtlich zusammengefasst.

c. Besondere Maschinen gem. Anhang IV

Die Maschinenrichtlinie weist in Artikel 9 darauf hin, dass es neben den „normalen" Maschinen die sogenannten „Maschinen mit besonderem Risikopotenzial" gibt, bei denen beim Bescheinigungsverfahren mehr beachtet werden muss (MRL Art. 12 (4) und (4)).

Für die normalen Maschinen gilt das Konformitätsbewertungsverfahren A, bei dem der Hersteller in eigener Verantwortung und ohne die Einschaltung von Prüf- oder Zulassungsstellen die Konformität erklärt, also die Konformitätserklärung ausstellt und die CE-Kennzeichnung anbringt. Bei den besonderen Maschinen und den Sicherheitsbauteilen, die im Anhang IV der Maschinenrichtlinie aufgelistet sind, können folgende Verfahren angewendet werden:

- Konformitätsbewertungsverfahren A oder H,
- in besonderen Fällen der Modul B mit Baumusterprüfung.

Liste der besonderen Maschinen aus MRL Anhang IV

Die folgende Liste gibt nur einen ersten Hinweis! Ausführliche Liste mit genauer Definition der jeweiligen Maschinenarten siehe Anhang, Maschinenrichtlinie, Anh. IV:

Maschinen für die Bearbeitung von Holz und gleichartigen Werkstoffen oder Fleisch und gleichartigen Werkstoffen:

1. (Einblatt- und Mehrblatt-)Kreissägen
   - Sägemaschinen mit Handvorschub des Sägeguts
   - Sägemaschinen mit Pendelbock oder -schlitten, mit Handvorschub
   - Sägemaschinen mit mechanischem Vorschub und Handbeschickung
2. Abrichthobel mit Handvorschub für die Holzbearbeitung
3. Hobelmaschinen mit Handbeschickung
4. Bandsägen mit Handbeschickung
5. Kombinierte Maschinen der unter den 1 bis 4 und 7 genannten Typen
6. Mehrspindel-Zapfenfräsmaschinen mit Handvorschub

7. senkrechte Tischfräsmaschinen mit Handvorschub
8. Handkettensägen

Pressen:

9. Pressen einschließlich Biegepressen mit Handbeschickung, deren im Fertigungsvorgang bewegliche Teile einen Hub von mehr als 6 mm und eine Geschwindigkeit von mehr als 30 mm/s haben können.
13. Hausmüllsammelwagen für manuelle Beschickung mit Pressvorrichtung

Kunststoffbearbeitung:

10. Kunststoffspritzgieß- oder -formpressmaschinen mit Handbeschickung
11. Gummispritzgieß- oder -formpressmaschinen mit Handbeschickung

Maschinen mit Hebevorgängen:

16. Hebebühnen für Fahrzeuge
17. Maschinen zum Heben von Personen und Gütern mit Absturzhöhe > 3 m

Sonstige besondere Maschinen:

12. Maschinen für den Einsatz unter Tage:
    - schienengeführte Maschinen: Lokomotiven und Bremswagen,
    - hydraulischer Schreitausbau
14. abnehmbare Gelenkwellen
18. tragbare Befestigungsgeräte mit Treibladung und andere Schussgeräte

Steuereinrichtungen:

19. Schutzeinrichtungen zur Personendetektion (z. B. Lichtschranken, Schaltmatten, elektromagnetische Detektoren)
21. Logikeinheiten für Sicherheitsfunktionen

Schutzeinrichtungen:

15. Schutzvorrichtungen für abnehmbare Gelenkwellen
20. kraftbetriebene bewegliche trennende Schutzeinrichtungen für Maschinen gemäß Nr. 9, 10 und 11
22. Überrollschutzaufbau (ROPS)
23. Schutzaufbau gegen herabfallende Gegenstände (FOPS)

Erklärung der Konformität

Für Maschinen gilt folgende Vorgehensweise bei der Zusammenstellung der Technischen Dokumentation (siehe auch Kap. 3.3) und der Erklärung der Konformität:

Fall 1: Die vorliegende Maschine ist *nicht* in der Liste Anh. IV enthalten.

Beispiele: Sägen mit automatischer Beschickung und Entnahme; Pressvorrichtungen mit Hub < 6 mm *und* Hub-Geschwindigkeit < 30 mm/s; Hubvorrichtungen für Personen mit einer Absturzhöhe < 3 m

- Konformitätsbewertungsverfahren A mit interner Fertigungskontrolle gem. Anh. VII
- die Technische Dokumentation wird vom Hersteller in eigener Verantwortung zusammengestellt und im Unternehmen 10 Jahre aufbewahrt
- Die Konformitätserklärung wird vom Hersteller in eigener Verantwortung ausgestellt

Fall 2: Die vorliegende Maschine mit besonderem Risikopotenzial ist in der Liste Anh. IV enthalten und sie ist nach den zutreffenden harmonisierten Normen gebaut.

Beispiele: Pressen mit Hub > 6 mm und Geschwindigkeit > 30 mm/s, gebaut gemäß EN 692; Hubvorrichtungen (Bauaufzüge) für Material und Personen mit einer Absturzhöhe > 3 m, gebaut nach EN 12159

- wie Fall 1

Fall 3a: Die vorliegende Maschine ist in der Liste Anh. IV enthalten und sie ist *nicht* nach einer zutreffenden harmonisierten Norm gebaut.

(z. B. weil es diese harmonisierte Norm noch nicht gibt und nur nationale Normen vorliegen)

- wie Fall 2
- Zusätzlich wird das umfassende Qualitätssicherungsverfahren gem Anh. X angewendet (entspricht dem Verfahrensmodul H).

Fall 3b: Alternatives Vorgehen für Maschinen der Liste Anh. IV, die *nicht* nach einer zutreffenden harmonisierten Norm gebaut sind

- Der Hersteller lässt von einer benannten Stelle eine Baumusterprüfung gem. Anh. IX durchführen.
- Der Hersteller führt die interne Fertigungskontrolle durch.
- Der Hersteller muss die Technische Dokumentation 15 Jahre aufbewahren.

Die EG-Baumusterprüfung gem. Anh. IX

Für besondere Maschinen und Sicherheitsbauteile aus dem Anhang IV der Maschinenrichtlinie *kann* eine EG-Baumusterprüfung gemäß MRL Anhang IX durchgeführt werden, wenn sie nicht nach einer zutreffenden harmonisierten Norm (= EN-Norm, die von allen EU-Mitgliedsstaaten akzeptiert und in eine nationale Norm umgewandelt wurde, siehe Kap. 1.2) gebaut wurden.

Die EG-Baumusterprüfung ist das Verfahren, nach dem eine sogenannte gemeldete Stelle feststellt und bescheinigt, dass die Bauart der Maschine mit den zutreffenden Bestimmungen der Maschinenrichtlinie übereinstimmt.

Hinweis: Gemeldete Stellen sind Prüfstellen für Baumusterprüfungen. Andere Bezeichnungen in den EU-Richtlinien und Normen: benannte Stellen, notifizierte Stellen, notified bodies.

Beispiele für gemeldete Stellen: TÜVs, DEKRA, VDE Prüf- und Zertifizierungsinstitut Offenbach, Prüf- und Zertifizierungsstellen im DGUV Test, Österreichisches Forschungszentrum Seibersdorf.

Der **Antrag auf eine EG-Baumusterprüfung** wird vom Hersteller für eine Maschine (genauer: Baumuster oder Modell einer Maschine) bei einer zuständigen Prüfstelle eingereicht. Der Antrag enthält:

- Name und Anschrift des Herstellers
- Herstellungsort der Maschine
- Technische Dokumentation (siehe Kap. 3.3)
  detaillierte Pläne zur Konstruktion und Herstellung nur dann, wenn sie zur Beurteilung der Übereinstimmung mit den Sicherheitsanforderungen unerlässlich sind
- Erklärung, dass der Antrag bei keiner anderen Prüfstelle eingereicht wurde
- Die einzureichenden Unterlagen müssen in einer Amtssprache der EU verfasst sein, die von der entsprechenden Prüfstelle akzeptiert ist.
- ein Exemplar eines Baumusters

Der Hersteller muss die Prüfstelle über *alle* (auch über geringfügige!) **Änderungen** unterrichten, die er an der betreffenden Maschine vornehmen will. Die Prüfstelle entscheidet dann, ob die vorhandene Baumusterbescheinigung auch für die geänderte Maschine noch gilt.

Ablauf der Baumusterprüfung bei einer Prüfstelle

- Antrag zur Baumusterprüfung (siehe oben) auf der Prüfstelle abgeben
- Eine für die beantragten Produkte repräsentative Maschine ist auf der Prüfstelle vorzuführen (oder der Ort anzugeben, wo diese Maschine geprüft werden kann).
- die Prüfstelle prüft,
  - ob die Technische Dokumentation und die Bauunterlagen angemessen sind,
  - ob die vorgeführte beziehungsweise bereitgestellte Maschine gemäß den Bauunterlagen hergestellt ist,
  - ob die Maschine unter den vorgesehenen Betriebsbedingungen sicher verwendet werden kann,
  - ob die angegebenen Normen eingehalten wurden (Durchführung aller in den Normen genannten Prüfungen),
  - ob die Maschinen den zutreffenden grundlegenden Sicherheits- und Gesundheitsschutzanforderungen entsprechen.

Baumusterbescheinigung

Wenn die Prüfung der Maschine positiv ausgefallen ist, stellt die Prüfstelle eine EG-Baumusterbescheinigung mit folgendem Inhalt aus:

- Ergebnis der Prüfung
- gegebenenfalls zusätzliche Auflagen und Bedingungen
- die zur Identifizierung des zugelassenen Baumusters erforderlichen Beschreibungen und Zeichnungen

Verweigert eine Prüfstelle die Ausstellung einer Baumusterbescheinigung, teilt sie dies den anderen für das Fachgebiet zuständigen Prüfstellen mit!

Überprüfung

Baumusterprüfungen müssen durch die Prüfstelle alle fünf Jahre überprüft werden.

5.4 Beispiele für Einbauerklärungen [MRL Anh. II B]

Nach Art. 6 (2) der Maschinenrichtlinie kann der Hersteller (oder sein in der EU niedergelassener Bevollmächtigter) eine Einbauerklärung für

- nicht selbstständig funktionierende Maschinen, die erst mit anderen Maschinen zusammen eine selbstständig funktionierende Einheit bilden,
- Maschinenkomponenten, die in Maschinen eingebaut werden,
- sicherheitstechnisch unvollständige Maschinen, die erst durch die Ergänzung einer entsprechenden Sicherheitseinrichtung zur vollständigen Maschine werden,

ausstellen. Nach Anh. II, 1.B der Maschinenrichtlinie muss die Einbauerklärung folgende Angaben enthalten:

- Name und Anschrift des Herstellers (und ggf. des Bevollmächtigten in der EU)
- Angaben zur Identifizierung der unvollständigen Maschine
- Angaben, welche Anforderungen des Anh.I zur Anwendung kamen, ggf. die angewandten harmonisierten Normen.
- Verpflichtung, die speziellen Unterlagen gem. Anh. VII B auf Verlangen der einzelstaatlichen Stelle zu übermitteln und die Art und Weise der Übermittlung.
- Hinweis darauf, dass die Inbetriebnahme so lange untersagt ist, bis festgestellt wurde, dass die Maschine, in die die vorliegende Komponente eingebaut wurde, der Maschinenrichtlinie entspricht.
- Ort, Datum der Unterzeichnung, Angaben zum Unterzeichner

Übersicht

Es werden vier Beispiele für Einbauerklärungen vorgestellt, die unter verschiedenen Gesichtspunkten abgefasst sind.

1. **Knappe Einbauerklärung für Serienkomponenten**
2. **Einbauerklärung für eine Sonder-Maschinenkomponente**
3. **Einbauerklärung für eine Maschinensteuerung, die die Interessen des Maschinenbauers (des Käufers der Steuerung) besonders berücksichtigt.**
4. **Einbauerklärung für eine Maschinensteuerung, die die Interessen des Steuerungsbauers (des Verkäufers der Steuerung) besonders berücksichtigt.**

Muster-Einbauerklärung für Serienkomponenten

Kurz gefasste Erklärung, in der nur die unbedingt notwendigen Angaben enthalten sind:

Einbauerklärung gem. EG-Maschinenrichtlinie Anh. II 1.B

Wir, Firma

Liefermann GmbH
Werkstraße 10
65432 Maschinenhausen

erklären in alleiniger Verantwortung, dass das Produkt

Maschinenkomponente Typ AA 01

auf das sich diese Erklärung bezieht, mit allen zutreffenden Anforderungen der Maschinenrichtlinie 2006/42/EG vom 17.05.2006 Anh. I übereinstimmt, bis auf folgende Ausnahmen: §§ 1.3.7- 1.3.8 (Schutz vor Gefährdungen durch bewegliche Teile).

Die Inbetriebnahme des Produkts ist so lange untersagt, bis für die Gesamtmaschine, in die es eingebaut wurde, alle Bestimmungen der Maschinenrichtlinie, erfüllt sind.

Die speziellen technischen Unterlagen zu der o. g. unvollständigen Maschine werden auf berechtigtes Verlangen der zuständigen einzelstaatlichen Stelle in gedruckter Form postalisch übermittelt.

Maschinenhausen, den 30.03.11 Rolf Liefermann Rolf Liefermann, Geschäftsführer

Zu beachten! Auch bei sicherheitstechnisch unvollständigen Maschinenkomponenten sind die zutreffenden Sicherheitsanforderungen zu beachten! Dazu gehört insbesondere die Instruktionspflicht des Komponentenherstellers, also eine Einbau- bzw. Montageanleitung für die Komponente (gem. MRL Anh. VI), um einen gefahrlosen Betrieb zu gewährleisten.

Muster-Einbauerklärung für eine Sonder-Maschinenkomponente

Bei Sonderkomponenten, die nur einmal gebaut werden oder die nur zum Einsatz in bestimmte Maschinen gedacht sind, muss aus Sicht des Lieferanten der Komponente etwas mehr Sorgfalt angewendet werden. Der Komponentenlieferant oder -hersteller sollte sich optimal vor Haftungsproblemen schützen, die bei der Gesamtmaschine auftreten können (Eine „Durchgriffshaftung" auf den Komponentenlieferant ist möglich!).

Tipp: Zusätzliche sinnvolle Angaben sind:

1. Dokumentennummer zur eindeutigen Identifizierung der Erklärung
2. Hinweis auf den bestimmungsgemäßen Gebrauch der Maschinenkomponente
3. Hinweis auf Sicherheitsmaßnahmen in der Montageanleitung

Liefermann Sonder-Maschinen	**Einbauerklärung** gem. EG-Maschinenrichtlinie Anh. II 1.B	Dok.Nr. TD 012345 Maschinen-Nr. AB 01 – 2345 - 2011

Wir, Firma

Liefermann GbR
Werkstraße 10
65432 Maschinenhausen

erklären in alleiniger Verantwortung, dass das Produkt

Maschinenkomponente Typ AB 01, Sonderausführung
Maschinennummer 2345- 2011

auf das sich diese Erklärung bezieht, mit den folgenden normativen Dokumenten und Normen übereinstimmt:

1. EG-Maschinenrichtlinie, Anhang I
   zutreffende Punkte der grundlegenden Sicherheits- und Gesundheitsschutzanforderungen:
   §§ 1.1, 1.3.2-1.3.4, 1.7.
2. EN ISO 12 100 – 1 „Sicherheit von Maschinen"

Wichtiger Hinweis: Das vorliegende Produkt ist sicherheitstechnisch unvollständig!

Das Produkt, auf das sich diese Erklärung bezieht, ist zum Einbau in eine Maschine/Anlage bestimmt. Der Einbau ist nur in die ausdrücklich in der Installationsanleitung genannten Maschinen/Anlagen gestattet. Jede andere Verwendung ist aus Sicherheitsgründen untersagt.

Es darf nur in Verbindung mit der sicherheitstechnisch vollständigen und mit der CE-Kennzeichnung gekennzeichneten Maschine in Betrieb genommen werden.

Die Inbetriebnahme des Produkts ist solange untersagt, bis alle Sicherheitsanforderungen gemäß Maschinenrichtlinie für die Gesamtmaschine und alle in der Montageanleitung ausdrücklich genannten Sicherheitsmaßnahmen erfüllt sind.

Wir versichern hiermit, dass das Bescheinigungsverfahren gemäß der Richtlinie des Rates zur Angleichung der Rechtsvorschriften der Mitgliedsstaaten für Maschinen 2006/42/EG vom 17.05.2006, insbesondere Anhang II 2.B durchgeführt wurde.

Die speziellen technischen Unterlagen zu der o. g. unvollständigen Maschine werden auf berechtigtes Verlangen der zuständigen einzelstaatlichen Stelle in gedruckter Form postalisch übermittelt.

Maschinenhausen, den 30.04.11	Rolf Liefermann	Rolf Liefermann, Inhaber

Muster-Einbauerklärung für eine Maschinensteuerung, die die Interessen des Maschinenbauers berücksichtigt

Die Lieferung von Maschinensteuerungen beinhaltet für beide Vertragspartner auf Grund der vielfältigen Schnittstellen und der Vielzahl von anzuwendenden Richtlinien und Normen erhöhte Risiken (vergl. auch Kap. 4.3).

In der folgenden Version einer Einbauerklärung liegt der Schwerpunkt auf den Interessen des Maschinenbauers, der ein sicherheitstechnisch optimales Produkt einkaufen will.

<table>
<tr><td>ELEKTROBAU
Steuerungen</td><td>Einbauerklärung
gem. EG-Maschinenrichtlinie Anh. II 1.B</td><td>Dok.Nr.
TD 012345
Maschinen-Nr.
S 05 / 5678 - 2011</td></tr>
<tr><td colspan="3">Wir, Firma
Elektrobau Steuerungen GmbH
Siemensstraße 10
23456 Elektringen
erklären in alleiniger Verantwortung, dass das Produkt
Maschinensteuerung Typ S 05,
Auftragsnummer 5678 - 2011
Unter Verwendung der numerischen Standard-Steuerung
SPS 05/10 von Process-Technology
auf das sich diese Erklärung bezieht, mit den folgenden normativen Dokumenten und Normen übereinstimmt:
1. EG-Maschinenrichtlinie, Anhang I, § 1.2 der grundlegenden Sicherheits- und Gesundheitsschutzanforderungen
2. EN 12 100 – 1 „Sicherheit von Maschinen“
3. EMV-Richtlinie 2014/30/EU
4. Niederspannungsrichtlinie 2014/35/EU
5. EN 60 204 – 1 „Sicherheit von Maschinen; Elektrische Ausrüstungen von Maschinen; Teil 1: Allgemeine Anforderungen“
6. EN ISO 13 849-1 „Sicherheit von Maschinen; Sicherheitsbezogene Teile von Steuerungen; Teil 1: Allgemeine Gestaltungsleitsätze“</td></tr>
<tr><td colspan="3">Wir bestätigen ausdrücklich, dass
1. eine normgerechte technische Dokumentation vorliegt,
2. eine Risikobeurteilung gemäß EN ISO 12 100 durchgeführt und dokumentiert wurde,
3. Planung und Installation der Steuerung von fachkundigem Personal durchgeführt wurde und insbesondere CE-zertifizierte Komponenten gem. EMV-Richtlinie eingebaut wurden,
4. unser Betrieb als fachkundig im Sinne der EMV-Richtlinie gilt.</td></tr>
<tr><td colspan="3">Wir versichern hiermit, dass das Bescheinigungsverfahren gemäß der Richtlinie des Rates zur Angleichung der Rechtsvorschriften der Mitgliedsstaaten für Maschinen 2006/42/EG vom 17.05.2006, insbesondere Anhang II 2.B durchgeführt wurde.</td></tr>
<tr><td colspan="3">Die speziellen technischen Unterlagen zu der o. g. Maschinensteuerung werden auf berechtigtes Verlangen der zuständigen einzelstaatlichen Stelle als elektronisches Dokument per e-Mail übermittelt.</td></tr>
<tr><td>Elektringen, den 30.05.11</td><td>Emil Steuermann</td><td>Emil Steuermann,
Technischer Leiter</td></tr>
</table>

Achtung Maschinenbauer! Der Hersteller und Inverkehrbringer der Maschine haftet in vollem Umfang auch für Fehler der Steuerung, gleichgültig, ob er die Steuerung selbst errichtet hat oder komplett einschließlich Planung von einem Zulieferer bezogen hat!
Die Sorgfaltspflicht gebietet deshalb, gegebenenfalls die Einhaltung der in der Einbauerklärung genannten Anforderungen zu überprüfen!

Muster-Einbauerklärung für eine Maschinensteuerung, die die Interessen des Steuerungsbauers berücksichtigt

In dieser Version wird die Sicht des Steuerungsbauers berücksichtigt, der sich vor dem falschen Einsatz seiner Steuerung schützen will. Eine Durchgriffshaftung im Schadensfall kann von vornherein nur abgewehrt werden, wenn durch eine gute Dokumentation nachgewiesen werden kann, dass ein aufgetretener Fehler beim Inverkehrbringen des Produktes nicht vorhanden sein konnte.

ELEKTROBAU Schaltschrankbau	**Einbauerklärung** gem. EU-Maschinenrichtlinie Anh. II 1.B	Dok.Nr. TD 012345 Maschinen-Nr. S 05 / 5678 - 2011

Wir, Firma

Elektrobau Steuerungen GmbH
Siemensstraße 10
23456 Elektringen

erklären in alleiniger Verantwortung, dass das Produkt

Maschinensteuerung Typ S 05,
Auftragsnummer 5678 - 2011

Unter Verwendung der numerischen Standard-Steuerung

SPS 05/10 von Process-Technology

auf das sich diese Erklärung bezieht, mit den folgenden normativen Dokumenten und Normen übereinstimmt:

1. EU-Maschinenrichtlinie, Anhang I,
   § 1.2 der grundlegenden Sicherheits- und Gesundheitsschutzanforderungen
2. EMV-Richtlinie 2014/30/EU
3. Niederspannungsrichtlinie 2014/35/EU
4. EN 60 204-1 „Sicherheit von Maschinen; Elektrische Ausrüstungen von Maschinen; Teil 1: Allgemeine Anforderungen"
5. EN ISO 13 849-1 „Sicherheit von Maschinen; Sicherheitsbezogene Teile von Steuerungen; Teil 1: Allgemeine Gestaltungsgrundsätze"

Die Steuerung, auf die sich diese Erklärung bezieht, ist vertragsgemäß ausschließlich zum Einbau und zum Betrieb der Maschine/Anlage

Nr. 01 2345 Z der Fa. Mustermann GmbH, D-54321 Eisenstadt

bestimmt. Jede andere Verwendung ist aus Sicherheitsgründen untersagt.

Die Steuerung darf nur in Verbindung mit der sicherheitstechnisch vollständigen und mit der CE-Kennzeichnung gekennzeichneten Maschine/Anlage in Betrieb genommen werden.

Die Inbetriebnahme der Steuerung ist so lange untersagt, bis nach Einbau in die Maschine/Anlage alle Sicherheitsanforderungen gemäß Maschinenrichtlinie für die Gesamtmaschine und alle in der Montageanleitung der vorliegenden Steuerung ausdrücklich genannten Sicherheitsmaßnahmen erfüllt sind.

Die speziellen technischen Unterlagen zu der o. g. Maschinensteuerung werden auf berechtigtes Verlangen der zuständigen einzelstaatlichen Stelle als elektronisches Dokument per e-Mail übermittelt.

Elektringen, den 30.03.2011	Emil Steuermann	Emil Steuermann, Technischer Leiter

5.5 Beispiele für Konformitätserklärungen [MRL Anh. II A]

Nach Art. 5 und 12 der Maschinenrichtlinie muss der Hersteller (oder sein in der EU niedergelassener Bevollmächtigter) eine Konformitätsklärung für

- selbstständig funktionierende Maschinen,
- Anlagen, die aus einer Gesamtheit von Einzelmaschinen bestehen,
- auswechselbare Ausrüstungen zur Änderung der Funktion einer Maschine,
- Sicherheitsbauteile,
- Lastaufnahmemittel, Ketten und Seile zur Lastaufnahme,
- abnehmbare Gelenkwellen

ausstellen. Nach Anh. II 1.A der Maschinenrichtlinie muss die Konformitätserklärung folgende Angaben enthalten:

- Name und Anschrift des Herstellers (oder des Bevollmächtigten in der EU)
- Name und Anschrift der Person (in der EU!), die bevollmächtigt ist, die technischen Unterlagen gem. Anh. VI A zusammenzustellen.
- Angaben zur Identifizierung der Maschine
- Erklärung, dass die Maschine allen zutreffenden Bestimmungen der MRL entspricht und Nennung der sonstigen Bestimmungen, denen die Maschine noch entspricht.
- gegebenenfalls die angewandten harmonisierten Normen
- gegebenenfalls die eingeschaltete Prüfstelle (gemeldete Stelle)
- Angaben zum Unterzeichner

Hinweis: Die Konformitätserklärung ist von dem Hersteller beziehungsweise Inverkehrbringer der Maschine (ohne Anforderung des Käufers) bei der Maschinenlieferung dem Käufer in einer Amtssprache des Verwenderlandes mitzuliefern. Die Konformitätserklärung ist Bestandteil der internen Technischen Dokumentation der Maschine und Bestandteil der externen (dem Käufer zu übergebenden) Technischen Dokumentation. Sie muss von beiden Vertragsparteien 10 Jahre aufbewahrt werden!

Übersicht

Es werden fünf Beispiele für Konformitätserklärungen vorgestellt:

1. **Ausführliche Konformitätserklärung, die die Interessen des Käufers der Maschine stark berücksichtigt.**
2. **Konformitätserklärung für Anlagen, die erst vor Ort sicherheitstechnisch vervollständigt werden.**
3. **Konformitätserklärung für Maschinen gem. Anh. IV**
4. **Konformitätserklärung mit Angabepflicht der benannten Stelle und zusätzlichen technischen Angaben (OutdoorRL)**
5. **Konformitätserklärung für eine Maschine im Ex-Bereich**

Ausführliche Muster-Konformitätserklärung, die die Interessen des Käufers / Betreibers der Maschine stark berücksichtigt

Mustermann Anlagenbau	**Konformitätserklärung** gem. EU-Maschinenrichtlinie Anh. II 1.A	Dok.Nr. TD 012345
		Maschinen-Nr. 01 234 Z - 2011

Wir, Firma

Mustermann GmbH
Industriestraße 10
54321 Eisenstadt

erklären in alleiniger Verantwortung, dass das Produkt

Mustermaschine Typ 01 234 Z
Baujahr 2011,

auf das sich diese Erklärung bezieht, mit den folgenden normativen Dokumenten und Normen übereinstimmt:

1. EU-Maschinenrichtlinie, Anhang I,
   Grundlegende Sicherheits- und Gesundheitsschutzanforderungen
2. EN ISO 12 100 /-1 „Sicherheit von Maschinen“
3. DIN EN ISO 13857:2020-04 „Sicherheitsabstände von Gefahrenstellen“

Die elektrische Ausrüstung und die Steuerung der Maschine genügt den folgenden Vorschriften

4. EMV-Richtlinie 2014/30/EU
5. Niederspannungsrichtlinie 2014/35/EU
6. EN 60 204 – 1 „Sicherheit von Maschinen; Elektrische Ausrüstungen von Maschinen; Teil 1: Allgemeine Anforderungen“
7. EN ISO 13 849-1 „Sicherheit von Maschinen; Sicherheitsbezogene Teile von Steuerungen; Teil 1: Allgemeine Gestaltungsgrundsätze“

und wurde von fachkundigem Personal ausgeführt.

Wir versichern hiermit, dass das Bescheinigungsverfahren gemäß der Richtlinie des Rates zur Angleichung der Rechtsvorschriften der Mitgliedsstaaten für Maschinen 2006/42/EG vom 17.05.2006, insbesondere Artikel 5, Anhang II 1.A und VIII durchgeführt wurde.

Die Bevollmächtigung zur Zusammenstellung der technischen Unterlagen gem. Maschinenrichtlinie Anh. VI A wurde Herrn Ewald Maier, Konstruktionsleiter, Anschrift wie oben erteilt.

Eisenstadt, den 30.03.2011	ppa. Dr. Xaver Unleserlich	Dr. X. Unleserlich Leiter Produktbereich Maschinen

Anmerkung: Eine Angabe des Baujahrs auf der Konformitätserklärung ist nicht notwendig! Allerdings ist sicherzustellen, dass aus der Identifizierung der Maschine (z. B. der Maschinen- oder Typnummer) eindeutig auf die zum Zeitpunkt des Baus gültigen Fertigungsunterlagen geschlossen werden kann. Das Baujahr muss jedoch auf dem Typschild an der Maschine angegeben sein.

Muster-Konformitätserklärung für Anlagen, die erst vor Ort sicherheitstechnisch vervollständigt werden

Mustermann Anlagenbau	**Konformitätserklärung** gem. EG-Maschinenrichtlinie Anh. II A	Dok.Nr. TD 012345 Maschinen-Nr. A01 234 - 20011

Wir, Firma

Mustermann GmbH
Industriestraße 10
54321 Eisenstadt

erklären in alleiniger Verantwortung, dass die Anlage

Musteranlage Auftragsnummer A01 234 – 2010, Baujahr 2011,

auf die sich diese Erklärung bezieht, mit den folgenden normativen Dokumenten und Normen übereinstimmt:

1. EU-Maschinenrichtlinie, Anhang I, Grundlegende Sicherheits- und Gesundheitsanforderungen
2. EN ISO 12 100-1 „Sicherheit von Maschinen"
3. DIN EN ISO 13857:2020-04 „Sicherheitsabstände von Gefahrenstellen"

Die elektrische Ausrüstung und die Steuerung der Anlage genügt den folgenden Vorschriften

4. EMV-Richtlinie 2014/30/EU
5. Niederspannungsrichtlinie 2014/35/EU
6. EN 60 204-1 „Sicherheit von Maschinen; Elektrische Ausrüstungen von Maschinen; Teil 1: Allgemeine Anforderungen"
7. EN ISO 13 849-1 „Sicherheit von Maschinen; Sicherheitsbezogene Teile von Steuerungen; Teil 1: Allgemeine Gestaltungsgrundsätze"

und wurde von fachkundigem Personal ausgeführt

Die Anlage darf erst nach Vervollständigung der Sicherheitseinrichtungen beim Aufbau der Anlage und nach erfolgter Abnahme in Betrieb genommen werden. Erst damit liegt eine Anlage/Maschine im Sinne der Maschinenrichtlinie vor.

Hinweis: Diese Konformitätserklärung ist erst in Verbindung mit dem unterschriebenen Abnahmeprotokoll zu der Anlage, auf die sich diese Erklärung bezieht und nach Ergänzung der zweiten Unterschrift, gültig.

Wir versichern hiermit, dass das Bescheinigungsverfahren gemäß der Richtlinie des Rates zur Angleichung der Rechtsvorschriften der Mitgliedsstaaten für Maschinen 2006/42/EG vom 17.05.2006, insbesondere Artikel 8 (1)-(2) und Anhang IIA durchgeführt wurde und die Vorschriften der Norm 45 014 „Allgemeine Kriterien für Konformitätserklärungen von Anbietern" beachtet wurden.

Der Bevollmächtigte zur Zusammenstellung der technischen Unterlagen gem. Maschinenrichtlinie Anh. VI A ist der unten genannte Leiter QS-P. Adresse ist die oben genannte Firmenadresse.

Eisenstadt, den 30.04.11	ppa. Dr. Xaver Unleserlich	Dr. X. Unleserlich Leiter Produktbereich Anlagen
Betriebstadt, den	(Unterschrift)	Dipl.-Ing. A. Prüfer Leiter QS-P / Abnahme

Mit dieser „Doppelunterschrift" wird der Tatsache Rechnung getragen, dass bei Anlieferung der Anlage bauseits zu errichtende Sicherheitseinrichtungen noch nicht bestehen – die Maschine also noch nicht sicher ist – oft aber vom Käufer eine Konformitätserklärung bei Anlieferung der Anlagenteile verlangt wird.

Muster-Konformitätserklärung für Maschinen, bei denen eine benannte Stelle hinzugezogen werden kann

Maschinen gem. MRL Anh. IV beinhalten ein erhöhtes Sicherheitsrisiko. Es ist deshalb nach dem Verfahren in MRL Art. 12 (3, 4) zu verfahren und es kann eine Baumusterprüfung durch eine benannte Stelle (Prüfstelle) durchgeführt werden, wenn nicht nach den zutreffenden harmonisierten Normen gebaut wurde.

Elektromann Sicherheitstechnik	**Konformitätserklärung** gem. EG-Maschinenrichtlinie Anh. II A	Dok.Nr. TD 01234 / Maschinen-Nr. 09 876 SK - 2011

Wir, Firma

Elektromann GmbH & Co. KG
Sensorstraße 10
67890 Maschinenhausen

erklären in alleiniger Verantwortung, dass das Produkt

abnehmbare Gelenkwelle mit Schutzeinrichtung, Typ 09 876 SK, Baujahr 2011,

auf das sich diese Erklärung bezieht, mit den folgenden normativen Dokumenten und Normen übereinstimmt:

EG-Maschinenrichtlinie 2006/42/EG, Anhang I, „Grundlegende Sicherheits- und Gesundheitsschutzanforderungen"

Für das vorliegende Produkt gem. Maschinenrichtlinie Art. 12 (3, 4) wurde das entsprechende Konformitätsverfahren gem. Maschinenrichtlinie Art. 12 (4a) in Verbindung mit Anhang IX

EG-Baumusterprüfung

angewendet. Die Baumusterprüfung wurde von der Stelle

Sicherheits-Cert GmbH, Siemensstraße 1, 87654 Lichtdorf

durchgeführt. Die Baumusterprüfbescheinigung mit der Bescheinigungs-Nr.

Z 11 23456 78900

liegt vor.

Sicherheitshinweis:

Bei einer nicht bestimmungsgemäßen Verwendung, einer von der Betriebsanleitung abweichenden Installation oder einer Änderung des Bauteils verliert diese Erklärung ihre Gültigkeit!

Wir versichern hiermit, dass das Bescheinigungsverfahren gemäß der Richtlinie des Rates zur Angleichung der Rechtsvorschriften der Mitgliedsstaaten für Maschinen 2006/42/EG vom 17.05.2006, insbesondere Artikel 5, Anhang II 1.A und IX durchgeführt wurde.

Die Bevollmächtigung zur Zusammenstellung der technischen Unterlagen gem. Maschinenrichtlinie Anh. VI A wurde Herrn Ewald Maier, Konstruktionsleiter, Anschrift wie oben erteilt.

Maschinenhausen, den 30.03.11	ppa. Dr. Xaver Unleserlich	Dr. X. Unleserlich Bereichsleiter Komp.

Muster-Konformitätserklärung für eine Maschine, die der Maschinenrichtlinie UND der Outdoor-Richtlinie genügt

In der Konformitätserklärung gemäß Outdoor-Richtlinie muss neben den geräusch-relevanten Werten auch die benannte Stelle angeführt werden, bei der die Technische Dokumentation hinterlegt ist (siehe auch Kap. 3.4, Abschnitt „Konformitätserklärung mit Nennung der Prüfstelle).

Mustermann Gartengeräte	**Konformitätserklärung** gem. Outdoor-Richtlinie Anh. II	Dok.Nr. TD 012345 Maschinen-Nr. 01 234 M - 2011

Wir, Firma

Mustermann GmbH
Gartenstraße 1
54321 Eisenstadt

erklären in alleiniger Verantwortung, dass das Produkt

Muster-Heckenschere Typ 01 234 M, Baujahr 2011,

auf das sich diese Erklärung bezieht, mit den folgenden normativen Dokumenten und Normen übereinstimmt:

1. Outdoor-Richtlinie 2000/14/EG und
   EN 774 „Gartengeräte; tragbare motorbetriebene Heckenscheren; Sicherheit“
2. EU-Maschinenrichtlinie 2006/42/EG, Anhang I, „Grundlegende Sicherheits- und Gesundheitsschutzanforderungen“
3. Niederspannungsrichtlinie 2014/35/EU und
   EN 50 144 – 1 (1998) „Sicherheit handgeführter Elektrowerkzeuge“
4. EMV-Richtlinie 2014/30/EU

Für das vorliegende Produkt gem. Outdoor-Richtlinie Art. 13 wurde das Konformitätsverfahren gem. Outdoor-Richtlinie Art. 14 (2) in Verbindung mit Anhang V

Interne Fertigungskontrolle

durchgeführt. Die technische Dokumentation wurde gem. Outdoor-Richtlinie Anh. V, 2. bei der Stelle

Outdoor Prüf & Cert GmbH, Industriestraße 11, 12345 Lärmstedt

hinterlegt.

Angabe der installierten Leistung und anderer geräuschrelevanter Werte:

Antriebsleistung	P	=	3,0	kW
gemessener Schallleistungspegel	$L_{WA\,gem}$	=	68	dB
garantierter Schallleistungspegel	L_{WA}	=	70	dB
Schnittbreite	b	=	498	mm

Die Schallleistungspegel wurden gem. EN ISO 3741 (1999) bestimmt.

Wir versichern hiermit, dass das Bescheinigungsverfahren gemäß der Richtlinie 2000/14/EG des Rates zur Angleichung der Rechtsvorschriften der Mitgliedsstaaten über umweltbelastende Geräuschemissionen von zur Verwendung im Freien vorgesehenen Geräten und Maschinen (Outdoor-Richtlinie) durchgeführt wurde.

Eisenstadt, den 30.03.11

ppa.
Dr. Xaver Unleserlich

Dr. X. Unleserlich
Leiter Produktbereich
Consumergeräte

Konformitätserklärung für eine Maschine im Ex-Bereich, die der Maschinenrichtlinie und der ATEX genügt und die EEx-geprüfte elektrische Betriebsmittel enthält.

Mustermann Handlingsysteme	Konformitätserklärung gem. ATEX 94/9/EG Anh. X	Dok.Nr. TD 012345 Maschinen-Nr. 01 234 Ex - 2011

Wir, Firma

Mustermann GmbH
Industriestraße 11
54321 Eisenstadt

erklären in alleiniger Verantwortung, dass das Produkt

Muster-Handlingstation Typ 01 234 Ex, Baujahr 2011,

auf das sich diese Erklärung bezieht, mit den folgenden normativen Dokumenten übereinstimmt:

1. Explosionsschutzrichtlinie ATEX 2014/34/EU und insbesondere den "Sicherheitsanforderungen" im Anh. II und EN 13 463-1 „Nicht-elektrische Geräte für den Einsatz in explosionsgefährdeten Bereichen"
2. EU-Maschinenrichtlinie 2006/42/EG, Anhang I, „Grundlegende Sicherheits- und Gesundheitsschutzanforderungen"
3. Niederspannungsrichtlinie 2014/35/EU und insbesondere der EN 60 204 – 1 (1992) „Elektrische Ausrüstung von Maschinen"
4. EMV-Richtlinie 2014/30/EU

Für das vorliegende Produkt gem. ATEX Art. 1(3)a wurde das Konformitätsverfahren gem. ATEX Art. 8(1)bii in Verbindung mit Anhang VIII

Interne Fertigungskontrolle

durchgeführt. Die technische Dokumentation wurde gem. ATEX Anh. VIII 3. bei der benannten Stelle

Ex Prüfinstitut der IIA, Anlagenring 100a, 54321 Gasstadt; Kenn-Nummer 0012

hinterlegt. Das Produkt ist entsprechend der zugehörigen Kategorie gem. ATEX Art. 10 und der entsprechenden Zündschutzart gem. DIN EN ISO 80079-36:2016-12 § 14.2 gekennzeichnet mit

CE 0012 Ex II 2 G c T < 135°C

Das vorliegende Produkt enthält elektrische Betriebsmittel zur bestimmungsgemäßen Verwendung in explosionsgefährdeten Bereichen. Diese Betriebsmittel sind gem. EN 60 079-0 ff gebaut und gem. ATEX Art. 8(1)bi baumustergeprüft. Die entsprechenden EU-Konformitätsbescheinigungen und EU-Baumusterprüf-bescheinigungen der Hersteller dieser Betriebsmittel liegen vor:

Elektromotor Fa. EEM, Typ 987Ex:	Ex II 2 G	EEx de IIC T4	PBT Ex-96-C-1234
Steuerung Fa. SI-MI, Typ S-23-I:	Ex II 2 G	EEx (ib) IIC T6	IIAEx 02 ATEX 2345
Ind. Schalter Fa. P+V, Typ 76.54:	Ex II 2 G	EEx ia IIC T6	ABC 02 ATEX E234 X
Schaltpult Fa. EEM, Typ 987/2Ex:	Ex II 2 G	EEx de IIC T4	PBT 03 ATEX 3456

Wir versichern hiermit, dass das Bescheinigungsverfahren gemäß der Richtlinie 2014/34/EU des Rates zur Angleichung der Rechtsvorschriften der Mitgliedsstaaten für Geräte und Schutzsysteme zur bestimmungsgemäßen Verwendung in explosionsgefährdeten Bereichen (ATEX) durchgeführt wurde.

Eisenstadt, den 30.04.11	ppa. Dr. Xaver Unleserlich	Dr. X. Unleserlich Leiter Produktbereich Sondergeräte/Ex

6 Sicherheitsanforderungen

In der Maschinenrichtlinie ist bindend vorgeschrieben, dass jede in Verkehr gebrachte Maschine den **„Grundlegenden Sicherheits- und Gesundheitsschutzanforderungen“** genügen muss. Diese sind im Anh. I veröffentlicht und haben damit Gesetzescharakter. Der **Nachweis**, dass diese Anforderungen eingehalten werden, ist zu dokumentieren.

Anhang I der Maschinenrichtlinie

Um einen ersten schnellen Überblick über die Sicherheitsanforderungen zu erhalten, soll hier das Inhaltsverzeichnis des Anhangs I der Maschinenrichtlinie wiedergegeben werden. Der gesamte Text ist im „§ Anhang: Kompendium der Richtlinientexte“ abgedruckt. Eine bessere thematische Zusammenfassung der Anforderungen bietet die „Liste der Sicherheitsanforderungen für Maschinen“ des folgenden Kapitels 5.1.

Inhaltsverzeichnis MRL, Anh. I

Grundlegende Sicherheits- und Gesundheitsschutzanforderungen für Konstruktion und Bau von Maschinen

Allgemeine Grundsätze

Risikobeurteilung und Risikominderung, Hinweis darauf, dass die Anforderungen bindend sind, Erläuterung der Gliederung des Anhangs

1. Grundlegende Sicherheits- und Gesundheitsschutzanforderungen

1.1 Allgemeines
Begriffsbestimmungen, Grundsätze für die Integration von Sicherheit, Materialien und Produkte; Beleuchtung, Konzipierung der Maschine im Hinblick auf Handhabung, Ergonomie, Bedienungsplätze

1.2 Steuerungen und Befehlseinrichtungen
Sicherheit und Zuverlässigkeit von Steuerungen, Stellteile, Ingangsetzen, Stillsetzen, Betriebsartenwahlschalter, Störung der Energieversorgung, Störung des Steuerkreises, Software

1.3 Schutzmaßnahmen gegen mechanische Gefährdungen
Standsicherheit, Bruchrisiko beim Betrieb, Gefährdungen durch herabfallende oder herausschleudernde Gegenstände, Gefährdungen durch Oberflächen, Kanten und Ecken, Gefährdungen durch mehrfach kombinierte Maschinen, Gefährdungen durch Änderung der Verwendungsbedingungen, Risiken durch bewegliche Teile, Wahl der Schutzeinrichtungen gegen Risiken durch bewegliche Teile

1.4 Anforderungen an Schutzeinrichtungen
allgemeine Anforderungen, trennende Schutzeinrichtungen, nicht trennende Schutzeinrichtungen

1.5 Schutzmaßnahmen gegen sonstige Gefährdungen
elektrische Energie, statische Elektrizität, nicht-elektrische Energie, Montagefehler, extreme Temperaturen, Brand, Explosion, Lärm, Vibrationen, Strahlung, Laserstrahlung, Emission gefährlicher Werkstoffe und Substanzen, Gefährdung in einer Maschine eingeschlossen zu bleiben, Stolper- und Sturzrisiko, Blitzschlag

1.6 Instandhaltung
Wartung, Zugang zu den Bedienständen und zu den Eingriffspunkten, Trennung von den Energiequellen, Eingriffe des Bedienungspersonals, Reinigung der innenliegenden Maschinenteile

1.7 Informationen
Informationen und Warnhinweise, Warnung vor Restrisiken, Kennzeichnung, Betriebsanleitung, Angaben über Lärm und Vibrationen

2. Zusätzliche Anforderungen an bestimmte Maschinengattungen

2.1 Nahrungsmittelmaschinen, Maschinen für kosmetische oder pharmazeutische Erzeugnisse

2.2 Handgehaltene und/oder handgeführte tragbare Maschinen

2.3 Maschinen zur Bearbeitung von Holz und ähnlichen Werkstoffen

3. Zusätzliche Anforderungen zur Ausschaltung der Gefährdungen, die von der Beweglichkeit von Maschinen ausgehen

3.1 Allgemeines
Begriffsbestimmungen

3.2 Bedienerplätze

3.3 Steuerung
Stellteile, Ingangsetzen/Verfahren, Stillsetzen/Bremsen, Verfahrbewegung mitgängergeführter Maschinen, Störung des Steuerkreises

3.4 Schutzmaßnahmen gegen mechanische Gefährdungen
unkontrollierte Bewegungen, bewegliche Übertragungselemente, Überrollen und Umkippen, herabfallende Gegenstände, Zugänge, Anhängevorrichtungen, Kraftübertragung zwischen einer selbstfahrenden Maschine und einer angetriebenen Maschine

3.5 Schutzmaßnahmen und sonstige Gefährdungen
Batterien, Brand, Emission

3.6 Informationen und Angaben
Zeichen, Signaleinrichtungen und Warnhinweise, Kennzeichnung, Betriebsanleitung

4. Zusätzliche Anforderungen zur Ausschaltung der durch Hebevorgänge bedingten Gefährdungen

4.1 Allgemeines
Begriffsbestimmungen, Schutzmaßnahmen gegen mechanische Gefährdungen, Zwecktauglichkeit

4.2 Maschinen, die nicht durch menschliche Kraft bewegt werden
Bewegungssteuerung, Belastungsbegrenzung, seilgeführte Einrichtungen

4.3 Informationen und Kennzeichnung
Ketten, Seile und Gurte, Lastaufnahmemittel, Maschinen zum Heben von Lasten

4.4 Betriebsanleitung

5. Zusätzliche Anforderungen für Maschinen, die zum Einsatz unter Tage bestimmt sind

5.1 Mangelnde Standsicherheit
5.2 Bewegungsfreiheit
5.3 Stellteile
5.4 Anhalten der Verfahrbewegung
5.5 Brand
5.6 Emission von Abgasen

6. Zusätzliche Anforderungen an Maschinen, von denen durch das Heben von Personen bedingte Gefährdungen ausgehen

6.1 Allgemeines
Festigkeit, Belastungsbegrenzung bei nicht durch menschliche Kraft angetriebenen Maschinen
6.2 Stellteile
6.3 Risiken für in oder auf dem Lastträger befindliche Personen
6.4 Maschinen, die feste Haltestellen anfahren
6.5 Kennzeichnung

6.1 Liste der Sicherheitsanforderungen für Maschinen

Die Sicherheits- und Gesundheitsschutzanforderungen aus dem Anhang I der Maschinenrichtlinie müssen bei *jeder* Maschine *vollständig* erfüllt sein. Das muss im Einzelnen mit einer Sicherheitsüberprüfung oder einer Risikobeurteilung nachgewiesen werden.

Um eine solche Überprüfung der Erfüllung der Sicherheitsanforderungen praktisch handhabbar zu machen, wurde der Anhang I neu gegliedert und in knappe Sätze gefasst. In fünf Modulen beziehungsweise 19 Kapiteln sind alle Anforderungen enthalten. Der Bezug zum Anhang I der Richtlinie wird durch die Kapitelangabe in eckigen Klammern [x.x] hergestellt. Damit finden Sie gegebenenfalls im Originaltext, der von Seite A21 bis A54 abgedruckt ist, die entsprechende Stelle mit der ausführlichen Formulierung.

Modul I: Allgemeine Sicherheits- und Gesundheitsschutzanforderungen

1. Allgemeine Anforderungen Maschinenbau
2. Anforderungen an die Mechanik
3. zusätzliche Anforderungen
4. Sicherheitsanforderungen an Schutzeinrichtungen

Modul II: Elektrik

5. Allgemeine Sicherheitsanforderungen an die Elektrik

Modul III: Betriebsanleitung

6. Allgemeine Anforderungen an die Betriebsanleitung

Modul IV: bestimmte Maschinengattungen

7. Sicherheitsanforderungen an Nahrungsmittelmaschinen
9. Sicherheitsanforderungen an von Hand geführte Maschinen
11. Sicherheitsanforderungen für Maschinen zur Bearbeitung von Holz und gleichartigen Werkstoffen
12. Anforderungen zur Ausschaltung der Gefährdungen durch Hebevorgänge
13. Spezielle Anforderungen

Modul V: Steuerungs- und Betriebssysteme

15. Sicherheitsanforderungen an Steuer- und Befehlseinrichtungen
16. Sicherheitsanforderungen an mechanische Steuerungs-Systeme
17. Sicherheitsanforderungen an pneumatische Steuerungs-Systeme
18. Sicherheitsanforderungen an hydraulische Steuerungs-Systeme
19. Sicherheitsanforderungen an elektrische Steuerungs-Systeme

I. Allgemeine Sicherheits- und Gesundheitsschutzanforderungen

1. Allgemeine Anforderungen Maschinenbau

1.1 Überprüfung auf besondere Anforderungen an das **Konformitätsverfahren** und an Sicherheitsanforderungen

1.1.1 Besondere Maschine gem. MRL Anh. IV, **Sägen**:
- Einblatt- und Mehrblatt-Kreissägen zum Bearbeiten von Holz und gleichartigen Werkstoffen oder zum Bearbeiten von Fleisch und gleichartigen Werkstoffen
- Sägemaschinen mit während des Arbeitsvorgangs feststehendem Werkzeug, mit feststehendem Tisch, mit Handvorschub des Sägeguts oder mit abnehmbarem Vorschubapparat
- Sägemaschinen mit während des Arbeitsvorgangs feststehendem Werkzeug, mit bauarteigenem mechanischem Vorschub des Sägeguts und Handbeschickung und/oder Handentnahme
- Sägemaschine mit während des Arbeitsvorgangs beweglichem Werkzeug mit mechanischer Vorschubvorrichtung und Handbeschickung und/oder Handentnahme
- Bandsägen mit beweglichem oder unbeweglichem Sägetisch und Bandsägen mit beweglichem Schlitten mit Handbeschickung und/oder Handentnahme für das Bearbeiten von Holz und gleichartigen Werkstoffen
- Handkettensägen für die Holzbearbeitung

1.1.2 Besondere Maschine gem. MRL Anh. IV; **Holzbearbeitungsmaschinen**:
- Abrichthobel mit Handvorschub für die Holzbearbeitung
- Hobelmaschinen für einseitige Bearbeitung mit Handbeschickung und/oder Handentnahme für die Holzbearbeitung
- Mehrspindel-Zapfenfräsmaschinen mit Handvorschub für die Holzbearbeitung
- Unterfräsmaschinen mit Handvorschub für die Bearbeitung von Holz und gleichartigen Werkstoffen
- Kombinierte Maschinen der unter 1.1.1 und 1.1.2 genannten Typen für die Bearbeitung von Holz und gleichartigen Werkstoffen

1.1.3 Besondere Maschine gem. MRL Anh. IV; **Pressen**: Pressen einschließlich Biegepressen für die Kaltbearbeitung von Metall mit Handbeschickung und/oder Handentnahme, wenn die beweglichen Teile im Fertigungsvorgang
- einen Hub von mehr als 6 mm und
- eine Geschwindigkeit von mehr als 30 mm/s haben können.

1.1.4 Besondere Maschine gem. MRL Anh. IV; **Kunststoffverarbeitungsmaschinen**:
- Kunststoffspritzgieß- oder Kunststoffformpressmaschine mit Handbeschickung oder Handentnahme
- Gummispritzgieß- oder Gummiformpressmaschine mit Handbeschickung oder Handentnahme

1.1.5 Besondere Maschine gem. MRL Anh. IV; **besondere Maschinenteile**:
- Abnehmbare Schutzeinrichtungen und Kardanwellen zur Kraftübertragung gemäß Nummer 3.4.7

1.1.6 Besondere Maschinen gem. MRL Anh. IV; **Hebevorgänge**:
- Hebebühnen für Fahrzeuge
- Maschinen zum Heben von Personen, bei denen die Gefährdung eines Absturzes aus einer Höhe von mehr als 3 m besteht.

1.2 Gewährleistung von **gefahrloser Verwendung** beim Betrieb, Rüsten und Warten
Die Maßnahmen müssen darauf abzielen, Unfallrisiken während der voraussichtlichen Lebensdauer der Maschine, einschließlich der Zeit, in der die Maschine montiert und demontiert wird, selbst in den Fällen auszuschließen, in denen sich die Unfallrisiken aus vorhersehbaren ungewöhnlichen Situationen ergeben.

Anmerkung: alle zutreffenden, technisch nicht überprüften Betriebsarten müssen vom Hersteller anderweitig abgesichert und überprüft werden!

1.3 **Komplette Lieferung** mit allen wesentlichen Zubehörteilen, damit Betrieb, Rüsten und Warten risikolos erfolgen

1.4 Besondere Maßnahmen:

1.4.1 **In Betracht ziehen von nicht sachgerechter Benutzung** der Maschinen bei der Entwicklung, beim Bau und bei der Betriebsanleitung der Maschine

1.4.2 Maschine so konzipieren, dass gefährliches, **unsachgemäßes Verwenden verhindert** wird. Auf mögliches sachwidriges Verwenden der Maschine in der Betriebsanleitung hinweisen.

1.4.3 Belästigung, Ermüdung und Stress des **Bedienungspersonals** auf Mindestmaß reduzieren.

1.5 **Kennzeichnung**

1.5.1 **Mindesthinweise auf der Maschine:**
- Name und Anschrift des Herstellers
- CE-Kennzeichnung
- Bezeichnung der Serie oder des Typs, gegebenenfalls Seriennummer, Baujahr

1.5.2 **Maschinenteile**, die während der Benutzung mit Lastaufnahmeeinrichtungen gehandhabt werden, müssen mit ihrem **Gewicht** gekennzeichnet sein.

1.5.3 **Auswechselbare Ausrüstungen** müssen mit den gleichen Angaben versehen sein.

1.5.4 **Zusatzhinweise** je nach Verwendung
Maschinen zur Verwendung in explosionsfähiger Atmosphäre
Je nach Beschaffenheit müssen auf der Maschine alle für die Sicherheit bei der Verwendung unabdingbaren Hinweise angebracht sein, z. B. maximale Drehzahl bestimmter mitlaufender Teile, Höchstdurchmesser der zu montierenden Werkzeuge, Gewicht usw.

1.6 Anzeigevorrichtungen
Für Betätigung einer Maschine erforderliche Information muss eindeutig und leicht zu verstehen sein. Das Bedienpersonal soll nicht mit Informationen überlastet werden.
Wenn die Sicherheit und Gesundheit der gefährdeten Personen durch Funktionsstörungen einer Maschine, deren Betrieb nicht überwacht wird, beeinträchtigt werden können, muss die Maschine mit einer entsprechenden akustischen oder optischen Warnvorrichtung versehen sein.

1.7 Warneinrichtungen
Ist die Maschine mit Warneinrichtungen ausgestattet, so müssen diese eindeutig zu verstehen und leicht wahrnehmbar sein.
Vorkehrungen müssen getroffen werden, damit das Bedienungspersonal die ständige Funktionsbereitschaft überprüfen kann.
Vorschriften der Einzelrichtlinien über Sicherheitsfarben und -zeichen müssen angewendet werden.

1.8 Warnung vor Restrisiken:

1.8.1 Bestehen trotz aller Vorkehrungen weiterhin **Gefährdungen** oder handelt es sich um potenzielle, nicht offensichtliche Gefährdungen (z. B. Schaltschrank, radioaktive Quelle, Entlüftung des Hydraulikkreises, Gefährdung in einem nicht sichtbaren Teil usw.) so muss der Hersteller durch Warnschilder, Anleitungen an der Maschine und in Betriebsanleitungen darauf **hinweisen**.

1.8.2 Die **Ausführung der Hinweise** ist folgendermaßen zu gestalten:
vorzugsweise in **allgemeinverständlichen Piktogrammen** und/oder
in einer der **Sprachen des Verwendungslandes** sowie, auf Verlangen, in vom Bedienungspersonal **verstandenen Sprachen**.
Warnschilder, die nur die Aufschrift „**Gefahr**“ zeigen, dürfen nicht verwendet werden.

2. Anforderungen an die Mechanik

2.1 **Stabilität** der Maschine und ihrer Verbindungen untereinander bei den auftretenden Belastungen während der bestimmungsgemäßen Verwendung

2.2 Mechanische Beanspruchung

2.2.1 Materialien mit **ausreichender Festigkeit**, Widerstandsfähigkeit in Bezug auf Ermüdung, Alterung, Korrosion und Verschleiß

2.2.2 Begrenzung der Beanspruchung durch **Überlastsicherungen**, z. B. Schmelzsicherung, Ventil, Drehmomentbegrenzung

2.3 **Vorsichtsmaßnahmen gegen** unvermeidliche Berst- und **Bruchgefahren**, z. B. Schutzscheibe

2.4 Von **Fluidleitungen** dürfen keine Gefährdungen ausgehen.

2.5 Bei **automatischer Zuführung** des Werkstücks zum Werkzeug:
Bei Berührung zwischen Werkzeug und Werkstück muss das Werkzeug **normale Arbeitsbedingungen** erreicht haben.
Zufuhrbewegungen **und Werkzeugbewegungen müssen synchron sein.**

2.6 Herabfallen oder **Herausschleudern** gefährlicher Gegenstände ist zu vermeiden (Werkzeuge, Abfälle, Späne).

2.7 Sofern es die Funktion zulässt, sind **scharfe Kanten** und raue Flächen zu vermeiden.

2.8 Mehrfach **kombinierte Maschinen** sind so zu konzipieren, dass jedes Teil getrennt verwendet werden kann, ohne dass die übrigen Teile eine Gefährdung oder Behinderung darstellen.

2.9 Sind Arbeitsgänge unter **verschiedenen Verwendungsbedingungen** möglich, so müssen diese gefahrlos und zuverlässig gewählt und eingestellt werden können.

2.10 Von **beweglichen Teilen** darf keine Gefährdung ausgehen oder die Gefährdungsstelle muss durch entsprechende Maßnahmen unzugänglich gemacht werden.

2.11 Kann ein fehlerhafter **Anschluss** eine Gefährdung verursachen, so muss dies bei Fluid- bzw. elektrischen Leitungen bereits durch die Bauart oder andernfalls durch Hinweise auf Leitungen und/oder Klemmen unmöglich gemacht werden.

2.12 **Lastaufnahmeeinrichtungen**
Maschinen oder ihre Bestandteile, die **nicht mit der Hand bewegt** werden können, müssen **entweder** mit **Zubehörteilen** ausgestattet sein oder ausgerüstet werden können, z. B. Gewindebohrungen, **oder besonders** geformt sein, dass übliche **Lastaufnahmeeinrichtungen angelegt** werden können.
Maschinen bzw. Maschinenteile, die von Hand transportiert werden, müssen entweder leicht transportierbar sein oder über Tragevorrichtungen verfügen.

2.13 Für die **Handhabung von Werkzeugen** und/oder **Maschinenteilen**, die auch bei geringem Gewicht eine Gefährdung darstellen können, sind besondere Vorkehrungen zu treffen.

2.14 Die **Handhabung der Maschinen** oder jedes ihrer Bestandteile muss gefahrlos sein.

2.15 Unbeabsichtigtes **Umstürzen**, Herabfallen oder Verrücken der Maschine oder ihrer Bestandteile darf nicht möglich sein.

2.16 **mechanische Sicherheitsbauteile**

2.16.1 zertifizierte Sicherheitsbauteile (Konformitätserklärung)

2.16.2 **nicht zertifizierte** Sicherheitsbauteile

3. Zusätzliche Anforderungen Maschinenbau

3.1 **Zugänge zum Arbeitsplatz** und zu den Eingriffspunkten

3.2 Der Hersteller muss **Zugangsmöglichkeiten** (Treppen, Leitern, Arbeitsbühnen usw.) vorsehen, durch die alle für die Betätigung beim Arbeitsablauf, für das Rüsten und die Instandhaltung relevanten Stellen sicher erreicht werden können.

Die Maschinen müssen so konzipiert, gebaut und ausgerüstet sein, dass sich **möglichst wenige Anlässe für ein Eingreifen** des Bedienungspersonals ergeben.
Kann ein Eingreifen des Bedienungspersonals nicht vermieden werden, so muss das **Eingreifen leicht und sicher** auszuführen sein.

3.3 Instandhaltung

3.3.1 **Wartung der Maschine**

Die Rüst- und **Wartungsstellen** einschließlich der Schmierstellen müssen **außerhalb** der **Gefährdungsbereiche** liegen.
Die Rüstarbeiten und die Instandhaltungsarbeiten wie Reparatur- und **Wartungsarbeiten** einschließlich Reinigung müssen **bei stillgesetzter Maschine** durchgeführt werden können.
Kann mindestens eine der vorgenannten Bedingungen aus technischen Gründen nicht erfüllt werden, müssen diese **Arbeitsgänge gefahrlos** ausgeführt werden können (siehe insbesondere 1.2.5)

3.3.2 **Reinigung der innenliegenden Teile**

Die Maschine muss so konzipiert und gebaut sein, dass die Reinigung der innenliegenden Teile der Maschine, die gefährliche Stoffe oder Zubereitungen enthalten haben, ohne unmittelbaren Zugang zu den innenliegenden Teilen möglich ist; ebenso muss ihre etwaige Entleerung von außen erfolgen können.
Lässt sich ein Zugang zu den innenliegenden Teilen durchaus nicht vermeiden, so muss der Hersteller beim Bau der Maschine Maßnahmen treffen, die eine möglichst **ungefährliche Reinigung** erlauben.

3.3.3 Bei automatischen Maschinen und gegebenenfalls bei anderen Maschinen muss der Hersteller eine Schnittstelle zum Anschluss einer Einrichtung für **Fehlerdiagnose** vorsehen.

3.3.4 **Auswechselteile**

Teile von automatischen Maschinen, die insbesondere für eine Fertigungsumstellung oder aufgrund ihrer Verschleißanfälligkeit oder aufgrund möglicher Beschädigungen bei einer Betriebsstörung häufig ausgewechselt werden müssen, sind für problemlose, **risikofreie Montage** und Demontage auszulegen.
Der **Zugang** zu diesen Maschinenteilen ist so zu gestalten, dass diese Arbeiten mit den jeweiligen technischen Hilfsmitteln (Werkzeuge, Messinstrumente usw.) nach den herstellerseitig angegebenen Arbeitsverfahren durchgeführt werden können.

3.4 Besondere Maßnahmen

3.4.1 **Informationen:** Die für die Betätigung einer Maschine erforderliche **Information** muss **eindeutig** und leicht zu verstehen sein.
Dabei ist darauf zu achten, dass das Bedienungspersonal **nicht mit Informationen überlastet** wird.

3.4.2 Die Vorschriften der Einzelrichtlinien über **Sicherheitsfarben** und -zeichen sind anzuwenden.

3.5. Besondere Gefährdungen

3.5.1 Gefährdungen durch **extreme Temperaturen**

Es müssen Vorkehrungen getroffen werden, um jegliche **Verletzungsgefahr – durch Berührung** oder Aufenthalt in unmittelbarer Umgebung – durch Teile oder Materialien mit hoher oder sehr niedriger Temperatur zu vermeiden.

Gefährdungen durch **Spritzer** von heißen oder sehr kalten Materialien müssen ermittelt werden.
Falls solche Gefährdungen existieren, müssen die zur Vermeidung notwendigen Maßnahmen ergriffen werden und, falls dies technisch nicht möglich ist, müssen sie entschärft werden.

3.5.2 **Brandgefahr:** Die Maschine muss so konzipiert und gebaut sein, dass jegliche von der Maschine selbst oder durch Gase, Flüssigkeiten, Stäube, Dämpfe und andere von der Maschine freigesetzte oder verwendete Substanzen verursachte Brand- oder Überhitzungsgefahr vermieden wird.

3.5.3 **Explosionsgefahr:** Die Maschine muss so konzipiert und gebaut sein, dass jegliche **Explosionsgefahr**, die von der Maschine selbst oder von Gasen, Flüssigkeiten, Stäuben, Dämpfen und anderen von der Maschinen freigesetzten oder verwendeten Substanzen ausgeht, **vermieden** wird.
Hierzu hat der Hersteller Maßnahmen zu treffen, um

- eine gefährliche Konzentration der betreffenden Stoffe zu vermeiden,
- eine Zündung in explosionsartiger Atmosphäre zu vermeiden,
- falls es dennoch zu einer Explosion kommen sollte, deren Auswirkungen auf die Umgebung auf ein ungefährliches Maß zu beschränken.

Dieselben Maßnahmen sind zu treffen, wenn die Maschinen vom Hersteller für den **Einsatz in explosionsfähiger Atmosphäre** vorgesehen sind.
Die zu diesen Maschinen gehörenden elektrischen Betriebsmittel müssen hinsichtlich der Explosionsgefahr den geltenden Einzelrichtlinien entsprechen.

3.5.4 **Gefährdungen durch Lärm:** Die Maschine muss so konzipiert und gebaut sein, dass Gefährdungen durch Lärmemission auf das unter Berücksichtigung des technischen Fortschritts und der verfügbaren Mittel zur Lärmminderung, vornehmlich an der Quelle, niedrigste erreichbare Niveau gesenkt werden.

3.5.5 **Gefährdungen durch Vibration:** Die Maschine muss so konzipiert und gebaut sein, dass Gefährdungen durch Maschinenvibrationen auf das unter Berücksichtigung des technischen Fortschritts und der verfügbaren Mittel zur Verringerung von Vibrationen, vornehmlich an der Quelle, niedrigste erreichbare Niveau gesenkt werden.

3.5.6 **Gefährdungen durch Strahlung:** Die Maschine muss so konzipiert und gebaut sein, dass jegliche **Emission** von Strahlung durch die Maschine auf das für ihr Funktionieren notwendige Maß **beschränkt** wird und eine **Einwirkung** auf die gefährdeten Personen vollständig **unterbunden** oder auf ein ungefährliches Maß begrenzt wird.
Gefährdungen durch **Strahlung von außen:** Die Maschine muss so konzipiert und gebaut sein, dass ihr Funktionieren durch eine Strahlung von außen nicht beeinträchtigt wird.

3.5.7 **Gefährdungen durch Lasereinrichtungen:**
Bei Verwendung von Lasereinrichtungen ist folgendes zu beachten:
Lasereinrichtungen an Maschinen müssen so konzipiert und gebaut sein, dass **unbeabsichtigtes Strahlen verhindert** wird;
Lasereinrichtungen an Maschinen müssen so abgeschirmt sein, dass weder durch die **Nutzstrahlung** noch durch reflektierte oder **gestreute Strahlung und Sekundärstrahlung** Gesundheitsgefahren auftreten;

optische Einrichtungen zur Beobachtung oder **Einstellung** von Lasereinrichtungen an Maschinen müssen so beschaffen sein, dass durch die Laserstrahlung keine Gesundheitsgefährdung eintritt.

3.5.8 **Gefährdungen durch Emission gefährlicher Werkstoffe:**
Die Maschine muss so konzipiert, gebaut und/oder ausgerüstet sein, dass **Gefährdungen** durch Gase, Flüssigkeiten, Stäube, Dämpfe und sonstige Abfallprodukte der Maschine **vermieden** werden.
Falls eine solche Gefährdung besteht, muss die Maschine so ausgerüstet sein, dass die genannten Stoffe aufgefangen und/oder abgesaugt werden können.
Ist die Maschine im Normalbetrieb nicht geschlossen, müssen die Auffang- und/oder **Absaugeinrichtungen** so nah wie möglich an der Emissionsstelle liegen.

3.5.9 **Risiko, in einer Maschine eingeschlossen zu bleiben:** Die Maschinen müssen so konzipiert, gebaut oder ausgerüstet sein, dass eine gefährdete Person nicht **in der Maschine eingeschlossen** bleibt oder **Hilfe herbeirufen** kann.

3.5.10 Stolper- und **Sturz-Risiko**: Diejenigen Teile der Maschine, auf denen Personen sich eventuell bewegen oder aufhalten müssen, müssen so konzipiert und gebaut sein, dass ein **Ausrutschen, Stolpern** oder ein **Sturz** auf oder von diesen Teilen vermieden wird.

4. Sicherheitsanforderungen an Schutzeinrichtungen

4.1 Allgemeine Anforderungen an die Schutzeinrichtungen

4.1.1 **Sie müssen stabil** gebaut sein und dürfen **keine zusätzlichen Gefährdungen** verursachen.

4.1.2 Sie müssen **ausreichend Abstand** zum Gefahrenbereich haben.

4.1.3 Sie dürfen **nicht** auf einfache Weise umgangen oder **unwirksam gemacht** werden, dürfen die **Beobachtung** des Arbeitszyklus möglichst **nicht einschränken** und müssen Werkzeugzu- und/oder -abführung oder für **Wartungsarbeiten** erforderliche Eingriffe möglichst ohne Demontage der Schutzeinrichtung zulassen, wobei der Zugang begrenzt auf den notwendigen Bereich ist.

4.2 Arten von Schutzeinrichtungen

Zum Schutz gefährdeter Personen gegen Gefährdungen durch bewegliche Teile der Kraftübertragung müssen folgende Schutzeinrichtungen verwendet werden:
feststehende, trennende Schutzeinrichtungen,
bewegliche, trennende Schutzeinrichtungen.
Zum Schutz gefährdeter Personen gegen Gefährdungen durch bewegliche Teile, die am Arbeitsprozess teilnehmen, also im Wirkbereich, müssen folgende Schutzeinrichtungen verwendet werden:

- Schutzeinrichtungen des Typs A,
- feststehende, trennende Schutzeinrichtungen,
- bewegliche, trennende Schutzeinrichtungen des Typs B,
- nicht trennende Schutzeinrichtungen.

Können bewegliche **Teile** nicht oder **nur teilweise gesichert** werden (z. B. bei notwendigem Zugang), so müssen diese Teile soweit möglich versehen werden mit:

- feststehenden, trennenden Schutzeinrichtungen,
- zugangsbeschränkenden, verstellbaren Schutzeinrichtungen.

4.3 Spezielle Anforderungen

4.3.1 **Feststehende, trennende Schutzeinrichtungen** müssen fest an ihrem Platz sein,
nur **mit Werkzeug** zu **öffnen** sein,
nach **Lösen der Befestigungsmittel** nicht in Schutzstellung verbleiben.

4.3.2 **Bewegliche, trennende Schutzeinrichtungen Typ A**
müssen soweit möglich **beim Öffnen mit der Maschine verbunden** bleiben;
müssen so gekoppelt sein, dass **bewegliche Teile stillgelegt** sind, solange ein Erreichen der Teile möglich ist bzw. keine Schließstellung vorhanden ist.

4.3.3 **Bewegliche, trennende Schutzeinrichtungen Typ B**
sind in die **Steuerung integriert,**
legen bewegliche Teile still, solange das Erreichen der Teile möglich ist,
machen **das Erreichen der Teile** während des Betriebs **unmöglich**,
ermöglichen die Einstellung nur durch eine absichtliche Handhabung z. B. **mit Werkzeug**, Schlüssel usw.,
verhindern **bei Fehlern** oder Störung eines ihrer Organe das Ingangsetzen oder **setzen bewegliche Teile still,**
gewährleisten bei Gefährdung des Herausschleuderns durch geeignete **Auffangvorrichtungen** Schutz.

4.3.4 **Zugangsbeschränkende, verstellbare Schutzeinrichtungen**
sind je nach Art der durchzuführenden Arbeit manuell oder automatisch **verstellbar,**
leicht und **ohne Werkzeug zu verstellen,**
das **Risiko des Herausschleuderns** ist soweit wie möglich **zu verringern**.

4.3.5 Nicht trennende Schutzeinrichtungen
sind **in die Steuerung integriert,**
legen die **beweglichen Teile still**, solange das Erreichen der Teile möglich ist,
machen das **Erreichen der Teile** während des Betriebs **unmöglich,**
ermöglichen die **Einstellung nur** durch eine **absichtliche** Handhabung,
verhindern beim Fehlen oder bei Störung eines ihrer Organe das Ingangsetzen oder **setzen bewegliche Teile still**.

II. Elektrik

5. Allgemeine Sicherheitsanforderungen an die Elektrik

5.1 Von der **elektrischen Energie** darf für den Menschen keine Gefährdung ausgehen.

5.2 Soweit die Maschine unter die spezifischen Rechtsvorschriften betreffend elektrischer Betriebsmittel zur Verwendung innerhalb **bestimmter Spannungsgrenzen** fällt, sind diese anzuwenden.

5.3 Gefährdungen durch **elektrostatische Aufladung** müssen vermieden oder beschränkt werden und/oder mit Mitteln zum Ableiten versehen sein.

5.4 Störungsfall:

5.4.1 Eine Unterbrechung, eine **Wiederkehr der Energieversorgung** nach einer Unterbrechung oder eine sonstige Änderung der Energieversorgung der Maschine darf nicht zu gefährlichen Situationen führen.

5.4.2 Folgende **Fehlfunktionen der Steuerung** müssen verhindert werden:

5.4.3 **unbeabsichtigtes Ingangsetzen**
5.4.4 **Nichtausführung** eines bereits erteilten Befehls zum **Stillsetzen**
5.4.5 Herabfallen oder **Herausschleudern** eines beweglichen Maschinenteils oder eines von der Maschine gehaltenen Werkstücks.

III. Betriebsanleitung

6. Allgemeine Anforderungen an die Betriebsanleitung

6.1 Jede Maschine muss mit einer Betriebsanleitung **mit** den folgenden **Mindestangaben** versehen sein.

6.1.1 **Maschinenkennzeichnung:**
Name und Anschrift des Herstellers,
CE-Kennzeichnung,
Bezeichnung der Serie oder des Typs,
Baujahr,
Maschine zur **Verwendung in explosionsfähiger Atmosphäre**: **Hinweis** muss auf der Maschine angebracht sein.
Gegebenenfalls wartungsrelevante Hinweise (z. B. Anschrift des Importeurs, Anschriften von Service-Werkstätten usw.)

6.1.2 die **bestimmungsgemäße Verwendung:**
Es soll nicht nur der **normale Gebrauch** in Betracht gezogen werden, sondern auch die **nach vernünftigem Ermessen zu erwartende Benutzung** der Maschine.
Gegebenenfalls ist **auf sachwidrige Verwendungen** der Maschine **hinzuweisen**, die erfahrungsgemäß vorkommen können.

6.2 Beschreibung der **Arbeitsplätze**, die vom Bedienungspersonal eingenommen werden können.

6.3 Die Betriebsanleitung wird vom Hersteller oder seinem in der Gemeinschaft niedergelassenen Bevollmächtigten **in einer der Gemeinschaftssprachen** erstellt.
Bei der Inbetriebnahme müssen die **Originalbetriebsanleitung und** eine **Übersetzung** in der oder den Sprache(n) des Verwendungslandes mitgeliefert werden. Diese Übersetzung wird entweder vom Hersteller oder von seinem in der Gemeinschaft niedergelassenen Bevollmächtigten oder von demjenigen erstellt, der die Maschine in dem betreffenden Sprachgebiet einführt.
Die **Wartungsanleitung** für Fachpersonal kann **in einer** einzigen von diesem Personal verstandenen **Gemeinschaftssprache** abgefasst sein.

6.4 **Gefährdungshinweise** (Hinweis auf Restrisiken siehe auch 1.7)
Achtung: besondere Angaben bzw. Ge- und Verbote zur Schadensverhütung
Gefährdung: Angaben bzw. Ge- und Verbote zur Verhütung von Personen- oder umfangreichen Sachschäden.

6.5 Die Betriebsanleitung beinhaltet die für die notwendigen Pläne und Schemata sowie alle zweckdienlichen Angaben, insbesondere im Hinblick auf die Sicherheit, Inbetriebnahme, Wartung, Inspektion, Überprüfung der Funktionsfähigkeit und Reparatur der Maschine.

6.6 Die **Unterlagen,** in denen die Maschine präsentiert wird, dürfen **nicht im Widerspruch zur Betriebsanleitung** stehen.

6.7 Es müssen erforderlichenfalls die Installations- und Montagevorschriften zur **Verminderung** von **Lärm und Vibrationen** enthalten sein (z. B. Verwendung von Geräuschdämpfern, Art und Gewicht des Sockels usw.).

6.8 Die Betriebsanleitung muss folgende Angaben über den von der Maschine ausgehenden **Luftschall** enthalten:
der **A-bewertete äquivalente Dauerschalldruckpegel** an den Arbeitsplätzen des Bedienungspersonals, wenn er **über 70 dB(A)** liegt,
oder Angabe: 70 dB(A),
der Höchstwert des momentanen C-bewerteten Schalldrucks an den Arbeitsplätzen, **sofern er 63 Pa übersteigt,**
der **Schalleistungspegel** der Maschine, **wenn der A-bewertete äquivalente Dauerschalldruckpegel** an den Arbeitsplätzen **über 85 dB(A) liegt**.
Bei Maschinen mit sehr **großen Abmessungen** können statt des Schallleistungspegels die äquivalenten Dauerschalldruckpegel an bestimmten Stellen im Maschinenumfeld angegeben werden.
Werden keine harmonisierten Normen angewandt, so ist zur Ermittlung der Geräuschemission der für die Maschine am besten geeignete **Messcode** zu verwenden.
Der Hersteller muss **angeben**, welche **Messverfahren** verwendet wurden und unter welchen **Betriebsbedingungen die Messungen** vorgenommen wurden.
Bei **nicht festgelegten Arbeitsplätzen** sind die Schalldruckpegelmessungen in einem Abstand von 1 m von der Maschinenoberfläche und 1,60 m über dem Boden oder der Zugangsplattform vorzunehmen: **höchsten Schalldruckwert** und dazugehörigen **Messpunkt** angeben.

6.9 Ist vom Hersteller die **Verwendung in explosionsfähiger Atmosphäre** vorgesehen, müssen in der Bedienungsanleitung alle notwendigen **Hinweise** enthalten sein.

6.10 Beim Gebrauch durch **private Benutzer:**
Muss allen **grundlegenden Anforderungen** genügen, dem **allgemeinen Wissensstand** und der **Verständnisfähigkeit**, die nach vernünftigem Ermessen erwartet werden können, muss Rechnung getragen werden.

IV. bestimmte Maschinengattungen

7. Zusätzliche Sicherheitsanforderungen für Nahrungsmittelmaschinen und Maschinen für kosmetische oder pharmazeutische Erzeugnisse

7.1 Nahrungsmittelmaschinen müssen so gebaut sein, dass folgende **Gefährdungen ausgeschaltet** sind: **Infektion, Krankheit, Ansteckung**.

7.2 Folgende **Hygieneregeln** müssen beachtet werden:

7.2.1 Materialien, die mit Lebensmitteln in Berührung kommen oder kommen können, müssen den einschlägigen Richtlinien genügen. Die Maschine muss so gebaut sein, dass die Materialien vor jeder Benutzung einfach gesäubert werden können.

7.2.2 Alle Flächen sowie ihre Verbindungen müssen glatt sein, so dass sich keine organischen Stoffe festsetzen können.

7.2.3 Die Verbindungen sollen möglichst wenige vorstehende **Teile, Leisten und versteckte Ecken** aufweisen und vorzugsweise geschweißt oder lückenlos verleimt sein.

7.2.4 Alle mit Lebensmitteln in Berührung kommenden Flächen müssen:
- leicht zu reinigen und
- leicht zu desinfizieren sein.
- Innenflächen müssen durch Ausrundungen mit ausreichendem Durchmesser verbunden sein.

7.2.5 Flüssigkeiten müssen ungehindert aus der Maschine abfließen können.

7.2.6 Die Maschine muss so gebaut sein, dass unbedingt verhindert wird:
- Infiltration von Flüssigkeiten,
- Festsetzung organischer Stoffe,
- Eindringen von Lebewesen, insbesondere von Insekten, in die zur Reinigung nicht zugänglichen Bereiche.

7.2.7 Die Maschine muss so gebaut sein, dass Betriebsstoffe nicht mit den Lebensmitteln in Berührung kommen können. Die Beachtung dieser Anforderung muss überprüft werden können.

8. Ergänzungen für Nahrungsmittelmaschinen und Maschinen für kosmetische oder pharmazeutische Erzeugnisse

8.1 In der Betriebsanleitung müssen **ergänzend** angegeben werden: die empfohlenen
8.1.1 Reinigungsmittel,
8.1.2 Desinfizierungsmittel,
8.1.3 Spülmittel und
8.1.4 Spülverfahren
8.2 … für **leicht zugängliche Teile**,
8.3 … für Teile, zu denen ein **Zugang nicht möglich** oder nicht ratsam ist.

9. Zusätzliche Sicherheitsanforderungen für in der Hand gehaltene und/oder von Hand geführte Maschinen

9.1 Sie müssen eine **ausreichend große Auflagefläche** und eine **ausreichende Zahl von** richtig dimensionierten und angeordneten **Griffen** besitzen, um die Stabilität der Maschine bei bestimmungsgemäßer Verwendung zu gewährleisten.

9.2 Falls **Griffe** nicht ohne Gefährdung **losgelassen** werden können, müssen die Maschinen mit **Befehlseinrichtungen** zum Ingang- und/oder Stillsetzen ausgestattet sein, so dass es nicht erforderlich ist, die Griffe loszulassen. Dies gilt nicht, wenn die Anforderung technisch nicht erfüllbar ist oder wenn es eine unabhängige Steuerung gibt.

9.3 Gefährdungen durch **ungewollte Inbetriebnahme und/oder in Betrieb bleiben**, nachdem die Griffe losgelassen worden sind, müssen vermieden, oder Ersatzvorkehrungen getroffen werden.

9.4 Das Eindringen des Werkzeugs in das bearbeitete Material muss optisch kontrolliert werden können.

10. Ergänzungen für in der Hand gehaltene und/oder von Hand geführte Maschinen

10.1 Angabe über die **Vibration**:

10.1.1 Gewichteter Effektivwert der Beschleunigung, dem die oberen Körpergliedmaßen ausgesetzt sind, falls der nach den entsprechenden Prüfregeln ermittelte Wert über 2,5 m/s^2 liegt.

10.1.2 Liegt die **Beschleunigung nicht über 2,5** m/s^2, so ist dies anzugeben.

10.2 Bestehen keine einschlägigen Prüfregeln, so muss der Hersteller die verwendeten **Messverfahren und die Bedingungen**, unter denen die Messungen durchgeführt werden, angeben.

11. Zusätzliche Sicherheitsanforderungen für Maschinen zur Bearbeitung von Holz und ähnlichen Werkstoffen

11.1 Die **Maschinen müssen so gebaut** und ausgerüstet sein, dass:

11.1.1 das zu bearbeitende Werkstück **sicher aufgelegt** und

11.1.2 **geführt** werden kann.

11.1.3 , wenn das Werkstück auf einem Arbeitstisch in der Hand gehalten wird, dieser Tisch während der Arbeit eine **ausreichende Standsicherheit** gewährleistet und die **Bewegung** des Werkstückes **nicht behindert**.

11.2 Bei der **Gefährdung eines Rückschlags** von Holzstücken, muss die Maschine so gebaut sein, dass:

11.2.1 der Rückschlag **vermieden** oder

11.2.2 für das **Bedienungsupersonal** und/oder die gefährdeten Personen **keine Gefährdungen** vorhanden ist.

11.3 Die Maschine muss über **selbsttätige Bremsen** verfügen, die das Werkzeug in ausreichend kurzer Zeit zum Stillstand bringen, wenn beim Auslaufen die Gefährdung eines Kontakts mit dem Werkzeug besteht.

11.4 Ist das Werkzeug in eine **nicht vollautomatisch arbeitende Maschine** eingebaut, so ist diese Maschine so zu bauen, dass:

11.4.1 **Verletzungen vermieden** werden,

11.4.2 der **Grad etwaiger Verletzungen** beispielsweise durch den Einsatz von Werkzeugen mit kreisförmigem Querschnitt und einer Begrenzung der Spanndicke usw. **so gering wie möglich gehalten wird**.

12. Grundlegende Sicherheits- und Gesundheitsschutzanforderungen zur Ausschaltung der durch Hebevorgänge bedingten Gefährdungen

12.1 Schutzmaßnahmen gegen mechanische Gefährdungen

12.1.1 Gefährdungen infolge mangelnder Standsicherheit

Die Maschinen müssen so konzipiert und gebaut sein, dass sie im Betrieb und außer Betrieb, einschließlich während des gesamten Transports, des Auf- und Abbaus, bei vorhersehbaren Ausfällen und bei Prüfungen, unter den vorgegebenen Betriebsbedin-

gungen ausreichend stabil sind und benutzt werden können, ohne dass die Gefahr eines unbeabsichtigten Umstürzens, Herabfallens oder Verrückens besteht.
Kann eine ausreichende Stabilität nicht gewährleistet werden, müssen geeignete Befestigungsmittel vorgesehen und in der Betriebsanleitung angegeben werden.
Zu den Prüfungen muss der Hersteller oder sein in der Gemeinschaft niedergelassener Bevollmächtigter die geeigneten Prüfmittel heranziehen; im Besonderen bei selbstfahrenden Flurförderzeugen mit eine Hubhöhe über 1,80 m muss für jeden Fördertyp eine Stabilitätsprüfung auf der Plattform oder eine ähnliche Prüfung durchgeführt werden.

12.1.2 **Führungen und Laufbahnen**

Die Maschinen müssen **Vorrichtungen** aufweisen, **die** auf Führungen und Laufbahnen einwirken und ein **Entgleisen verhindern**.
Für den Fall des **Entgleisens** trotz dieser Vorrichtungen **oder** eines **Versagens eines Führungs- oder Lauforgans** müssen Vorkehrungen getroffen werden, die das Herabfallen von Ausrüstungen, Bauteilen oder der Last sowie das Umkippen der Maschine **verhindern**.

12.1.3 **Festigkeit**

Die Maschinen, die Lastaufnahmeeinrichtungen und ihre abnehmbaren Elemente müssen den Belastungen, denen sie während ihres Betriebs und ggf. auch außerhalb ausgesetzt sind, unter den vorgesehenen Montage- und Betriebsbedingungen und in allen entsprechenden Betriebszuständen, standhalten können.
Die Maschinen und Lastaufnahmeeinrichtungen sind so zu konzipieren und auszuführen, dass unter den vorgesehenen Einsatzbedingungen ein Versagen infolge Ermüdung oder Alterung ausgeschlossen ist.
Die Werkstoffe sind im Hinblick auf die vorgesehene Einsatzumgebung zu wählen (Korrosion, Abrieb, Stöße, Kaltbrüchigkeit und Alterung).
Überlastungen bei statischen Prüfungen sind, ohne bleibende Verformung und offenkundige Mängel, standzuhalten.
Bei der Berechnung sind die Koeffizienten für die statische Prüfung zugrunde zu legen, so dass sie ein angemessenes Sicherheitsniveau gewährleisten.
Werte:

a. durch menschliche Kraft bewegte Maschinen und Lastaufnahmeeinrichtungen: 1,5
b. sonstige Maschinen: 1,25

Die Maschinen müssen so konzipiert und ausgeführt sein, dass sie den dynamischen Prüfungen mit der maximalen Tragfähigkeit, multipliziert mit dem Koeffizienten für die dynamische Prüfung, einwandfrei standhalten. Wert: 1,1.
Die dynamischen Prüfungen sind an der betriebsbereiten Maschine unter normalen Betriebsbedingungen durchzuführen.
Diese Prüfungen werden bei vom Hersteller festgelegter Nenngeschwindigkeit durchgeführt.
Lässt der Steuerkreis der Maschine **mehrere Bewegungen gleichzeitig** zu, so ist der Versuch unter ungünstigeren Bedingungen vorzunehmen.

12.1.4 **Rollen, Trommeln, Ketten und Seile**

Der Durchmesser der Rollen und Trommeln muss auf die Abmessungen der Seile oder Ketten abgestimmt sein.

Rollen und Trommeln müssen so konzipiert, ausgeführt und angebracht sein, dass die Seile und Ketten ohne seitliche Abweichungen von der vorgesehenen Bahn aufgerollt werden können.
Seile, die unmittelbar zum Heben oder Tragen von Lasten verwendet werden, dürfen lediglich an ihren Enden verspleißt sein.
Der Betriebskoeffizient von Seil und Seilenden muss ein angemessenes Sicherheitsniveau gewährleisten. Wert: 5.
Der Betriebskoeffizient von Hebeketten muss ein angemessenes Sicherheitsniveau gewährleisten. Wert: 4.
Um festzustellen, ob der angemessene Betriebskoeffizient erreicht ist, müssen für jeden Ketten- und Seiltyp, der unmittelbar zum Heben von Lasten verwendet wird, und für jeden Seilendentyp die **entsprechenden Prüfungen** durchgeführt werden.

12.1.5 **Anschlagmittel**
Anschlagmittel sind unter Berücksichtigung der Ermüdungs- und Alterungserscheinungen zu dimensionieren, die bei einer der vorgesehenen Lebensdauer entsprechenden Anzahl von Betriebszyklen zu erwarten sind.
Der Betriebskoeffizient von Drahtseilen und ihren Enden hat den Wert 5.
Die Seile dürfen außer an ihren Enden keine Spleiße oder Schlingen aufweisen.
Werden Ketten aus verschweißten Gliedern verwendet, so müssen dies kurze Glieder sein. Der Betriebskoeffizient von Ketten hat den Wert 4.
Der Betriebskoeffizient von Textilfaserseilen hat den Wert 7, sofern die Werkstoffe von sehr guter Qualität sind.
Der Betriebskoeffizient sämtlicher Metallteile hat den Wert 4.
Die maximale Tragfähigkeit eines mehrsträhnigen Anschlagmittels wird aus der maximalen Betriebstragfähigkeit des schwächsten Strangs, der Anzahl der Stränge und einem von der Anschlagart abhängigen Minderungsfaktor errechnet.
Um festzustellen, ob die angemessenen Betriebskoeffizienten erreicht sind, müssen die **entsprechenden Prüfungen** durchgeführt werden.

12.1.6 **Bewegungsbegrenzungseinrichtungen** müssen so funktionieren, dass sie die Maschine, an der sie angebracht sind, in sicherer Lage halten.
Die Maschinen müssen so ausgelegt sein, dass die Amplitude der Bewegung ihrer Bauteile innerhalb der vorgesehenen Grenzen gehalten wird. Die Aktivierung muss ggf. durch ein Warnsignal angekündigt werden.
Wenn mehrere fest installierte oder schienengeführte Maschinen gleichzeitig Bewegungen vollziehen können und die Gefahr besteht, dass es dabei zu Zusammenstößen kommt, müssen sie so konzipiert und gebaut sein, dass sie mit Vorrichtungen zur Ausschaltung dieser Gefährdung ausgerüstet werden können.
Die beweglichen Maschinenteile der Maschinen müssen so konzipiert und ausgeführt sein, dass sich die Lasten bei partiellem oder vollständigem Energieausfall oder bei Beendigung der Betätigung durch die Bedienungsperson nicht in gefährlicher Weise verschieben oder im unkontrollierten freien Fall herabstürzen können
Außer bei Maschinen, für deren Einsatz dies erforderlich ist, darf es unter normalen Betriebsbedingungen nicht möglich sein, eine Last allein unter Benutzung einer Reibungsbremse abzusenken.
Greiforgane müssen so konzipiert und ausgeführt sein, dass ein unkontrolliertes Herabfallen der Lasten ausgeschlossen ist.

12.1.7 **Gefährdungen durch beförderte Lasten**

Der Bedienungsstand von Maschinen muss so angeordnet sein, dass der Bewegungsverlauf der in Bewegung befindlichen Teile im Hinblick auf mögliche Zusammenstöße mit Personen oder Vorrichtungen oder anderen Maschinen ... maximal überwacht werden kann.

Fest installierte Maschinen mit geführter Last müssen so konzipiert und ausgeführt sein, dass gefährdete Personen von der Last oder den Gegengewichten nicht getroffen werden können.

12.1.8 **Gefährdung durch Blitzschlag**

Bei Maschinen, die während ihres Einsatzes vom Blitz getroffen werden können, müssen entsprechende Vorkehrungen getroffen werden, dass dabei auftretende elektrische Ladungen in den Erdboden abgeleitet werden.

13. Spezielle Anforderungen an Hebezeuge, die nicht durch menschliche Kraft bewegt werden

13.1 **Fahrerplatz**

Der Fahrerplatz ist nach ergonomischen Grundsätzen anzulegen.

Es können auch mehrere Fahrerplätze vorgesehen sein:

Jeder Fahrerplatz muss mit allen erforderlichen Stellteilen ausgerüstet sein,

die Benutzung eines Fahrerplatzes schließt die gleichzeitige Benutzung der anderen aus.

Die Sicht vom Fahrerplatz aus muss so gut sein, dass der Fahrer die Maschine und ihre Werkzeuge handhaben kann.

Die Maschine muss so konzipiert und gebaut sein, dass am Fahrerplatz keine Gefährdung von Fahrer und aufsitzendem Bedienungspersonal durch unbeabsichtigtes Berühren der Räder und Ketten möglich ist.

Jedwede Gesundheitsgefährdung durch Auspuffgase und/oder Sauerstoffmangel muss verhindert werden.

Sofern es die Abmessungen zulassen, ist der Fahrerplatz mit einer Kabine auszustatten und in dieser eine Stelle zur Aufbewahrung der notwendigen Anweisungen für den Fahrer.

Der Fahrerplatz muss mit einer Kabine ausgerüstet sein, wenn eine Gefährdung durch eine gefährliche Arbeitsumwelt gegeben ist.

Ist eine Maschine mit einer Kabine ausgestattet, so muss diese so konzipiert, gebaut und/oder ausgerüstet sein, dass:

gute Arbeitsbedingungen für den Fahrer gewährleistet sind,

der Fahrer gegen bestehende Gefährdungen geschützt ist,

der Ausstieg ein schnelles Verlassen der Kabine gestattet,

ein Notausstieg vorgesehen ist, der in eine andere Richtung als der Hauptausstieg weist und

die für die Kabine und ihre Ausstattung verwendeten Werkstoffe schwerentzündlich sind.

13.2 **Sitze**

Der Fahrersitz einer Maschine muss:

dem Fahrer Halt bieten, nach ergonomischen Grundsätzen geformt sein und Schwingungen, die auf den Fahrer übertragen werden, auf ein vertretbares Mindestmaß reduzieren.

Die Sitzverankerung muss allen Belastungen standhalten.
Wenn sich unter den Füßen des Fahrers kein Boden befindet, muss der Fahrer über rutschsichere Fußstützen verfügen.
Gehört es zur bestimmungsgemäßen Verwendung, dass gelegentlich oder regelmäßig anderes Bedienungspersonal auf der Maschine mitgeführt wird, so sind geeignete Plätze vorzusehen.

13.3 **Bewegungssteuerungsorgane**

Die die Bewegungen der Maschine oder ihrer Ausrüstungen steuernden Organe müssen, sobald ihre Betätigung durch die Bedienungspersonen endet, in ihre **Ausgangsposition zurückkehren**.
Für Bewegungen, bei denen keine Gefährdung eines An- bzw. Aufprallens der Nutzlast oder der Maschine besteht, können **Steuerorgane** eingesetzt werden, die es zulassen, dass die Bewegungen automatisch bis auf verschiedene vorwählbare Ebenen erfolgen, ohne dass die Bedienungsperson das entsprechende Stellseil dauernd betätigen muss.

13.4 **Belastungskontrolle**

Maschinen mit einer **maximalen Tragfähigkeit** von mindestens **1000 kg bzw**. einem **Kippmoment von** mindestens **40 000 Nm** müssen mit Vorrichtungen versehen sein, die den **Fahrer warnen**, sowie eine **gefahrbringende Bewegung** der Last verhindern bei:
Überlastung der Maschine, durch Überschreiten der maximalen Tragfähigkeit oder durch Überschreiten der zulässigen Lastmomente auf Grund dieser Lasten;
Überschreiten der zulässigen Kippmomente, insbesondere durch gehobene Lasten.

13.5 **Seilgeführte Einrichtungen**

Trag-, Zug- sowie Trag- und Zugseile müssen durch Gegengewichte oder eine ständige Regelung der Seilspannung ermöglichende Vorrichtung gespannt werden.

13.6 **Risiken für die gefährdeten Personen, Zugänge zum Arbeitsplatz bzw. zu den Eingriffsstellen**

Maschinen mit **geführter Last** und Maschinen, bei denen die **Lastträger eine genau festgelegte Bahn beschreiben**, müssen mit Vorrichtungen ausgerüstet sein, die Risiken für die gefährdeten Personen ausschalten.
Bei **Maschinen, die festgelegte Ebenen bedienen** und bei denen das Bedienungspersonal die Ladefläche betreten kann, muss eine unkontrollierte Lageveränderung der Ladefläche insbesondere beim Be- und Entladen vermieden werden.

13.7 **Einsatztauglichkeit**

Bei der Vermarktung oder der erstmaligen Inbetriebnahme muss durch geeignete Maßnahmen sichergestellt werden, dass die betriebsbereiten Lastaufnahmeeinrichtungen und Maschinen **uneingeschränkt und sicher funktionieren** können.
Diese Maßnahmen müssen den **statischen und dynamischen Merkmalen der Maschine** Rechnung tragen.

13.8 Kennzeichnung

13.8.1 **Ketten und Seile**

Jeder Strang einer Kette, eines Seiles oder eines Gurtes zum Heben einer Last, der nicht Teil einer Baugruppe ist, muss eine **Kennzeichnung**, ein Schild oder einen nicht abnehmbaren Ring mit den erforderlichen Angaben über den Hersteller sowie die **Kennung der** entsprechenden **Bescheinigung** tragen.

Diese Bescheinigung muss folgende **Mindestangaben** enthalten:
- Name und Anschrift des Herstellers,
- Beschreibung (Nennabmessungen, Konstruktion, Werkstoff),
- metallurgische Sonderbehandlungen der Ausrüstung,
- bei Versuchen, Angabe der verwendeten Norm,
- maximale Tragfähigkeit.

13.8.2 **Lastaufnahmeeinrichtungen**

Kennzeichnung:
- Angaben zum Hersteller,
- Angaben zum Material,
- maximale Tragfähigkeit,
- CE-Kennzeichnung.

Bei Anschlagmitteln, deren unmittelbare Kennzeichnung unmöglich ist, sind die **Angaben auf einem Schild oder durch andere Mittel**, gut leserlich zu machen.

13.8.3 **Maschinen**

Mindesthinweise:
- gemäß 1.4 dieser Checkliste,
- Angaben zur Nennlast:
  Bei Maschinen, bei denen nur ein Wert möglich ist, Angabe auf der Maschine.
  Wenn die Nennlast vom jeweiligen Betriebszustand der Maschine abhängig ist, muss jeder Bedienungsplatz mit einem Lastenschild versehen sein, auf dem die Nennlasten für die einzelnen Betriebszustände angegeben sind.

Maschinen, die mit einem **Lastträger** ausgerüstet sind, **der auch von Personen betreten werden kann** und bei dessen Bewegung Absturzgefahr besteht, müssen einen Hinweis tragen, dass die Beförderung von Personen untersagt ist.

14. Ergänzungen für Hebezeuge, die nicht durch menschliche Kraft bewegt werden

14.1 Mindestangaben für Lastaufnahmeeinrichtungen:

14.1.1 **normale** Einsatzbedingungen;

14.1.2 Benutzungs-, Montage- und Wartungsanweisungen;

14.1.3 **Etwaige Einsatzbeschränkungen**, insbesondere bei Lastaufnahmeeinrichtungen, bei denen ein unkontrolliertes Herabfallen der Lasten nicht ausgeschlossen ist.

14.2 Angaben für Maschinen:

14.2.1 Wenn die Nennlast vom jeweiligen Betriebszustand der Maschine abhängig ist, muss jeder Bedienungsplatz mit einem Lastenschild versehen sein, auf dem die Nennlasten für die einzelnen Betriebszustände in Form von Skizzen, ggf. in Form einer Tabelle angegeben sind.

14.2.2 Auflagedruck und Kenndaten der Laufbahnen,

14.2.3 ggf. Angaben über Ballastmassen und Mittel zu ihrer Anbringung;

14.2.4 wenn mit der Maschine kein Wartungsheft geliefert wird, Wiedergabe des entsprechenden Textes;

14.2.5 Benutzungshinweise, insbesondere Ratschläge, wie das Bedienungspersonal mangelnde Direktsicht auf die Last ausgleichen kann;

14.2.6 Notwendige Angaben zur Durchführung von Prüfungen vor der erstmaligen Inbetriebnahme von Maschinen, die beim Hersteller nicht im Betriebszustand montiert werden.

V. Steuerungs- und Betriebssysteme

15. Allgemeine Anforderungen an die Steuer- und Befehlseinrichtungen

15.1 Steuerung
Sicheres und **zuverlässiges Funktionieren**, keine gefährlichen Situationen
Sie müssen den erwarteten **Betriebsbeanspruchungen** standhalten
und **Fremdeinflüssen standhalten**.
Fehler in der Logik dürfen zu keiner gefährlichen Situation führen.
Die **Software** für den Dialog zwischen Bedienungspersonal und Steuer- oder Kontrollsystem ist **benutzerfreundlich** auszulegen.

15.2 Hauptbedienungsstand
Bei sicherheitsrelevanten Anzeigevorrichtungen (Skalen, Signalanzeiger) und Hinweisen muss die **Einsicht der Anzeigevorrichtungen** vom Bedienungsstand aus möglich sein.
Vom Hauptbedienungsstand muss der **Gefährdungsbereich einsehbar** sein.
Falls dies nicht möglich ist, muss die Steuerung so konzipiert sein, dass ein akustisches und/oder optisches **Warnsignal der Inbetriebnahme** zeitlich so vorgeschaltet ist, dass ein Entfernen von gefährdeten Personen ermöglicht wird.

15.3 Hauptbefehlseinrichtung
Jede Maschine muss mit Einrichtungen ausgestattet sein, mit denen sie von **jeder** einzelnen **Energiequelle getrennt** werden kann (Hauptbefehlseinrichtung). Bei elektrisch betriebenen Maschinen genügt die Trennung der Steckverbindung.
Die Hauptbefehlseinrichtung muss **abschließbar** sein, wenn das Bedienungspersonal die permanente Trennung vom jeweiligen Arbeitsplatz aus nicht überwachen kann. Die Restenergie muss ohne Gefährdung abgeführt werden können.
Abweichend von der oben genannten Anforderung können gewisse Kreise nicht von ihrer Energiequelle getrennt werden, z. B. zum Sichern von Daten, zum Beleuchten von innenliegenden Teilen. [EN60204 5.6]
Ausführung des **Hauptschalters als**
Lasttrennschalter [IEC 408] **oder** als **Leistungsschalter** [IEC 408] bei ≤ 16A und ≤ 2 KW: **Steckervorrichtung**. [EN60204 5.6.2] Der Schalter muss eine **Schalterstellungsanzeige** haben und in AUS-Stellung **abschließbar** sein. [EN60204 5.6.2.2].

15.4 Stillsetzen
Befehlseinrichtung zum sicheren Stillsetzen der gesamten Maschine mit gleichzeitiger Unterbrechung der Energieversorgung des Antriebs.

15.5 Stillsetzen **im Notfall (NOT-AUS)** [EN 60204, 5.6]

15.5.1 Eine oder mehrere **Notbefehlseinrichtungen**, durch die eine unmittelbar drohende oder eintretende gefährliche Situation vermieden werden kann.
Ausnahme: Maschinen, bei denen durch die Notbefehlseinrichtung die Zeit bis zum Stillstand nicht verkürzt wird oder wichtige Maßnahmen, um die Gefährdung zu beseitigen, blockiert werden. In diesen Fällen ist Bewegungsumkehr oder **Bremsschaltung** erlaubt.

Ausnahme: in der Hand gehaltene bzw. **von Hand geführte Maschinen**. [EN60204 5.6]
Ausführung der **Befehlseinrichtung** zum Stillsetzen im Notfall:
deutlich kenntliche, gut sichtbare und **schnell zugängliche** Stellteile vorhanden, möglichst **schnelles Stillsetzen** des gefährlichen Bewegungsvorganges ermöglichen, eventuell bestimmte **Sicherheitsbewegungen auslösen** oder deren Auslösen ermöglichen.
Die Notbefehlseinrichtung muss nach der Auslösung so lange blockiert bleiben, bis sie durch eine geeignete Betätigung **freigegeben** wird, die ein Wiederingangsetzen nicht auslöst, sondern möglich macht.
Die Notbefehlseinrichtung darf die **Aus-Funktion** erst dann **auslösen**, wenn sie sich in der Blockierstellung befindet.

15.5.2 Bei verketteten **Anlagen** muss der Hersteller die Maschine so konzipieren, dass auch alle vor und/oder nachgestalteten Einrichtungen stillgelegt werden, falls deren weiterer Betrieb eine Gefährdung darstellt.

15.6 Ingangsetzen

15.6.1 Das Ingangsetzen einer Maschine darf nur durch absichtliche **Betätigung** einer hierfür vorgesehenen **Befehlseinrichtung** möglich sein.
Dies gilt auch für das **Wiederingangsetzen nach** einem **Stillstand**, ungeachtet der Ursache für diesen Stillstand, sofern dieses Wiederingangsetzen nicht völlig gefahrlos erfolgt.
Dies gilt auch für eine wesentliche **Änderung** des **Betriebszustandes** (z. B. der Geschwindigkeit), sofern dieses Wiedereinsetzen nicht völlig gefahrlos erfolgt.
Verfügt eine Maschine über **mehrere Befehlseinrichtungen** zum Ingangsetzen und ist gegenseitiges Gefährden von Bedienungspersonal möglich, so müssen zusätzliche Befehlseinrichtungen diese Gefährdung ausschließen.

15.6.2 Dies gilt nicht bei der normalen Befehlsfolge im **Automatikbetrieb**.
Das **Wiederingangsetzen** einer automatischen Anlage im **Automatikbetrieb** nach einer Abschaltung muss leicht durchführbar sein, nachdem die Sicherheitsbedingungen erfüllt sind.

15.7 Sicherheitsbauteile

15.7.1 zertifizierte Sicherheitsbauteile (mit Konformitätserklärung)

15.7.2 **nicht zertifizierte Sicherheitsbauteile**

16. Grundlegende Anforderungen an mechanische Steuerungssysteme

16.1 Auswahl des für die jeweilige Anwendung geeigneten **Werkstoffs, der Herstellungs- und Behandlungsverfahren** unter Berücksichtigung von Spannungen, Haltbarkeit, Elastizität, Reibung, Verschleiß, Korrosion und Temperatur.

16.2 Richtige **Dimensionierung und Formgebung**; Berücksichtigung von Spannung, Dehnung, Ermüdung, Oberflächenrauheit, Toleranzen und Hängenbleiben.
Die Sicherheitsfaktoren werden in Vorschriften oder Normen angegeben oder beruhen auf Erfahrungen mit sicherheitsbezogenen Anwendungen.

16.3 Geeignete **Auswahl**, Kombination, Anordnungen, **Zusammenbau** und Einbau der Bauteile bzw. des Systems. Berücksichtigen von Anwendungshinweisen des Herstellers (z. B.

Katalogblätter, Einbauanweisungen, Festlegungen) sowie Erfahrungen mit ähnlichen Bauteilen und Systemen.

16.4 Anwendung des **Ausschaltprinzips**
Der sichere Zustand wird durch Abtrennung von der Energiequelle erreicht. Zum Starten der Bewegung eines Mechanismus wird Energie benötigt. Berücksichtigung von unterschiedlichen Betriebsarten (z. B. Betriebsmodus, Wartungsmodus)

16.5 **Geeignete Befestigung:**
Sorgfältige Auswahl der Befestigungsart für die jeweilige Anwendung.
Zur Anwendung von Schraubsicherungen müssen die Anwendungshinweise des Herstellers beachtet werden. Die Anwendung des richtigen Drehmoments ist die Voraussetzung dafür, dass Schrauben ohne Überlastung festgezogen werden.

16.6 Begrenzung der **Kraft** und ähnlicher Parameter. Beispiele sind Abscherstift, Abscherblech und Drehmomentkupplung.
Bereichsbegrenzung der **Kraft** und ähnlicher Parameter:
Festlegen der notwendigen Begrenzung in Abhängigkeit von Erfahrungen und der jeweiligen Anwendung. Beispiele für Begrenzungen sind Abscherstift, Abscherblech, Drehmomentkupplung.

16.7 Begrenzung der **Geschwindigkeit** und ähnlicher Parameter. Diese Parameter sind z. B. Temperatur, Feuchtigkeit und Verunreinigungen am Einbauort. Die Anwendungshinweise des Herstellers sind zu beachten.
Bereichsbegrenzung der **Geschwindigkeit** und ähnlicher Parameter:
Festlegen der notwendigen Begrenzung in Abgängigkeit von Erfahrungen und der jeweiligen Anwendung. Beispiele für Begrenzungen sind Fliehkraftregler.

16.8 Geeignete **Reaktionszeit**:
Beachten von z. B. Verringerung der Federkraft, Reibung, Schmierung, Temperatur, Trägheit bei Beschleunigung und Verzögerung, Kombination von Toleranzen.

16.9 Berücksichtigen von unerwartetem Anlauf, der durch gespeicherte Energie und nach Wiederherstellung der Energieversorgung verursacht wird, für unterschiedliche Betriebsarten, wie Betriebsmodus, Wartungsmodus usw. Eine besondere Einrichtung zum Abtrennen der gespeicherten Energie kann erforderlich sein.
In Sonderfällen können Ausnahmen möglich sein (z. B. Beibehaltung der Energie für Spanneinrichtungen).

16.10 **Stellteile**

16.10.1 Ausführung:

- deutlich **sichtbar** und kenntlich **gekennzeichnet**.
- **sicheres**, unbedenkliches, schnelles und eindeutiges **Betätigen** möglich.
- **Anbringen** der Stellteile **außerhalb von Gefährdungsbereichen**
- **Ausnahme: Notbefehlseinrichtungen, Pulte** zur Roboterprogrammierung.
- Betätigen ruft **nicht zusätzliche Gefährdungen** hervor.
- Stellteile müssen so konzipiert oder geschützt sein, dass die beabsichtigte Wirkung, falls sie eine Gefährdung hervorrufen kann, nicht ohne **absichtliches Betätigen** eintreten kann.
- Stellteile müssen so gefertigt sein, dass sie vorhersehbaren **Beanspruchungen standhalten.**

- Stellteile sind so zu gestalten, dass unter Berücksichtigung ergonomischer Prinzipien, ihre Anordnung, ihre **Bewegungsrichtung** und ihr Widerstand **mit** der **Steuerwirkung kompatibel** sind.

16.10.2 Stellteile, die für mehrere **verschiedene Wirkungen** konzipiert und gebaut sind (z. B. Tastaturen) und deren Wirkung nicht eindeutig sind, müssen die jeweilige Steuerwirkung unmissverständlich **anzeigen**.

16.10.3 Stellteile sind so zu konzipieren, dass die Verwendung von **eventuell notwendiger Schutzausrüstung** in Betracht gezogen wird.

16.11 Bewährte Sicherheitsprinzipien für mechanische Steuerungssysteme (Kann-Anforderung):

16.11.1 Anwendung von Bauteilen mit **gerichteter Ausfallart**
Die überwiegend auftretende Ausfallart eines Bauteils ist im Voraus bekannt und stets die gleiche.

16.11.2 Bistabiler Betrieb:
Das bewegliche Element eines Bauteils wird mechanisch in beiden möglichen Positionen befestigt (Reibung allein ist nicht ausreichend). Um die Position zu verändern, ist das Aufbringen von Druck/Kraft notwendig.

16.11.3 Eine sichere Position und ein sicherer Zustand wird dadurch erreicht, dass die **AUS-Kraft** gegenüber der EIN-Kraft **erhöht** wird (Sicherheitsfaktor).

16.11.4 Zwangläufige **mechanische Funktion:**
Der abhängige Betrieb (z. B. Parallelbetrieb) mehrerer Teile wird durch ein mechanisches Verbindungsglied (oder mehrere) erreicht. Die Verbindungsglieder sollten keine Federn und ähnliche „flexible“ Elemente enthalten.

16.11.5 Verringerung der Fehlerwirkung durch **Mehrfachanwendung gleicher Teile**, wobei z. B. ein Fehler, der an einer Feder (von vielen Federn) auftritt, keinen gefährlichen Zustand bewirkt.

16.11.6 Bei Bemessung einer **bewährten Feder** erfordert:

- Anwendung sorgfältig ausgewählter Werkstoffe, Herstellungsverfahren (z. B. vor Anwendung vorgenommene Voreinstellungen und periodische Wiederholungen) und Behandlungsverfahren (z. B. Walzen und Kugelstrahlen),
- ausreichende Führung der Feder und
- ausreichender Sicherheitsfaktor bei Dauerbeanspruchung (d. h. mit hoher Wahrscheinlichkeit tritt kein Bruch auf).

Bewährte Spiraldruckfedern dürfen auch bemessen werden durch:

- Anwendung sorgfältig ausgewählter Werkstoffe, Herstellungsverfahren (z. B. vor Anwendung vorgenommene Voreinstellungen und periodische Wiederholungen) und Behandlungsverfahren (z. B. Walzen und Kugelstrahlen),
- ausreichende Federführung und
- eines Spiels zwischen den Windungen, das kleiner als der Drahtdurchmesser der unbelasteten Feder ist, und
- einer ausreichenden Kraft nach einem Bruch oder nach mehreren Brüchen (d. h. ein Bruch führt nicht zu einem gefährlichen Zustand).

16.11.7 **Bereichsbegrenzung der Umgebungsparameter:**
Festlegen der notwendigen Begrenzungen. Beispiele für diese Parameter sind Temperatur, Feuchtigkeit und Verunreinigung beim Einbau. Die Anwendungshinweise des Herstellers sind zu beachten.

16.11.8 **Bereichsbegrenzung** der **Reaktionszeit Hysteresebegrenzung**:
Festlegen der notwendigen Begrenzungen. Beachten von z. B. Verringerung der Federkraft, Reibung, Schmierung, Temperatur, Trägheit bei Beschleunigung und Verzögerung und Kombination von Toleranzen.

17. Grundlegende Anforderungen an pneumatische Steuerungssysteme

17.1 Anwendung **geeigneter Werkstoffe** und Herstellungsverfahren:
Auswahl des Werkstoffs, der Herstellungs und Behandlungsverfahren unter Berücksichtigung von Spannungen, Haltbarkeit, Elastizität, Reibung, Verschleiß, Korrosion und Temperatur.

17.2 Richtige **Dimensionierung und Formgebung**:
Berücksichtigen von z. B. von Spannungen, Dehnungen, Ermüdung, Oberflächenrauheit, Toleranzen, Hängenbleiben und Herstellung.
Sicherheitsfaktor:
Die Sicherheitsfaktoren werden in Vorschriften oder Normen angegeben oder beruhen auf Erfahrungen mit sicherheitsbezogenen Anwendungen.

17.3 Geeignete **Auswahl**, Kombination, Anordnungen, **Zusammenbau** und Einbau der Bauteile. Berücksichtigen von Anwendungshinweisen des Herstellers (z. B. Katalogblätter, Einbauanweisungen, Festlegungen) sowie von Erfahrungen mit ähnlichen Bauteilen und Systemen.

17.4 Anwendung des Prinzips der **Energietrennung**
Der sichere Zustand wird erreicht, indem alle wichtigen Einrichtungen von der Energiequelle abgetrennt werden. Zum Starten der Bewegung eines Mechanismus wird Energie benötigt.
Berücksichtigen von unterschiedlichen Betriebsarten (z. B. Betriebsmodus, Wartungsmodus). In Sonderfällen können Ausnahmen möglich sein (z. B. wenn der Ausfall der pneumatischen Energie eine zusätzliche Gefährdung erzeugt).

17.5 **Geeignete Befestigung:**
Zur Anwendung von z. B. Schraubensicherungen, Armaturen, Klebungen, Spannringen beachten der Anwendungshinweise des Herstellers. Die Anwendung des richtigen Drehmoments ist die Voraussetzung für das Festziehen und die Nichtüberbelastung von Schrauben und Armaturen.

17.6 Druckbegrenzung durch z. B. Überdruckventile, Druckminder- oder Druckregelventile.
Begrenzung oder Verringerung der **Kraft** durch ein bewährtes Druckbegrenzungsventil.
Ein bewährtes Druckbegrenzungsventil enthält z. B. eine bewährte Feder.

17.7 **Begrenzung**/Verringerung **der Geschwindigkeit**:
Ein Beispiel ist die Geschwindigkeitsbegrenzung eines Kolbens durch ein Stromventil oder eine Drossel.

17.8 Ausreichende, geeignete Maßnahmen zur Vermeidung von **Verunreinigung des Druckmediums**:
Berücksichtigen von hoch wirksamer Filtration des Druckmediums / Abscheidung von Feststoffen und Wasser.

17.9 **Geeigneter Schaltzeitbereich:**
Berücksichtigen von z. B. der Länge der Rohrleitung, Druck, Entlüftungskapazität, Kraft, Verringerung der Federkraft, Reibung, Schmierung, Temperatur, Trägheit bei Beschleunigung und Verzögerung und Zusammenwirken von Toleranzen.

17.10 **Beständigkeit** der Umgebungsbedingungen:
Gestalten der Einrichtung, dass sie in allen für den Einsatz zu erwartenden Umgebungen und in allen vorhersehbaren ungünstigen Bedingungen (z. B. für Temperatur, Feuchtigkeit, Schwingungen, Verunreinigungen) arbeitet.

17.11 Berücksichtigen von **unerwartetem Anlauf**, verursacht durch gespeicherte Energie und nach Wiederherstellung der Energieversorgung, für unterschiedliche Betriebsarten (z. B. Betriebsmodus, Wartungsmodus).
Ein besonderes Gerät zum Ablassen der gespeicherten Energie kann erforderlich sein. In Sonderfällen können Ausnahmen möglich sein (z. B. Beibehaltung der Energie für Spanneinrichtungen). In diesem Fall sollte ein Warnzeichen an der Maschine gegeben werden.

17.12 **Vereinfachung:** Verringern der Anzahl der Bauteile in sicherheitsbezogenen Systemen, Trennen der sicherheitsbezogenen Funktionen von anderen Funktionen.

17.13 **Bewährte Sicherheitsprinzipien** für pneumatische Steuerungssysteme (Kann-Anforderung):

17.13.1 **Bistabiler Betrieb:** Das bewegliche Element eines Bauteils wird mechanisch in einer der beiden möglichen Positionen fixiert (Reibung allein ist nicht ausreichend). Um die Position zu verändern, ist das Aufbringen von Druck / Kraft notwendig.

17.13.2 **Überdimensionierung** der **AUS-Kraft** gegenüber der EIN-Kraft:
Eine Lösung kann sein, dass das Flächenverhältnis für die Bewegung des Ventilkolbens in die sichere Position (AUS-Stellung) gegenüber dem Flächenverhältnis für die Bewegung des Ventilkolbens in die EIN-Stellung deutlich größer ist (ein Sicherheitsfaktor).

17.13.3 Durch den **Lastdruck** selbstschließendes Ventil (Beispiele sind Ventile in Sitz- und Patronen-Bauart)
Berücksichtigt, wie der Druck aufzubringen ist, um das Ventil auch dann geschlossen zu halten, wenn z. B. die Schließfeder des Ventils bricht.

17.13.4 Die **zwangsläufige mechanische Wirkung**/Betätigung wird für die bewegten Teile in pneumatischen Bauteilen angewendet. Der abhängige Betrieb mehrerer Teile wird durch ein mechanisches Verbindungsglied (oder mehrere) erreicht. Das Verbindungsglied sollte keine Federn und ähnliche „flexible" Teile enthalten.

17.13.5 **Vervielfachung** von Teilen:
Verringerung der Fehlerwirkung durch Mehrfachanwendung gleicher Teile, wobei z. B. ein Fehler, der an einer Feder (von vielen Fehlern) auftritt, keinen gefährlichen Zustand bewirkt.

17.13.6 Bei Bemessung einer **bewährten Feder** erfordert:
- Anwendung sorgfältig ausgewählter Werkstoffe, Herstellungsverfahren (z. B. vor Anwendung vorgenommene Voreinstellungen und periodische Wiederholungen) und Behandlungsverfahren (z. B. Walzen und Kugelstrahlen),
- ausreichende Führung der Feder und
- ausreichender Sicherheitsfaktor bei Dauerbeanspruchung (d. h. mit hoher Wahrscheinlichkeit tritt kein Bruch auf)

Bewährte Spiraldruckfedern dürfen auch bemessen werden durch:
- Anwendung sorgfältig ausgewählter Werkstoffe, Herstellungsverfahren (z. B. vor Anwendung vorgenommene Voreinstellungen und periodische Wiederholungen) und Behandlungsverfahren (z. B. Walzen und Kugelstrahlen),
- ausreichende Federführung und
- eines Spiels zwischen den Windungen, das kleiner als der Drahtdurchmesser der unbelasteten Feder ist, und
- einer ausreichenden Kraft nach einem Bruch oder nach mehreren Brüchen (d. h. ein Bruch führt nicht zu einem gefährlichen Zustand).

17.13.7 **Begrenzung** oder Verringerung der **Geschwindigkeit** durch Widerstand zum Erreichen eines konstanten Volumenstroms. Beispiele sind Festblende und Festdrossel.

17.13.8 Die Eingrenzung der **Betriebsbedingungen**, z. B. Druck-, Volumenstrom- und Temperaturbereich, sollte berücksichtigt werden.

17.13.9 Ausreichend große positive Überdeckung in Schieberventilen:
Die positive Überdeckung sichert die Stopp-Funktion und verhindert unzulässige Bewegungen.

17.13.10 Hysteresebegrenzung: Die Hysterese erhöht sich z. B. durch stärkere Reibung. Kombination von Toleranzen beeinflusst die Hysterese ebenfalls.

18. Grundlegende Anforderungen an hydraulische Steuerungssysteme

18.1 Anwendung **geeigneter Werkstoffe** und Herstellungsverfahren:
Auswahl des Werkstoffs, der Herstellungs- und Behandlungsverfahren unter Berücksichtigung von z. B. Spannungen, Haltbarkeit, Elastizität, Reibung, Verschleiß, Korrosion und Temperatur.

18.2 Richtige **Dimensionierung** und Formgebung:
Berücksichtigen z. B. von Spannungen, Dehnungen, Ermüdung, Oberflächenrauheit, Toleranzen, Hängenbleiben und Herstellung.
Sicherheitsfaktor:
Die Sicherheitsfaktoren werden in Vorschriften oder Normen angegeben oder gehen auf Erfahrungen mit sicherheitsbezogenen Anwendungen zurück.

18.3 Geeignete **Auswahl**, Kombination, Anordnungen, **Zusammenbau** und Einbau der Bauteile oder des Systems.
Berücksichtigen von Anwendungshinweisen des Herstellers (z. B. Katalogblätter, Einbauanweisungen, Festlegungen) sowie von Erfahrungen mit ähnlichen Bauteilen und Systemen.

18.4 Anwendung des Prinzips der **Energietrennung**
Der sichere Zustand wird erreicht, indem alle wichtigen Einrichtungen von der Energiequelle abgetrennt werden.
Zum Starten der Bewegung eines Mechanismus wird Energie benötigt. Unterschiedliche Betriebsarten sind zu berücksichtigen (z. B. Betriebsmodus, Wartungsmodus).
In Sonderfällen können Ausnahmen möglich sein (z. B. dann, wenn der Verlust der hydraulischen Energie eine zusätzliche Gefährdung erzeugt).

18.5 **Geeignete Befestigung**:
Zur Anwendung z. B. von Schraubensicherungen, Armaturen, Klebungen, Spannringen, beachten der Anwendungshinweise des Herstellers. Die Anwendung des richtigen Drehmoments ist die Voraussetzung für das Festziehen und die Nichtüberlastung von Schrauben und Armaturen.

18.6 **Druckbegrenzung:**
Beispiele sind Überdruckventile, Druckminder- und Druckregelventile.
Begrenzung oder Verringerung der Kraft durch bewährtes Druckbegrenzungsventil: Ein bewährtes Druckbegrenzungsventil ist z. B. mit einer bewährten Feder ausgestattet.

18.7 **Begrenzung**/Verringerung der **Geschwindigkeit**:
Ein Beispiel ist die Geschwindigkeitsbegrenzung eines Kolbens durch ein Stromventil oder eine Drossel.

18.8 Ausreichende Maßnahmen zur Vermeidung von **Verunreinigung des Druckmediums**:
Berücksichtigen von Filtration des Druckmediums / Abtrennung von Feststoffen und Wasser. Eine Anzeige, die auf die Notwendigkeit des Filterwechsels aufmerksam macht, ist auch zu berücksichtigen.

18.9 **Geeigneter Schaltzeitbereich:**
Berücksichtigung von z. B. Länge der Rohrleitungen, Druck, Entleerungskapazität, Verringerung der Federkraft, Reibung, Schmierung, Temperatur / Viskosität, Trägheit bei Beschleunigung und Verzögerung und Zusammenwirken von Toleranzen.

18.10 Beständigkeit gegen **Umgebungsbeanspruchungen**:
Gestalten der Einrichtung, dass sie in allen für den Einsatz zu erwartenden Umgebungen und in allen vorhersehbaren ungünstigen Bedingungen z. B. Temperatur, Feuchtigkeit, Schwingungen, Verunreinigungen, arbeitet. Die Spezifikationen und Anwendungshinweise des Herstellers müssen beachtet werden.

18.11 Berücksichtigung von **unerwartetem Anlauf**, verursacht durch gespeicherte Energie und nach Wiederherstellung der Energieversorgung, für unterschiedliche Betriebsarten, z. B. Betriebsmodus, Wartungsmodus.
Ein besonderes Gerät zum Ablassen der gespeicherten Energie kann erforderlich sein. In Sonderfällen können Ausnahmen möglich sein, z. B. Beibehaltung der Energie für Spanneinrichtungen. In diesem Fall sollte ein Warnzeichen an der Maschine gegeben werden.

18.12 **Vereinfachung:**
Verringern der Anzahl der Bauteile in sicherheitsbezogenen Systemen. Trennen der sicherheitsbezogenen Funktionen von anderen Funktionen.

18.13 **Bewährte Sicherheitsprinzipien an hydraulische Steuerungssysteme** (Kann-Anforderung)

18.13.1 **Bistabiler Betrieb:**
Das bewegliche Element eines Bauteils wird mechanisch in einer der beiden möglichen Positionen fixiert (Reibung allein ist nicht ausreichend). Um die Position zu verändern, ist das Aufbringen von Druck oder Kraft notwendig.

18.13.2 **Überdimensionierung** der **EIN-Kraft** gegenüber der AUS-Kraft
Eine Lösung kann sein, das Flächenverhältnis für die Bewegung des Ventilkolbens in die sichere Position (AUS-Stellung) gegenüber dem Flächenverhältnis für die Bewegung des Ventilkolbens in die EIN-Stellung mehrfach größer zu wählen (ein Sicherheitsfaktor).

18.13.3 Durch den Lastdruck selbstschließendes Ventil:
Beispiele sind Ventile in Sitz- und Patronen-Bauart. Es ist zu berücksichtigen, wie der Druck aufzubringen ist, um das Ventil auch dann geschlossen zu halten, wenn z. B. die Schließfeder des Ventils bricht.

18.13.4 Die zwangläufige **mechanische Wirkung/Betätigung** wird für die beweglichen Teile in hydraulischen Bauteilen angewendet. Der abhängige Betrieb mehrerer Teile wird durch ein mechanisches Verbindungsglied (oder mehrere) erreicht. Das Verbindungsglied sollte keine Federn und ähnliche „flexible" Elemente enthalten.

18.13.5 Vervielfachung von Teilen:
Verringerung der Fehlerwirkung durch Mehrfachanwendung gleicher Teile, wobei z. B. ein Fehler, der an einer Feder (von vielen Federn) auftritt, keinen gefährlichen Zustand bewirkt.

18.13.6 Die Bemessung einer **bewährten Feder** erfordert:

- Anwendung sorgfältig ausgewählter Werkstoffe, Herstellungsverfahren (z. B. vor Anwendung vorgenommene Voreinstellungen und periodische Wiederholungen) und Behandlungsverfahren (z. B. Walzen und Kugelstrahlen),
- ausreichende Führung der Feder und
- einen ausreichenden Sicherheitsfaktor bei Dauerbeanspruchung (d. h. mit hoher Wahrscheinlichkeit tritt kein Bruch auf)

Bewährte Spiraldruckfedern dürfen auch bemessen werden durch:

- Anwendung sorgfältig ausgewählter Werkstoffe, Herstellungsverfahren (z. B. vor Anwendung vorgenommene Voreinstellungen und periodische Wiederholungen) und Behandlungsverfahren (z. B. Walzen und Kugelstrahlen),
- ausreichende Federführung und
- eines Spiels zwischen den Windungen, das kleiner als der Drahtdurchmesser der unbelasteten Feder ist, und
- eine ausreichende Kraft nach einem Bruch oder nach mehreren Brüchen (d. h. ein Bruch führt nicht zu einem gefährlichen Zustand).

18.13.7 **Begrenzung** oder **Verringerung** der **Geschwindigkeit** durch Widerstand zum Erreichen eines konstanten Volumenstroms. Beispiele sind Festblende und Festdrossel.

18.13.8 Die Eingrenzung der **Betriebsbedingungen**, z. B. der Bereiche für Druck, Volumenstrom und Temperatur, sollte berücksichtigt werden.

18.13.9 Überwachung des Zustands des Druckmediums: Berücksichtigen einer hoch wirksamen Filtration des Druckmediums/Abtrennen von Feststoffen und Wasser. Zu berücksichtigen sind auch die chemisch/physikalischen Zustände des Druckmediums.
Berücksichtigen einer Anzeige, die auf die Notwendigkeit des Filterwechsels aufmerksam macht.

18.13.10 Ausrechend große positive Überdeckung in Schieberventilen:
Die positive Überdeckung sichert die Stopp-Funktion und verhindert unzulässige Bewegungen.

18.13.11 Hysteresebegrenzung: Die Hysterese erhöht sich z. B. durch stärkere Reibung. Zusammenwirken von Toleranzen beeinflusst die Hysterese ebenfalls.

19. Grundlegende Anforderungen an elektrische Steuerungssysteme

19.1 Anwendung **geeigneter Werkstoffe** und Herstellungsverfahren:
Auswahl des Werkstoffs, der Herstellungs- und Behandlungsverfahren unter Berücksichtigung von z. B. Spannungen, Haltbarkeit, Elastizität, Reibung, Verschleiß, Korrosion und Temperatur.

19.2 Richtige **Dimensionierung** und Formgebung: Berücksichtigen z. B. von Spannung, Dehnung, Ermüdung, Oberflächenrauheit, Toleranzen, Hängenbleiben und Herstellung.
Überdimensionierung:
Bauteile, die in Schutzschaltkreisen angewendet werden, sollten unterlastet werden, z. B. durch

- den Strom, der durch die Schaltkontakte geleitet wird, und der weniger als die Hälfte des Strom-Nennwertes betragen sollte;
- die Schaltfrequenz der Bauteile, die weniger als die Hälfte des Schaltfrequenz-Nennwertes betragen sollte und
- die Gesamtanzahl der erwarteten Schaltungen, die zehnmal kleiner ist als die Anzahl der Schaltungen, für die diese Einrichtung ausgelegt ist.

19.3 Geeignete **Auswahl**, Kombination, Anordnungen, **Zusammenbau** und Einbau der Bauteile bzw. des Systems.
Berücksichtigen von Anwendungshinweisen des Herstellers (z. B. Katalogblätter, Einbauanweisungen, Festlegungen) sowie Erfahrungen mit ähnlichen Bauteilen oder Systemen.

19.4 Anschluss an die **Schutzschaltung:**
Bei Steuerstromkreisen, die an einer Seite mit der Schutzschaltung verbunden sind (oder verbunden werden können), wird eine (vorteilhafterweise stets gleich gekennzeichnete) Klemme der Arbeitsspule elektromagnetisch betätigter oder sonstiger elektrischer Geräte direkt an diese Seite des Steuerkreises angeschlossen. Alle Schaltfunktionen, z. B. Kontakte der Steuereinrichtungen zu einer Wicklung oder einem Gerät, werden zwischen der anderen Klemme dieser Spule oder dieses Gerätes und der zweiten Seite des Steuerstromkreises eingebaut (d. h. an der Seite, die nicht mit der Schutzschaltung verbunden ist).

19.5 Eine Einrichtung zur **Isolationsüberwachung** ist anzuwenden, die einen Erdschluss entweder anzeigt oder den Stromkreis nach einem Erdschluss automatisch unterbricht

19.6 **Betriebsartenwahlschalter**

19.6.1 Der Betriebsartenwahlschalter muss allen anderen Steuerfunktionen, außer der für die Notbefehlseinrichtung, **übergeordnet** sein. Ein **abschließbarer** Betriebsartenwahlschalter ist erforderlich, wenn mehrere Steuerungsabläufe mit unterschiedlichen Sicherheitsstufen möglich sind (z. B. für Rüsten, Wartung, Inspektion). Jede Stellung des Wahlschalters muss abschließbar sein und darf nur einer Steuer- oder Betriebsart entsprechen.
Der Wahlschalter kann durch **andere Wahlmittel** ersetzt werden (z. B. Zugriffscode für bestimmte numerische Steuerfunktionen).

9.6.2 **Bei** Arbeitsgängen mit **aufgehobener Schutzwirkung** muss die Wahlschalterstellung folgende **Steuerungsvorgaben** erfüllen:

- die **Automatiksteuerung** wird **gesperrt.**
- **Bewegungen** nur bei kontinuierlicher Betätigung.

- **Gefährliche Bewegungen** sind nur unter verschärften Sicherheitsbedingungen möglich.
- Gefährdungen durch **Befehlsverkettungen** ausschalten.
- **Maschinenbewegungen**, die **aufgrund** einer direkten oder indirekten Einwirkung auf maschineninterne **Sensoren** eine Gefährdung darstellen können, werden **gesperrt**.
- Vom **Betätigungsplatz** des Wahlschalters aus müssen sich die jeweils betriebenen Maschinenteile steuern lassen.

19.7 Warneinrichtungen

19.7.1 Bedingung **für Warneinrichtung:** Wenn Sicherheit und Gesundheit der gefährdeten Personen durch Funktionsstörungen einer Maschine, deren Betrieb nicht überwacht wird, beeinträchtigt werden können, muss die Maschine mit einer entsprechenden akustischen oder optischen Warnvorrichtung versehen sein.

19.7.2 Anforderungen **an Warneinrichtungen:**
Ist die Maschine mit Warneinrichtungen ausgestattet (z. B. Signaleinrichtungen usw.), so müssen diese **eindeutig zu verstehen** und leicht wahrnehmbar sein.
Es müssen Vorkehrungen getroffen werden, damit das Bedienungspersonal die **ständige Funktionsbereitschaft** dieser Warneinrichtungen **überprüfen** kann.

19.8 Anwendung des Prinzips der **Energieabschaltung**
Der sichere Zustand wird erreicht, indem alle wichtigen Einrichtungen von der Energiequelle abgetrennt werden (z. B. durch Anwendung eines normalerweise geschlossenen Kontakts (NC) für Eingänge (Tast- und Positionsschalter) und eines normalerweise geöffneten Kontakts (O) für Relais). In einigen Fällen können Ausnahmen möglich sein (z. B. dann, wenn der Ausfall der Versorgung mit Elektroenergie eine zusätzliche Gefährdung darstellt).

19.9 Eine Einrichtung zur **Unterdrückung der Einschwingvorgänge** (RC-Glied, Diode, Varistor) ist parallel zur aufgebrachten Last, jedoch nicht parallel zu den Kontakten, anzuwenden.
Anmerkung: Durch eine Diode wird die Ausschaltzeit erhöht.

19.10 Verringerung der **Einschwingzeit:**
Minimierung der Verzögerung beim Ausschalten der zum Schalten verwendeten Bauteile.

19.11 Verträglichkeit:
Anwenden von Bauteilen, die für die angewendeten Spannungen und Ströme geeignet sind.

19.12 Beständigkeit gegen **Umgebungsbeanspruchungen:**
Gestalten der Einrichtungen, dass sie in allen für den Einsatz erwarteten Umgebungen und unter ungünstigen Bedingungen (z. B. Temperatur, Feuchtigkeit, Schwingungen und elektromagnetische Störung) arbeiten kann. Sicheres Anbringen von Bauteilen und Leitungen.

19.13 Sichern der Eingabegeräte:
Die Eingangseinrichtungen sind so zu sichern (z. B. durch Verriegelungsschalter, Positionsschalter, Grenzlagenschalter, Näherungsschalter), dass Position, Ausrichtung und Schalttoleranzen unter allen erwarteten Bedingungen (z. B. Schwingung, üblicher Verschleiß, Eindringen von Fremdkörpern, Temperatur) eingehalten werden (EN 1088).

19.14 Schutz gegen **unerwartetes Wiederanfahren** nach Wiederherstellung der Energieversorgung.
Unerwartetes Anfahren ist nach EN 1037 zu vermeiden.

19.15 Der **Steuerstromkreis** soll geschützt werden.

19.16 **Störungen der Steuerung**

19.16.1 Ein **Defekt in der Logik** des Steuerkreises, eine Störung oder Beschädigung des Steuerkreises darf nicht zu gefährlichen Situationen führen.

19.16.2 **Nichtausführen** eines bereits erteilten Befehls zum **Stillsetzen**

19.16.3 **Verhinderung** des automatischen oder manuellen **Stillsetzens** von beweglichen Teilen jeglicher Art

19.16.4 Herabfallen oder **Herausschleudern** eines beweglichen Maschinenteils oder eines von der Maschine gehaltenen Werkstücks

19.16.5 **Ausfall von Schutzeinrichtungen**

19.17 **Bewährte Sicherheitsprinzipien** für elektrische Steuerungssysteme (Kann-Anforderung)

19.17.1 Für Überwachungsfunktionen Anwendung **mechanisch verbundener Kontakte**

19.17.2 **Trennstrecke:**
Anschlussklemmen, Bauteile und Leitungen sind so anzuordnen, dass unbeabsichtigte Verbindungen vermieden werden.

19.17.3 Zur Zuführung einer **begrenzten Energiemenge** ist ein Kondensator anzuwenden (z. B. bei Anwendung einer Zeittaktsteuerung).

19.17.4 **Begrenzung elektrischer Parameter**:
Vermeidung einer Schwankung von Spannung, Strom, Energie oder Frequenz, die zu einem unsicheren Zustand führen kann, z. B. Drehmomentbegrenzung, versetztes, zeitlich begrenztes Laufen lassen, Kondensator in Zeittaktsteuerung und verringerte Geschwindigkeit. Die Vermeidung eines Ausfalls dieser Geräte muss physikalisch sichergestellt werden (fail-safe).

19.17.5 **Undefinierte Zustände** im Steuersystem sind zu vermeiden. Das Steuersystem ist konstruktiv so zu gestalten, dass während des üblichen Betriebs und unter allen erwarteten Betriebsbedingungen der Zustand des Steuersystems (z. B. Ausgang / Ausgänge) vorherbestimmt werden kann.

19.17.6 **Zwangläufiger Betätigungsmodus:**
Eine direkte Aktion wird durch Formschluss (nicht durch die Festigkeit) ohne elastische Elemente übertragen (d. h. keine Anwendung von Federn zwischen Stellglied und Kontakten) (EN 1088 : 1995, 5.1).

19.17.7 **Fail-safe:**
Nach Möglichkeit sollten alle Einrichtungen und Schaltungen bei Ausfall in einen sicheren Zustand übergehen oder zu sicheren Bedingungen führen.

19.17.8 **Gerichteter Ausfall:**
Wenn durchführbar, sollten Bauteile oder Systeme angewendet werden, bei denen die Ausfallart im Voraus bekannt ist.

19.17.9 **Anwendung** von Schaltungen mit **Ausschaltzeitverzögerung**:
Verzögerungsfunktionen innerhalb von Schutzschaltungen, wie die Verzögerung der Ausschaltzeit, sollten ohne äußere Stromversorgung von der begrenzten **Energiemenge** in Kondensatoren abhängen.

19.17.10 **Vereinfachung** des **Sicherheits-Steuersystems:**
Verringerung der Anzahl Bauteile in Sicherungsfunktionen

19.17.11 **Verringerung** von **Fehlermöglichkeiten:**
Trennung sicherheitsbezogener und anderer Funktionen

19.17.12 **Gleichgewicht** zwischen **Komplexität** und **Vereinfachung**:
Es ist ein Ausgleich herzustellen zwischen
- der Komplexität der Einrichtungen, um eine bessere Steuerung zu erreichen und
- der Vereinfachung der Einrichtungen, um ihre Zuverlässigkeit zu verbessern.

6.2 Risikobewertungs- und Dokumentationsverfahren

In der neuen Maschinenrichtlinie ist eindeutig in einem Risikominderungsprozess festgeschrieben, dass für jede Maschine eine interne Dokumentation erstellt werden muss, die unter anderem folgende Teile beinhaltet (zur Systematik s.a. Kap. 2.1c):

- Liste der zutreffenden grundlegenden **Anforderungen** der Maschinenrichtlinie (zutreffenden Punkte der Liste aus Kap. 5.1),
- **Nachweis** der Übereinstimmung der Maschine mit diesen grundlegenden Sicherheits- und Gesundheitsschutzanforderungen,
- Beschreibung der **Lösungen**, die angewendet wurden, um Risiken zu vermeiden.

In der DIN EN ISO 12100 „Sicherheit von Maschinen" wird genauer ausgeführt, was unter diesen Punkten zu verstehen ist. Zusammenfassend kann man sagen, dass eine Gefährdungsanalyse mit einer Beschreibung der für die Sicherheit notwendigen Maßnahmen durchzuführen und zu dokumentieren ist. Im Folgenden werden die Grundsätze für eine Gefährdungsanalyse aufgeführt:

a. **Elemente einer Risikobeurteilung**
b. **Liste der Gefährdungs- und Fehlerarten**
c. **Dokumentations- und Nachweisverfahren**

a. Elemente einer Risikobeurteilung

Eine Risikobeurteilung ist nicht nur für den Normalbetrieb, sondern für alle Situationen des Umgangs mit der Maschine durchzuführen, bei denen Gefährdungen auftreten können. Erfahrungsgemäß ist das Risiko eines Unfalls bei einer Fehlerbehebung im Produktionsablauf viel höher als bei dem automatischen Normalbetrieb.

Gefährdungssituationen

- Produktlebensphasen
  Transport, Installation, Einstellen, Rüsten, Betreiben, Fehlersuche, Wartung, Reinigung, Außerbetriebsetzen, Demontage, Entsorgung
- Betriebszustände
  Normalbetrieb, Automatikbetrieb, Handbetrieb, Fehlbetrieb (Störungen)
- Vorhersehbarer Missbrauch
- ständige (betriebsseitig erlaubte) Abweichung vom bestimmungsgemäßen Gebrauch, betriebsseitig nicht erlaubter Missbrauch

Systematik des Prozesses zur Risikominderung

Phase	Schritt	Aspekte
Risikoanalyse mit Festlegung der Grenzen und Gefährdungsanalyse	**Berücksichtigung aller Sicherheitsanforderungen**	siehe MRL Anh. I oder Liste in Kap. 5.1
	Berücksichtigung aller Gefährdungsmöglichkeiten	**Fehlerarten** (siehe nächstes Kap.) **Gefährdungsarten** (siehe nächstes Kap.) **Gefährdungsfolgen** (siehe nächstes Kap.)
	Berücksichtigung aller Gefährdungssituationen	**Produktlebensphasen** (Installation, Betrieb, Wartung, ...) **Betriebszustände** (Normalbetrieb, Fehlerbehebung, ...) vorhersehbarer **Missbrauch**
Risikoeinschätzung und Risikobewertung	**Berücksichtigung der Schwere der Schädigung auf Grund der Analyse der Gefährdungsfolgen**	**Verletzungsgrad** **Schadensdauer** **Schadensbegrenzung**
	Berücksichtigung der Auftretenswahrscheinlichkeit einer Gefährdung auf Grund der Analyse der Fehlerarten	**Fehlerwahrscheinlichkeit** **Gefährdungsdisposition** **Anfälligkeit für Gefährdung**
	Berücksichtigung der menschlichen Risikofaktoren auf Grund der Analyse der Gefährdungssituationen	**Qualifikation** **Komplexität der Situation** **Reaktionsmöglichkeit**
Risikominderung	Gefährdung **konstruktiv beseitigen** Konstruktion unter Beachtung aller Sicherheitsanforderungen	
	Gefährdung **konstruktiv minimieren** gegebenenfalls unter Verwendung von Schutzvorrichtungen	
	Benutzer **über Restrisiken informieren** Hinweise in Betriebsanleitung und auf Warnschildern	

sichere Maschine im Sinne der Maschinenrichtlinie

Die ersten beiden Schritte der Übersichtstabelle „Systematik des Risikominderungsprozesses" entsprechen der Risikobeurteilung, wie sie in den SicherheitsNormen DIN EN ISO 12100 beschrieben sind. Sie sind als iterativer Prozess zu verstehen, wie er in der Maschinenrichtlinie, Anhang I, „Allgemeine Grundsätze" gefordert wird.

b. Liste der Gefährdungs- und Fehlerarten

Im Folgenden wird die Liste der Gefährdungen aus DIN EN ISO 12100, Anh. A in etwas abgewandelter, systematischerer Form wiedergegeben. Die Normenliste enthält zwei Arten von Gefährdungen: solche, die als Folgen, andere, die als Ursachen anzusehen sind:

Gefährdungsfolgen ← Gefährdungsarten ← Fehlerarten (als Ursachen)

Gefährdungskategorien und Gefährdungsfolgen		
1	**Folgen aus mechanischen Gefährdungen:**	
1.1	Quetschen, Scheren	
1.2	Verletzungen durch fallende oder umherfliegende Gegenstände	
1.3	Schneiden oder Abschneiden, Durchstich oder Einstich	
1.4	Erfassen und Aufwickeln, Einziehen oder Fangen	
1.5	Stoß	
1.6	Reibung oder Abrieb	
1.7	Sturz oder Fall (von Personen)	
1.8	Verletzungen durch Spritzen von Flüssigkeiten unter hohem Druck	
2	**Folgen aus elektrischen Gefährdungen:**	
2.1	elektrischer Schlag wegen	
a)	direkter Berührung von unter Spannung stehenden Teilen	
b)	Teilen, die durch Fehlzustände spannungsführend geworden sind	
2.2	Hochspannungsschlag durch Annäherung an unter Hochspannung stehenden Teilen	
2.3	Schlag durch elektrostatische Vorgänge	
2.4	Verletzungen durch Hitze oder Herausschleudern geschmolzener Teilchen oder chemische Vorgänge bei Kurzschlüssen, Überlastungen usw.	
3	**Folgen aus thermische Gefährdungen:**	
3.1	Verbrennungen, Verbrühungen, Frostbeulen und andere Verletzungen durch	
a)	Kontakt mit Gegenständen oder Werkstoffen sehr hoher oder niedriger Temperatur	
b)	durch Flammen oder Explosionen	
c)	durch die Strahlung von Wärmequellen	
3.2	Schädigungen der Gesundheit durch heiße oder kalte Arbeitsumgebung	
4	**Folgen aus Gefährdungen durch Strahlung:**	
4.1	Schädigung durch Strahlung mit Niederfrequenz, Funkfrequenz, Mikrowellen	
4.2	Schädigung durch infrarotes, sichtbares und ultraviolettes Licht	
4.3	Schädigung durch Röntgen- und Gammastrahlen	
4.4	Schädigung durch Alphastrahlen, Betastrahlen, Elektronen-, Ionen- oder Neutronenstrahlen	
4.5	Schädigung durch Laserstrahlen	
5	**Folgen aus Gefährdungen durch Werkstoffe und anderer Stoffe** (und ihrer Bestandteile), die von Maschinen verarbeitet oder verwendet werden:	
5.1	Gefährdungsfolgen durch Kontakt mit oder Einatmung von gefährlichen Flüssigkeiten, Gasen, Nebeln, Dämpfen und Stäuben	
5.2	Gefährdungsfolgen durch Feuer oder Explosion	
5.3	biologische oder mikrobiologische Gefährdungsfolgen (durch Viren oder Bakterien)	
6	**Folgen aus Gefährdungen durch Vernachlässigung ergonomischer Grundsätze:**	
6.1	ungesunde Körperhaltung oder besondere Anstrengung wegen	
a)	ungenügende Berücksichtigung der (Dauer-)Leistungsfähigkeit (Mann/Frau)	
b)	ungenügende Berücksichtigung der Anatomie von Hand/Arm oder Fuß/Bein	
c)	ungeeignete Konstruktion und Platzierung von Stellteilen oder Sichtanzeigen	
6.2	Sehschäden	
6.3	Stress	
7	**Folgen aus Gefährdungen durch Lärm und Vibration:**	
7.1	Gehörverlust (Taubheit), andere physiologischen Beeinträchtigungen (z.B. Gleichgewichtsverlust, Nachlassen der Aufmerksamkeit)	
7.2	Störung der Sprachkommunikation, Störung akustischer Signale usw.	
7.3	Nerven- und Gefäßstörungen bei Verwendung handgeführter Werkzeuge	
7.4	Ganzkörpervibration, speziell in Verbindung mit Zwangshaltungen	
10	**Folgen aus Kombinationen von Gefährdungen**	

Gefährdungsarten (Gefährdungssituationen und Gefährdungsereignisse)		
1	**mechanische Gefährdungen durch**	
1.1	Maschinenteile oder Werkstücke, z.B.:	
a)	Form und relative Anordnung	
b)	Masse und Standfestigkeit (potentielle Energie von Elementen, die sich unter dem Einfluss der Schwerkraft bewegen können)	
c)	Masse und Geschwindigkeit (kinetische Energie von Elementen in kontrollierter oder unkontrollierter Bewegung)	
d)	unzureichende mechanische Festigkeit	
1.2	Ansammlung von Energie im Inneren der Maschine, z.B.:	
a)	elastische Elemente (Federn)	
b)	Flüssigkeiten und Gase unter Druck	
c)	Unterdruck	
1.3	Bruch beim Betrieb	
1.4	herabfallende oder herausgeworfene Gegenstände oder Flüssigkeiten	
1.5	Ausgleiten, Stolpern oder Fallen (in Zusammenhang mit Maschinen)	
1.6	Verlust der Standfestigkeit/Umkippen der Maschine	
2	**elektrische Gefährdungen durch**	
2.1	direkte Berührung von Personen mit von unter Spannung stehenden Teilen	
2.2	Berührung von Personen mit Teilen, die durch Fehlzustände spannungsführend geworden sind	
2.3	Annäherung an unter Hochspannung stehende Teile	
2.4	Blitzschlag	
2.5	elektrostatische Vorgänge	
2.6	thermische Strahlung	
2.7	Vorgänge wie Herausschleudern geschmolzener Teilchen oder chemische Vorgänge bei Kurzschlüssen, Überlastungen usw.	
3	**Thermische Gefährdungen durch**	
3.1	Werkstoffe sehr hoher oder niedriger Temperatur	
3.2	Flammen oder Explosionen	
3.3	die Strahlung von Wärmequellen	
3.4	heiße oder kalte Arbeitsumgebung	
4	**Gefährdungen durch Strahlung**	
5	**Gefährdungen durch Werkstoffe und andere Stoffe** (und durch ihre Bestandteile), die von Maschinen verarbeitet oder verwendet werden	
5.1	gefährliche Flüssigkeiten, Gase, Nebel, Dämpfe und Stäube, Sauerstoffmangel am Arbeitsplatz	
5.2	Feuer oder Explosion (Entflammbarkeit, Mangel an Feuerlöscheinrichtungen)	
5.3	biologische oder mikrobiologische Gefährdungen (durch Viren oder Bakterien)	
6	**Gefährdungen durch die Vernachlässigung ergonomischer Grundsätze wegen**	
6.1	erforderlicher ungesunder oder schwieriger Körperhaltung (kurzzeitig, langzeitig)	
6.2	ungeeigneter Platzierung (von Bedienteilen)	
6.3	mentaler Über-/Unterforderung	
7	**Gefährdungen durch Lärm und Vibration**	
8	**Gefährdungen auf Grund unzulänglicher Steuerung durch**	
8.1	unerwarteten Anlauf, unerwartetes Durchdrehen/Überdrehen (oder jede vergleichbare Funktion)	
a)	wegen Ausfall/Störung des Steuerungssystems	
b)	wegen Wiederherstellung der Energiezuführung nach einer Unterbrechung	
c)	wegen äußere Einflüsse auf elektrische Betriebsmittel oder andere Einflüsse (Wind, ...)	
d)	wegen Softwarefehler	
e)	wegen Bedienungsfehler, zurückzuführen auf unzureichende Anpassung der Maschine an menschliche Eigenschaften und Fähigkeiten	
8.2	fehlende Möglichkeit, die Maschine unter optimalen Bedingungen still zusetzen	
8.3	Änderungen der Umdrehungsgeschwindigkeit von Werkzeugen	
8.4	Ausfall der Energieversorgung	
8.5	Ausfall des Steuer- bzw. Regelkreises	
9	**Gefährdungen auf Grund menschlichen Verhaltens durch**	
9.1	fehlerhafte Montage	
9.2	unzureichende Anweisungen	
9.3	menschliches Fehlverhalten	
10	**Folgen aus Kombinationen von Gefährdungen**	

Zusätzliche Gefährdungarten aufgrund von Bewegungen		
11	**mechanische Gefährdungen im Zusammenhang mit der Fortbewegung der Maschine**	
11.1	Fortbewegung beim Starten der Maschine	
11.2	Fortbewegung, ohne dass sich der Fahrer auf dem Fahrersitz befindet	
11.3	Fortbewegung, ohne dass alle Teile gesichert sind	
11.4	zu hohe Geschwindigkeit einer durch Fußgänger geführten Maschine	
11.5	zu starke Schwingungen bei der Fortbewegung	
11.6	ungenügende Möglichkeit, die Maschine zu verlangsamen, still zusetzen und unbeweglich zu machen	
	... zurückzuführen auf das Steuerungssystem	
11.7	ungeeignete Positionierung von Stellteilen	
11.8	ungeeignete Konstruktion der Stellteile und ihrer Betriebsweise	
	mechanische Gefährdungen durch Arbeiten an der Maschine einschl. Fahrerkabine auf der Maschine	
11.9	mechanische Gefährdungen am Arbeitsplatz:	
a)	durch Berührung der Räder;	
b)	durch Überrollen;	
c)	durch Herabfallen und Herausschleudern von Gegenständen, Durchdringen durch	
e)	durch Berührung von Personen mit Maschinenteilen oder Werkzeugen (bei durch Fußgänger geführten Maschinen)	
12	**Gefährdungen zurückzuführen auf die Energiequelle und Energieübertragung**	
12.1	Gefährdungen durch Motor und Batterien	
12.2	Gefährdungen durch die Energieübertragung zwischen Maschinen	
12.3	Gefährdungen durch Kupplungen und Seilzüge	
16	**Gefährdungen durch die Vernachlässigung ergonomischer Grundsätze wegen**	
16.1	ungeeignete Beleuchtung	
16.2	ungeeigneter Sitz	
16.3	Lärm am Arbeitsplatz	
16.4	Vibration am Arbeitsplatz	
16.5	ungenügende Sichtbarkeit der Umgebung aus der Fahrerposition	
19	**Gefährdungen durch menschliches Verhalten Dritter Personen**	
19.1	unerlaubtes Starten/Benutzen	
19.2	Bewegung eines Maschinenteils über seine Halteposition hinaus	
19.3	Fehlen oder mangelnde Eignung von optischen oder akustischen Warneinrichtungen	
19.4	Gefährdungen aufgrund unzureichender Anweisungen für den Fahrer/Bediener	

Zusätzliche Gefährdungsarten aufgrund von Hebevorgängen		
21	**zusätzliche mechanische Gefährdungen durch Lasten**	
21.1	durch herabfallende Lasten, Zusammenstöße, Anstoßen der Maschine wegen:	
a)	mangelnder Stabilität	
b)	falscher Beladung, Überlastung, Überschreiten der Kippmomente	
c)	unkontrollierten Bewegungsausschlägen	
d)	unerwarteten/unbeabsichtigten Ladungsbewegungen	
e)	ungeeigneten Befestigungsmitteln/Zubehörteilen	
21.2	Zusammenstoß von mehreren Maschinen	
21.3	durch Zugang von Personen zu Lastträgern	
21.4	durch Entgleisen	
21.5	durch ungeeignete Konstruktion von Lastaufnahmehaken und –trommeln	
21.6	ungeeigneten Einbau in die Maschine	
21.7	durch Herablassen der Last unter Überwachung der Reibungsbremse	
21.8	durch abnormale Bedingungen für Montage/Prüfung/Nutzung/Instandhaltung	
21.9	durch Einwirkung der Last auf Personen (Stoß durch Last oder Gegengewicht)	

Die „Liste einiger wichtiger Fehler und Ausfälle bei Maschinen“ ist an die Tabelle A2 der DIN EN ISO 12100 angelehnt. Diese Fehlerarten sind die Ursachen der Gefährdungen.

Fehlerarten (Liste wichtiger Fehler und Ausfälle bei		
1	**mechanische Komponenten**	
1.1	wechselbelastete Bauteile	
a)	Federbruch	
b)	bewegliche Verbindungen (Achsbolzen, ...)	
c)	Achsen, Wellen, Naben, Lager	
1.2	geführte bewegliche Bauteile	
a)	Schwergängigkeit, Blockieren, Hängenbleiben	
b)	Lockern, Verlagern	
1.3	Lösen von Verbindungen (z. B. durch Vibration)	
1.4	Verschleiß (z. B. bei Rollen, Lagern, Klinken, Führungen)	
1.5	Umgebungseinflüsse	
a)	Korrosion	
b)	Temperatur	
1.6	fertigungsbedingte Fehler	
a)	Passungsfehler (zu großes Spiel, ...)	
b)	Fluchtungsfehler von Teilen	
	hydraulische und pneumatische Komponenten	
1.10	Nicht-Schalten oder unvollständiges Schalten des beweglichen Elementes z. B. Hängenbleiben eines Ventilkolbens	
1.11	Veränderung der Ausgangsstellung des beweglichen Elements (z. B. bei Wegeventilen)	
1.12	Leckage bzw. Veränderung der Leckage (z. B. bei Wegeventilen)	
1.13.	instabile Steuerungseigenschaften bei Servo- und Proportionalventilen	
1.14	Druckverlust	
a)	Abreißen von Leitungen	
b)	Lösen oder Abreißen von Kupplungen	
1.15	Zusetzen eines Filterelements (insbesondere durch feste Stoffe)	
1.16	abnormaler Druck oder Volumenfluss	
1.17	z. B.bei Hydraulikpumpen, Hydraulikmotoren, Kompressoren, Zylindern)	
1.18	Ausfall oder abnormale Veränderung der Eigenschaften von Eingangs- oder Ausgangssignalen bei Sensoren (z. B. Druckschaltern)	
2	**elektrische und elektronische Komponenten**	
2.1	geöffneter Stromkreis in einem Leiter oder in einzelnen Bauteilen	
2.2	Kurzschluss in einem Leiter z. B. Erdschluss, Kurzschluss im Schutzleiter, Kurzschluss in einem leitenden Teil	
2.3	Kurzschluss in einzelnen Bauteilen z. B. in Positionsschaltern, Stellteilen von Maschinen, Relais	
2.4	Nicht-Abfallen oder Nicht-Anziehen von elektromagnetischen Komponenten z. B. Schütze, Relais, Magnetventile	
2.5	Nicht-Starten oder Nicht-Anhalten von Motoren	
2.6	mechanische Blockierung beweglicher el. Elemente (z. B. Positionsschalter)	
2.7	mechanische Lockerung oder Verlagerung beweglicher el. Elemente (z. B. Positionsschalter)	
2.8	Driften über die Toleranzgrenze von analogen Elementen (z. B. Widerstände, Transistoren)	
8	**Steuerungskomponenten**	
8.1	geöffneter Stromkreis in einzelnen Bauteilen	
8.2	Kurzschluss in einzelnen Bauteilen z. B. in Steuerungs- oder Regeleinrichtungen, Relais	
8.3	Driften über die Toleranzgrenze von analogen Bauteilen	
8.4	Oszillieren von (instabilen) Ausgangssignalen bei integrierten Bauteilen	
8.5	Verlust der Gesamtfunktion oder Teilfunktionen bei komplexen integrierten Bauteilen (beachte: Verhalten im ungünstigsten Betriebsfall, worst case) z. B. bei Mikroprozessoren, programmierbaren elektronischen Einrichtungen, SPS, anwendungsspezifischen integrierten Stromkreiesen	

c. Dokumentations- und Nachweisverfahren

Die Dokumentation im Sinne der Maschinenrichtlinie dient zum **Nachweis**, dass Ihre Maschine oder Anlage

- mit den Anforderungen der Richtlinie übereinstimmt und
- damit keine nicht akzeptablen Restrisiken für Mensch und Material enthält
- sowie „fehlerfrei" im Sinne des Produkthaftungsgesetzes ist.

Die Dokumentation muss demnach folgende **Elemente** enthalten (siehe auch die Aufstellung am Beginn des Kap. 5.2):

- Grenzen der Maschine und die Liste der zutreffenden Sicherheitsanforderungen,
- Risikoanalyse mit einer Risikobewertung und einem nachvollziehbaren Nachweis, dass die betreffende Maschine untersucht und bewertet wurde,
- Beschreibung der Maßnahmen, die zur Erfüllung der Sicherheitsanforderungen und zur Beseitigung oder Verminderung der erkannten Risiken dienen und einem nachvollziehbaren Nachweis, dass bei der betreffenden Maschine diese Maßnahmen wirksam durchgeführt wurden (und bei Serienprodukten nachhaltig durchgeführt werden).

Zwei eingeführte und anerkannte **Verfahren** erfüllen diese Anforderungen:

- **Checkliste** zur Überprüfung der Maschinensicherheit,
- **Gefährdungs-FMEA** (Fehler-Möglichkeits- und Einfluss-Analyse).

Checkliste

Das Checklistenverfahren ist die einfachste Methode eine Maschine auf Konformität zu überprüfen. Das Verfahren erinnert an eine Maschinen-Abnahme; der Fokus im aktuellen Fall liegt allerdings nicht bei der Funktion und der Vollständigkeit, sondern bei der sicheren Funktion und der Vollständigkeit der Sicherheitseinrichtungen.

Will man mit einer Checkliste *alle* Elemente einer Risikobeurteilung abdecken, führt das sehr schnell zu einem Problem:

Die ganze Checkliste mit den vielen Sicherheitsanforderungen muss man

- für jede Maschinenkomponente (Antrieb, bewegliche Teile, Zuführungen, Schutzeinrichtungen, Steuerung ...)
- für jede Lebensphase (Rüsten, Betreiben, Reinigen, Warten, Fehlerbeheben ...)
- und für jeden Betriebszustand (Automatikbetrieb, Einrichtbetrieb, Handbetrieb, Störung von außen ...)

detailliert durchgehen. Dies ist in der Praxis unmöglich. Die praktische Lösung ist, dass man bekannte Risikoschwerpunkte herausgreift und nur diese noch einmal durchcheckt. Das hat jedoch den großen Nachteil, dass dezidierte Vorkenntnisse über Sicherheitsaspekte der Maschine beim Abnahmepersonal vorhanden sein müssen!

Bisher unbekannte oder versteckte Risikopotenziale werden beim Checklistenverfahren oft übersehen. Auch beim Einsatz neuer Technologien ist das Verfahren kritisch, da einschlägige Erfahrungen nicht vorliegen können. Ein Ausweg in diesen Fällen bietet die Gefährdungs-FMEA, die darauf angelegt ist, systematisch bisher unentdeckte Fehlerquellen aufzuspüren:

Gefährdungs-FMEA

Die FMEA (Fehler-Möglichkeits- und Einfluss-Analyse) wurde von der Automobilindustrie in Deutschland eingeführt, um ein systematisches Instrument zu haben, das bereits bei der Konzeption und Konstruktion hilft, präventiv mögliche Fehler zu entdecken und noch rechtzeitig (vor Beginn der Produktion) zu verbessern. Während die Konstruktions-FMEA dabei hilft, alle konstruktiven Fehlermöglichkeiten zu vermeiden oder zu entdecken, ist bei der Gefährdungs-FMEA der Fokus auf die Gefährdungsmöglichkeiten ausgerichtet, die von einer Maschine ausgehen. Die grundsätzliche Systematik ist aber dieselbe.

Bewertung und Einsatz der beiden Verfahren

<table>
<tr><th></th><th>Checkliste</th><th>G-FMEA</th></tr>
<tr><td>Maschinenarten</td><td colspan="2">alle Maschinen und Anlagen</td></tr>
<tr><td rowspan="3">Phase</td><td></td><td>Abschluss der Konzeption</td></tr>
<tr><td colspan="2">Abschluss der Konstruktion</td></tr>
<tr><td>Maschinen/Anlagenabnahme</td><td></td></tr>
<tr><td>Team</td><td>mindestens 2 Mitarbeiter</td><td>FMEA-Team mit 3-5 Mitarbeitern</td></tr>
<tr><td>Aufwand</td><td>gering (angemessen),
gezielte Analyse der erkennbaren Gefährdungen</td><td>groß,
sehr tiefe Analyse aller Struktur- und Gefährdungselemente</td></tr>
<tr><td>Voraussetzung</td><td>Erfahrung mit ähnlichen Maschinen,
Methode schnell erlernbar</td><td>Erfahrung mit FMEA-Methodik,
auch für neue Maschinen und Technologien geeignet</td></tr>
</table>

Im nächsten Kapitel 5.3 soll beispielhaft gezeigt werden, wie diese Verfahren konkret aussehen können. Wichtig ist, dass diese beiden Analyse- und Dokumentationsmethoden „vollständig und systematisch“ sind, eine der Grundvoraussetzungen für die Nachvollziehbarkeit.

6.3 Beispiele: Checkliste, G-FMEA

In diesem Abschnitt soll beispielhaft gezeigt werden, wie

- die Elemente einer Risikobeurteilung (siehe Kap. 5.2, Abschnitt 1),
- unter Berücksichtigung der Gefährdungsarten und -folgen (siehe Kap. 5.2, Abschnitt 2),
- mit zwei Verfahren in vollständiger und systematischer Weise (siehe Kap. 5.2, Abschnitt 3)

in der Praxis umgesetzt werden können.

Checkliste

Zum Nachweis der Erfüllung der grundlegenden Sicherheits- und Gesundheitsschutzanforderungen für eine Maschine.

Die wesentlichen Elemente einer Checkliste sind:

- **Deckblatt**
  zur Identifizierung der überprüften Maschine und zur Bestätigung der Prüfung gemäß EU-Maschinenrichtlinie,
- Liste der **Anforderungen** der Maschinenrichtlinie Anhang I
  mit Kennzeichnung der zutreffenden Punkte und der Zuordnung zu den Gefährdungsorten,
- Hinweise und Regeln zur **Risikobeurteilung,**
- **Deckblatt Maßnahmenliste** zur Identifizierung der überprüften Maschine,
  zur Bestätigung der Übereinstimmung der vorliegenden Maschine mit den Anforderungen der Maschinenrichtlinie und
- **Maßnahmen**liste zur Beschreibung der Lösungen, die zur **Risikominderung** angewendet wurden.

Beispiele für die Realisierung dieser Elemente finden sich auf den nächsten Seiten. Für eine vollständige und einsetzbare Checkliste sei auf die Literaturliste verwiesen.

Überprüfte Maschine:

Hersteller ______________________

____

Benennung ______________________

Typbezeichnung ______________________

Nummer, Baujahr ______________________

technische Daten ______________________

____

Art der Prüfung ☐ Typprüfung ☐ Einzelmaschinenabnahme

Inhalt

☒	Modul 1.1	Allgemeine Sicherheits- und Gesundheitsanforderungen	20	Seiten
☒	Modul 1.2	Sicherheitsanforderungen an Schutzeinrichtungen	4	Seiten
☒	Modul 2	Allgemeine Sicherheitsanforderungen an die Elektrik	2	Seiten
☒	Modul 3	Allgemeine Anforderungen an die Betriebsanleitung	4	Seiten
☒	Anlage A	Liste der Besonderen Gefahrenstellen	3	Seiten
☒	Anlage B	Liste der zertifizierten Bauteile	2	Seiten
☒	Anlage ML	Maßnahmenliste	3	Seiten

Bestätigung:

Die Überprüfung der o. g. Maschine wurde mit vorliegender Checkliste gemäß EG-Maschinenrichtlinie durchgeführt. Der Durchführende und der Leitende der Prüfung bestätigen dies durch ihre Unterschrift. Der Beauftragte der Technischen Leitung des Herstellers bestätigt die ordnungsgemäße Abnahme der Prüfung.				
Durchführung:	Firma	Name	Datum	Unterschrift
Leitung:	Firma	Name	Datum	Unterschrift
Abnahme:	Firma	Name	Datum	Unterschrift

Checkliste „Anforderungen der Maschinenrichtlinie" zur Prüfung und zum Nachweis (Deckblatt)

Der folgende Auszug aus der eigentlichen Checkliste soll insbesondere die Systematik der Inhalte aufzeigen.

Die einzelnen Punkte der Anforderungen entsprechen (der Übersichtlichkeit halber in abgekürzter Form) den Punkten der Liste in Kap. 5.1.

Liste der Anforderungen			Risiko-Beschreibung	Gefährdungsart		Gefährdungsfolge		Risiko-Bewertung IST													
Nr.	Prüfelement	Gefahrenort		Nr.	Beschreibung	Nr.	Beschreibung	v	d	b	B	w	g	f	A	q	k	r	E	RPZ	Verweis
1	2	3	4	5	6	7	8	9	10	11	12	13	14	15	16	17	18	19	20	21	22
2	Anforderungen an die Mechanik																				
2.1	**Stabilität**																				
2.2	**Mechanische Beanspruchung:**																				
2.2.1	ausreichende Festigkeit																				
2.2.2	Überlastungs-sicherungen																				
2.3	**Vorsichtsmaß-nahmen gegen Bruchgefahren**																				

Erläuterung der Checkliste „Anforderungen aus Maschinenrichtlinie“

Spalte		Erläuterung / Bemerkung
1	Nr.	Nr. des Prüfelementes
2	Prüfelement	zu prüfende Anforderung aus MRL Anh.I
3	Gefahrenort	untersuchtes Strukturelement
4	Risikobeschreibung	kurze Beschreibung der möglichen Gefährdung
5	Nr. Gefährdungsart	Nr. aus Katalog der Gefährdungsarten S. ...
6	Gefährdungsart	zutreffende Gefährdungsart (-situation) aus Katalog S., dient zum Auffinden der Ursache
7	Nr. Gef.folge	Nr. aus Katalog der Gefährdungskategorien und –folgen S. ...
8	Gef.folge	zugehörige mögliche Gefährdungsfolge aus Katalog S. ..., dient zur Bestimmung der Schwere B der Gefährdung
9	v (Risiko-Bewert.)	Verletzungsgrad
10	d (Risiko-Bewert.)	Schadensdauer
11	b (Risiko-Bewert.)	Rettungschancen und Schadensbegrenzung
12	B	B = v x d + b Bedeutung der Gefährdung
13	w (Risiko-Bewert.)	Fehlerwahrscheinlichkeit
14	g (Risiko-Bewert.)	Gefährdungsdisposition
15	f (Risiko Bewert.)	Anfälligkeit für Gefährdung
16	A	A = g x w + f Auftretenswahrscheinlichkeit
17	q (Risiko-Bewert.)	Qualifikation
18	k (Risiko-Bewert.)	Komplexität
19	r (Risiko-Bewert.)	Reaktions- und Ausweichmöglichkeit
20	E	E = q x k + r Erkennungsmöglichkeit
21	RPZ	Risikoprioritätszahl RPZ = B x A x E
22	Verweis	Verweis auf Liste A der besonderen Gefahrenstellen., Liste B der zertifizierten Bauteile und Maßnahmenliste ML

Für die mit der RPZ ausgewählten Risiken werden nun Zusatzmaßnahmen (je nach Notwendigkeit Warnhinweise, Schutzmaßnahmen oder konstruktive Maßnahmen) überlegt und in die Maßnahmenliste eingetragen.

Um die Checkliste bearbeiten zu können, sind Erläuterungen zu den einzelnen Spalten von Nutzen:

Die hinteren Spalten der Checkliste dienen der Risikobewertung. Die Einzelrisikozahlen für die Schwere B des Schadens, die Auftretenswahrscheinlichkeit A für die Gefährdung und die Erkennungsmöglichkeit E einer Gefährdung als Ausdruck der menschlichen Risikofaktoren sind den folgenden Tabellen zu entnehmen.

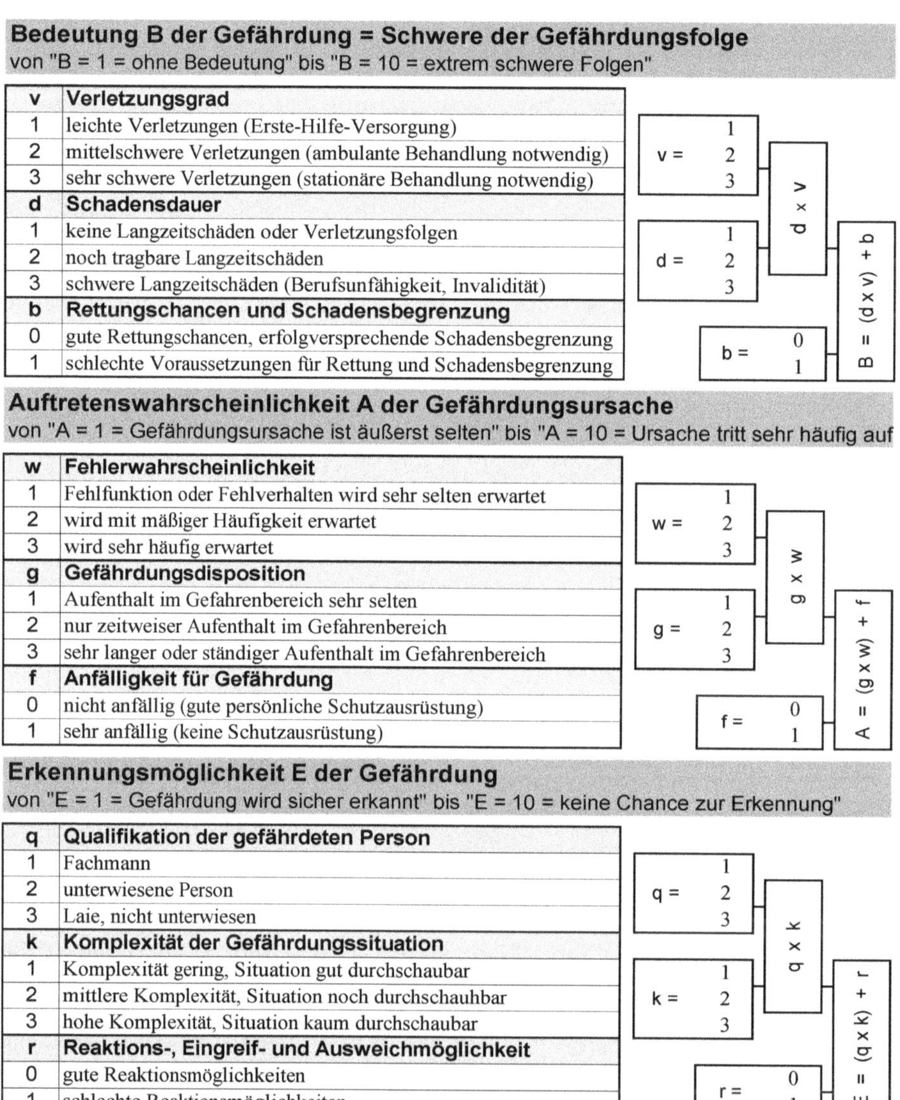

Bedeutung B der Gefährdung = Schwere der Gefährdungsfolge
von "B = 1 = ohne Bedeutung" bis "B = 10 = extrem schwere Folgen"

v	Verletzungsgrad
1	leichte Verletzungen (Erste-Hilfe-Versorgung)
2	mittelschwere Verletzungen (ambulante Behandlung notwendig)
3	sehr schwere Verletzungen (stationäre Behandlung notwendig)
d	**Schadensdauer**
1	keine Langzeitschäden oder Verletzungsfolgen
2	noch tragbare Langzeitschäden
3	schwere Langzeitschäden (Berufsunfähigkeit, Invalidität)
b	**Rettungschancen und Schadensbegrenzung**
0	gute Rettungschancen, erfolgversprechende Schadensbegrenzung
1	schlechte Voraussetzungen für Rettung und Schadensbegrenzung

Auftretenswahrscheinlichkeit A der Gefährdungsursache
von "A = 1 = Gefährdungsursache ist äußerst selten" bis "A = 10 = Ursache tritt sehr häufig auf

w	Fehlerwahrscheinlichkeit
1	Fehlfunktion oder Fehlverhalten wird sehr selten erwartet
2	wird mit mäßiger Häufigkeit erwartet
3	wird sehr häufig erwartet
g	**Gefährdungsdisposition**
1	Aufenthalt im Gefahrenbereich sehr selten
2	nur zeitweiser Aufenthalt im Gefahrenbereich
3	sehr langer oder ständiger Aufenthalt im Gefahrenbereich
f	**Anfälligkeit für Gefährdung**
0	nicht anfällig (gute persönliche Schutzausrüstung)
1	sehr anfällig (keine Schutzausrüstung)

Erkennungsmöglichkeit E der Gefährdung
von "E = 1 = Gefährdung wird sicher erkannt" bis "E = 10 = keine Chance zur Erkennung"

q	Qualifikation der gefährdeten Person
1	Fachmann
2	unterwiesene Person
3	Laie, nicht unterwiesen
k	**Komplexität der Gefährdungssituation**
1	Komplexität gering, Situation gut durchschaubar
2	mittlere Komplexität, Situation noch durchschauhbar
3	hohe Komplexität, Situation kaum durchschaubar
r	**Reaktions-, Eingreif- und Ausweichmöglichkeit**
0	gute Reaktionsmöglichkeiten
1	schlechte Reaktionsmöglichkeiten

Das Gesamtrisiko einer Maschine kann man durch eine Risikoprioritätszahl RPZ ausdrücken, die das Produkt der drei Einzelfaktoren darstellt:

RPZ = B x A x E (RPZ = 1 ...1000)

Die **Maßnahmenliste** ist das Ergebnis der Risikoanalyse:

ANLAGE ML zur Checkliste "Anforderungen der EG Maschinenrichtlinie" **Maßnahmenliste für Gefährdungsanalysen**

Nr.	Gefahrenort	Gefährdungsart		Gefährdungsfolge		Bewertung IST				Maßnahme		Risikobewertung SOLL										Termin / verantwortl.	erledigt am / von
		Nr.	Beschreibung	Nr.	Beschreibung	B	A	E	RPZ	Art	Beschreibung	B	w	g	f	A	q	k	r	E	RPZ		
1	2	3	4	5	6	7	8	9	10	11	12	13	14	15	16	17	18	19	20	21	22	23	24
	Übernahme aus der Analyse-Checkliste (IST-Zustand)									zusätzliche Maßnahmen zur Absenkung der RPZ (SOLL-Zustand)													
1																							

Mit der Maßnahmenliste (Erläuterung zum Ausfüllen siehe im Folgenden) wird endgültig die Konformität der Maschine mit den Anforderungen der Liste hergestellt und kann nun bestätigt werden:

Anlage ML zur Checkliste "Anforderungen der EG Maschinenrichtlinie" Maßnahmenliste

Hersteller ______________________________

____

Benennung ______________________________

Typbezeichnung ______________________________

Nummer, Baujahr ______________________________

Maßnahme:

In der Liste sind alle Maßnahmen zu beschreiben, die sich auf Grund der Überprüfung durch die vorliegende Checkliste und die Auswertung der Risikoprioritätszahl RPZ ergeben haben.

Maßnahmearten:

Bei der Behebung von Gefährdungen wird in 4 verschiedene Maßnahmearten unterschieden:

konstruktive Maßnahme	= K,
Schutzmaßnahme	= S,
Warnhinweis auf Restgefahr	= W und
gesetzlich vorgeschriebene Maßnahme	= G.

Entscheidungsgrundlage zur Auswahl der Maßnahmeart:

1	≤	RPZ	<	100	**keine** zusätzliche Maßnahme notwendig, akzeptables Restrisiko (z. B. B=5, A=4, E=4)
100	≤	RPZ	<	125	Maßnahme **W**: zusätzlicher Warnhinweis notwendig, geringes Restrisiko (z. B. B=6, A=5, E=4)
125	≤	RPZ	<	250	Maßnahme **S**: zusätzliche Schutzmaßnahme erforderlich, erhöhtes Restrisiko (z. B. B=7, A=5, E=6)
250	≤	RPZ	<	1000	Maßnahme **K**: konstruktive Maßnahme unbedingt erforderlich, inakzeptables Restrisiko (z. B. B=7, A=6, E=6)

Risikobewertung im SOLL Zustand:

Das Risiko des Soll-Zustandes wird neu bewertet (B bleibt gleich). Es muss sich eine RPZ_{SOLL} < 100 ergeben, dass die Maßnahme als erfolgreiche technische Lösung der Gefahrenverhütung gilt.

Durchführung:

Die Durchführung der Maßnahme ist festzulegen durch:
- bis = Angabe des Fertigstellungstermins
- von = Angabe des Verantwortlichen

Die vollzogene Maßnahme ist am Ende des betreffenden Abschnitts zu dokumentieren durch:
- am = den tatsächlichen Fertigstellungstermin
- durch = Unterschriftszeichen des Verantwortlichen

☞ **Beachten:**

Erst nach der Durchführung und Bestätigung aller noch erforderlichen Maßnahmen gemäß Anlage ML „Maßnahmenliste" kann für die vorliegende Maschine eine Konformitätserklärung ausgestellt und das CE-Zeichen angebracht werden!

Die Einhaltung der Bestimmungen des EMV-Gesetzes und der EU Richtlinie für elektrische Betriebsmittel ist sicherzustellen!

Beschreibung der Maßnahmenliste

Spalte		Erläuterung / Bemerkung
1 ↓ 6	Gefährdung mit RPZ ≥ 100	Die Spalten „Nr., Gefahrenort, Nr. Gefährdungsart, Gefährdungsart, Nr. Gefährdungsursache und Gefährdungsursache" aus Checkliste übernehmen, falls RPZ ≥ 100.
7 ↓ 10	IST-Bewertung: B, A, E, RPZ	Bewertung der Gefährdung (IST Situation bei Abnahme)
11	Art der Maßnahme	Kennzeichnung mit K = konstruktiv, S = Schutzmaßnahme, W = Warnhinweis auf Restgefahr, D = interne, technische Dokumentation
12	Beschreib. der Maßn.	Kurzbeschreibung der notwendigen Zusatzmaßnahme
13 ↓ 22	SOLL-Bewertung B, A, E, RPZ	Neu-Bewertung der Auftretenswahrscheinlichkeit A und der Entdeckungsmöglichkeit E (SOLL Situation nach Maßnahme) (Bewertung B ändert sich nicht)
23	Termin/Verantwortl.	Abschlusstermin und Verantwortlicher für Durchführung der Maßnahme
24	erledigt am / von	Erledigungsvermerk für durchgeführte Maßnahme mit Unterschrift Verantwortl.

Eine neue Bewertung des soeben definierten SOLL Zustandes muss eine RPZ < 100 ergeben, um als erfolgreiche technische Lösung zur Gefahrenverhütung zu gelten.

Gefährdungs-FMEA (G-FMEA)

Zum Nachweis der Erfüllung der grundlegenden Sicherheits- und Gesundheitsschutzanforderungen für die Konstruktion einer Maschine.

Die wesentlichen Elemente einer G-FMEA sind:

- **Systemstruktur**
  als hierarchischer Aufbau der Maschine bzw. der Prozesse (Bedienung),
- **Anforderungen** an die Systemelemente
  = Auswahl der für ein Systemelement zutreffenden Anforderungen aus der Anforderungsliste Kap. 5.1,
- **Analyse der Gefährdungen**, Gefährdungsfolgen und Gefährdungsursachen für jede Anforderung und jedes Systemelement,
- Ursachen-Behebungs- und Gefährdungs-Entdeckungs-**Maßnahmen** als Beschreibung der Lösungen, die zur Risikominderung angewendet wurden mit **Risikobewertung** (Bewertungssystem siehe Abschnitt „Checkliste"),
- **Maßnahmenverfolgungsliste** mit Kümmerer und Fertigstellungstermin.

Beispiele für die Realisierung dieser Elemente finden sich auf den nächsten Seiten.

Hierarchische Systemstruktur zur vollständigen Beschreibung der Maschine:

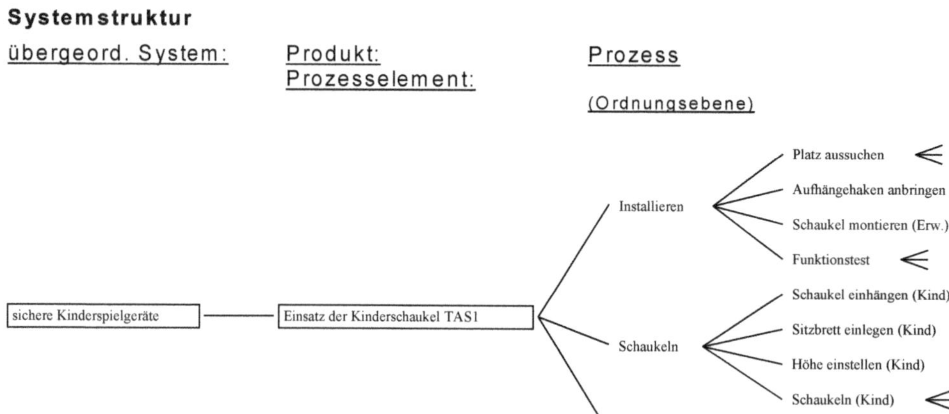

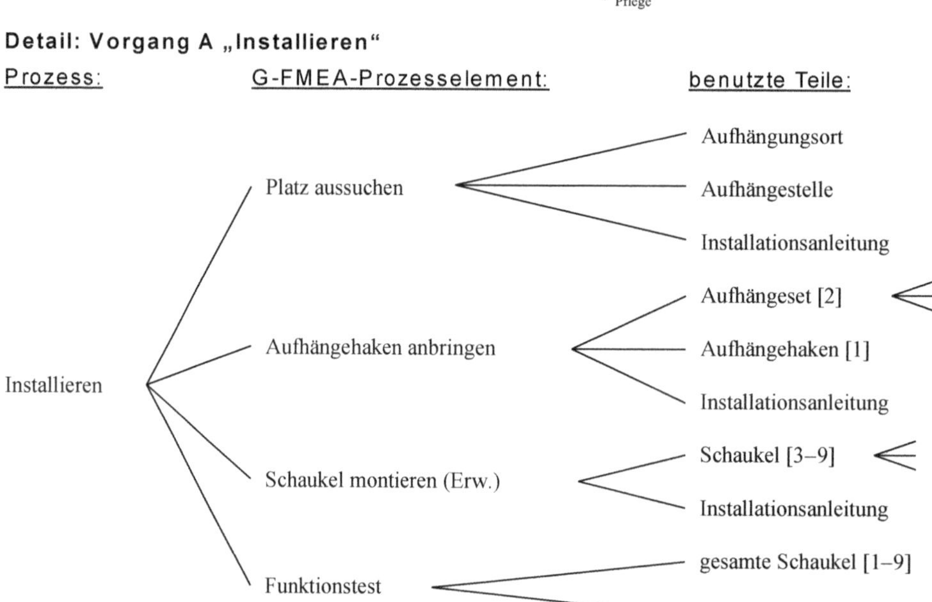

Systemstruktur in Listenform

System: | sichere Kinderspielgeräte
- Produkt: | Einsatz der Kinderschaukel TAS1
  - Prozess: | Installieren
    - G-FMEA-Prozesselement | Platz aussuchen
      - Schnittstelle: | Aufhängungsort
      - Schnittstelle: | Aufhängestelle
      - benutzte Teile: | Installationsanleitung
    - G-FMEA-Prozesselement: | Aufhängehaken anbringen
      - benutzte Teile: | Aufhängeset [2]
        - Dübel [2.1]
        - Mutter [2.2]
      - benutzte Teile: | Aufhängehaken [1]
      - benutzte Teile: | Installationsanleitung
    - G-FMEA-Prozesselement: | Schaukel montieren (Erw.)
      - benutzte Teile: | Schaukel [3-9]
        - Einzelteil: | Aufhängering [3]
        - Einzelteil: | Aufhängeseil [4+5]
        - Einzelteil: | Höhenverstellung [6+7]
        - Einzelteil: | Turnring [8]
        - Einzelteil: | Sitzbrett [9]
      - benutzte Teile: | Installationsanleitung
    - G-FMEA-Prozesselement: | Funktionstest
      - benutzte Teile: | gesamte Schaukel [1-9]
        - Einzelteil: | Aufhängehaken [1]
        - Einzelteil: | Aufhängeset [2]
        - Einzelteil: | Aufhängering [3]
        - Einzelteil: | Aufhängeseil [4+5]
        - Einzelteil: | Höhenverstellung [6+7]
        - Einzelteil: | Turnring [8]
        - Einzelteil: | Sitzbrett [9]
      - benutzte Teile: | Installationsanleitung
  - Prozess: | Schaukeln
  - Prozess: | Pflege

Sicherheitsanforderungen

Jedem Strukturelement werden alle zutreffenden Anforderungen (in Kurzform) der Liste des Anhangs I der Maschinenrichtlinie (siehe Kap. 5.1) zugeordnet:

Anforderungen an die Strukturelemente
- Die Anforderungen sind mit ! gekennzeichnet, die Strukturelemente haben kein Kennzeichen

```
System: | sichere Kinderspielgeräte
+ !!! Basisanforderung: Erfüllen der Sicherheits- und Gesundheitsanforderungen der EU-Richtlinie Maschinen
- Produkt: | Einsatz der Kinderschaukel TAS1
    !! Grundanforderung 1: mechanische Gefährdungen ausschließen
    !! Grundanforderung 2: elektrische Gefährdungen ausschließen
    !! Grundanforderung 6: Gefährdungen durch Vernachlässigung ergonomischer Grundsätze ausschließen
    !! Grundanforderung 8: Gefährdungen auf Grund unzulänglicher Steuerung ausschließen
    !! Grundanforderung 9: Gefährdungen auf Grund menschlichen Verhaltens ausschließen
  + Prozess: | Installieren
  + Prozess: | Schaukeln
    Prozess: | Pflege

  - Prozess: | Schaukeln
    - G-FMEA-Prozesselement: | Schaukel einhängen (Kind)
        ! 1 Anforderungen an den Gebrauch: einfache Benutzung
        ! 7 Anforderungen an die Betriebsanleitung: Verwendung, Benutzerqualifikation
        benutzte Teile: | Aufhängering [3]
        benutzte Teile: | Aufhängehaken [1]
        benutzte Teile: | Gebrauchsanleitung

  - Prozess: | Installieren
    - G-FMEA-Prozesselement: | Platz aussuchen
        ! 1 Anforderungen an den Gebrauch: Warnungen, Hinweise
        ! 2 Anforderungen an die Mechanik: Stabilität, Festigkeit
        ! 3 Anforderungen an den Arbeitsplatz: Zugang, Beschaffenheit
        ! 4 Anforderung an die Schutzeinrichtung: Abstände Gefahrenstellen
        ! 7 Anforderungen an die Installationsanleitung: Benutzerqualifikation
        Schnittstelle: | Aufhängungsort
        Schnittstelle: | Aufhängestelle
        benutzte Teile: | Installationsanleitung
    - G-FMEA-Prozesselement: | Aufhängehaken anbringen
        ! 2 Anforderungen an die Mechanik: Festigkeit
        ! 7 Anforderungen an die Installationsanleitung: Benutzerqualifikation
      + benutzte Teile: | Aufhängeset [2]
        benutzte Teile: | Aufhängehaken [1]
        benutzte Teile: | Installationsanleitung
    - G-FMEA-Prozesselement: | Schaukel montieren (Erw.)
        ! 1 Anforderungen an den Gebrauch: Warnungen, Hinweise
        ! 2 Anforderungen an die Mechanik: Stabilität, Festigkeit
        ! 7 Anforderungen an die Installationsanleitung: Benutzerqualifikation
      + benutzte Teile: | Schaukel [3-9]
        benutzte Teile: | Installationsanleitung
    - G-FMEA-Prozesselement: | Funktionstest
        ! 1 Anforderungen an den Gebrauch: Warnungen, Hinweise
        ! 2 Anforderungen an die Mechanik: Stabilität, Festigkeit
        ! 7 Anforderungen an die Installationsanleitung: Verwendung, Benutzerqualifikation
      + benutzte Teile: | gesamte Schaukel [1-9]
```

In einem Formblatt, in dem als Überschriften die Strukturelemente und die zugeordneten Anforderungen auftreten, werden alle zutreffenden Gefährdungen festgehalten. Dazu werden die zu erwartenden Folgen und die Ursachen analysiert.

Formblatt mit Gefährdungen, Gefährdungsfolgen und Gefährdungsursachen

Mögliche Gefährdungsfolgen	B	Mögliche Gefährdungen	Mögliche Gefährdungsursachen	Maßnahmen zur Ursachen-Behebung
Systemelement: Platz aussuchen				
Funktion: ! 1 Anforderungen an den Gebrauch: Warnungen, Hinweise				
// 1 mechanische Gefährdungsfolge: Stürzen	8	/ 1 mechanische Gefährdung durch Standfestigkeit	Aufhängestelle < Methode: labil, zu instabil	
Funktion: ! 2 Anforderungen an die Mechanik: Stabilität, Festigkeit				
// 1 mechanische Gefährdungsfolge: Stürzen	8	/ 1 mechanische Gefährdung durch Bruch	Aufhängestelle < Material: zu schwach, Tragfähigkeit (Balken) zu gering	
			Aufhängestelle < Material: ungeeignet für Dübel	
Funktion: ! 3 Anforderungen an den Arbeitsplatz: Zugang, Beschaffenheit				
// 1 mechanische Gefährdungsfolge: Quetschen, Stoßen, Einziehen	7	/ 1 mechanische Gefährdung durch Teile	Aufhängeort < Mitwelt: Boden ungeeignet (Beton) für Schaukeln	
// 1 mechanische Gefährdungsfolge: Abrutschen	4	/ 6 Gefährdung durch falsche Ergonomie (Platzierung der Teile)	Aufhängestelle < Maschine: zu hoch platziert	
// 1 mechanische Gefährdungsfolge: Quetschen, Stoßen, Einziehen	7	/ 9 Gefährdung auf Grund menschlichen Verhaltens (Fehlverhalten)	Aufhängeort < Mensch: Schaukelbereich zugänglich für Dritte	
Funktion: ! 4 Anforderung an die Schutzeinrichtung: Abstände Gefahrenstellen				
// 1 mechanische Gefährdungsfolge: Quetschen, Stoßen, Einziehen	7	/ 1 mechanische Gefährdung durch Teile, Energiespeicherung	Aufhängeort < Mitwelt: Schaukel zu nah an Wand	
// 1 mechanische Gefährdungsfolge: Stoßen	4	/ 9 Gefährdung auf Grund menschlichen Verhaltens (unzureichende Anweisung)	Installationaanleitung < Methode: Auswahlkriterien für Aufhängeort schlecht erklärt	
Funktion: ! 7 Anforderungen an die Installationsanleitung: Benutzerqualifikation				
// 1 mechanische Gefährdungsfolge: Quetschen, Stoßen, Einziehen	7	/ 9 Gefährdung auf Grund menschlichen Verhaltens (fehlerhafte Montage, unzureich. Anweisung)	Installationsanleitung < Methode: Anweisungen für Laien unverständlich	
Systemelement: Aufhängehaken anbringen				
Funktion: ! 2 Anforderungen an die Mechanik: Festigkeit				
// 1 mechanische Gefährdungsfolge: Stürzen	8	/ 1 mechanische Gefährdung durch Teile, Bruch, Standfestigkeit	[1] < Material: ausgewählter Haken zu schwach fürr 75 kg dyn.	
Funktion: ! 7 Anforderungen an die Installationsanleitung: Benutzerqualifikation				
// 2 elektrische Gefährdungsfolge: elektrischer Schlag	10	/ 2 elektrische Gefährdung durch spannungsführende Teile	[2.1] < Mensch: beim Bohren für Dübel wird el. Leitung angebohrt	
// 1 mechanische	8			

Zu jeder Gefährdungsursache muss nun eine Ursachen-Behebungs-Maßnahme und zu jeder Gefährdung eine Gefährdungs-Entdeckungs-Maßnahme gefunden werden. Behebung und rechtzeitige Entdeckung der Gefährdung verhindern das Auftreten und die Auswirkung einer Gefährdung:

Ursachen-Behebungs- und Gefährdungs-Entdeckungs-Maßnahmen mit Bewertung der Auftretens- und Erkennungswahrscheinlichkeit						
Mögliche Gefährdungsursachen	Maßnahmen zur Ursachen-Behebung	A	Maßnahmen zur Gefährdungs-Entdeckung	E	RPZ	
Warnungen, Hinweise						
Aufhängestelle < Methode: labil, zu instabil	Maßnahmenstand – Anfang: 04.06.02					
	Beschreibungen der Anforderungen für Aufhängestelle in Installationsanleitung	6	Erfahrung aus Produktbeobachtung von Vorgängerprodukten (TAA3)	8	384	
Stabilität, Festigkeit						
Aufhängestelle < Material: Tragfähigkeit (Balken) zu gering	Maßnahmenstand – Anfang: 04.06.02					
	Beschreibung der Anforderungen für Aufhängestelle in Installationsanleitung	6	Erfahrung aus Produktbeobachtung von Vorgängerprodukten (TAA2, TAA3)	8	384	
Aufhängestelle < Material: ungeeignet für Dübel	Maßnahmenstand – Anfang: 04.06.02					
	Beschreibung eines einfachen Tests in Installationsanleitung nach Vorlage ähnliches Produkt TAA3	4	Erfahrung aus Produktbeobachtung von Vorgängerprodukten (TAA3)	8	256	
Zugang, Beschaffenheit						
Aufhängeort < Mitwelt: Boden ungeeignet (Beton) für Schaukeln	Maßnahmenstand – Anfang 04.06.02					
	Beschreibung der Anforderungen für Aufhängeort in der Installationsanleitung gem. Vorlage TAA3	6	Felderfahrung mit TAA3 zur Beachtung der Anforderungen: 75 % positiv Test der Installationsanleitung von 3 Personen	4	168	
Aufhängestelle < Maschine zu hoch platziert	Maßnahmenstand – Anfang 04.06.02					
	Installationsanleitung enthält keine Angaben über die ideale Höhe der Aufhängestelle	8	Fehler wird bei Inbetriebnahmetest vom Kunden entdeckt	8	256	

Aufhängehort < Mitwelt: Schaukel zu nah an Wand	Maßnahmenstand – Anfang 04.06.02					
	Installationsanleitung enthält allg. Warnhinweis, auf Dritte zu achten	6	Keine	10	420	
Abstände, Gefahrenstellen						
Aufhängeort < Mitwelt: Schaukel zu nah an Wand	Maßnahmenstand – Anfang 04.06.02					
	Beschreibung der Anforderungen für Aufhängeort in der Installationsanleitung gem. Vorlage TAA3	6	Erfahrung aus Produktbeobachtung von Vorgängerprodukten (TAA2, TAA3)	8	336	
Installationsanleitung < Methode: Auswahlkriterien für Aufhängeort schlecht erklärt	Maßnahmenstand – Anfang 04.06.02					
	Installationsanleitung gem. Vorlage TAA3	6	Test der Installationsanleitung von 3 Personen	4	96	
Benutzerqualifikation						
Installationsanleitung < Methode: Anweisungen für Laien unverständlich	Maßnahmenstand – Anfang 04.06.02					
	Installationsanleitung gem. Vorlage TAA3	6	Test der Installationsanleitung von 3 Personen	4	168	
Festigkeit						
[1] < Material: ausgewählter Haken zu schwach für 75 kg dyn.	Maßnahmenstand – Anfang: 04.06.02					
	Auswahl nach vorhandenen Haken (wie TAA2 und TAA3)	8	Standard-Zugversuch mit Belastung 1,2 x 75 kg bei B-Muster	6	384	

Aus dem bearbeiteten Formblatt mit den analysierten Risiken, den gefundenen Maßnahmen und der Risikobewertung (die natürlich für alle untersuchten Fälle ein akzeptables Restrisiko nach Durchführung der Maßnahmen ergeben muss) wird ein Maßnahmenverfolgungsblatt extrahiert. Dieses Dokument mit Unterschrift des Kümmerers als Bestätigung für die durchgeführte Maßnahme ist der Nachweis, dass alle Anforderungen der Maschinenrichtlinie bei der aktuellen Maschine konstruktiv beachtet wurden.

Diese Liste ist damit ein zentraler Bestandteil der internen Technischen Dokumentation.

Maßnahmenliste und
Maßnahmenverfolgung (= unterschriebene Maßnahmenliste!)

			Maßnahmenliste				Seite:	
Hin&Her GmbH			K-FMEA: Kinderschaukel TAS1		Systemelement: Aufhängung kpl.		Erstellt:	31.05.02
Zu-stand	Datum	Verantwort-lich	Vermeidungs-maßnahme	Entdeckungs-maßnahme	Mögliche Fehlerursachen	Fehlerart	RPZ	erledigt / Unterschrift
in Bearbei-tung	26.07.02	Müller, K2	Auswahl der Haken nach neuem Betriebs-normenblatt mit Sicher-heit 2,5	spez. Zugversuche bei B-Muster mit 2,5 x 75 kg	[1] < Material: ausge-wählter Haken zu schwach fürr 75 kg dyn.	/ 1 mechanische Ge-fährdung durch Teile, Bruch, Standfestig-keit	(32)	
in Bearbei-tung	26.07.02	Maier, TD	Warnhinweis, el. Lei-tungsprüfer empfehlen	Prüfung mit el. Lei-tungsprüfer bei Instal-lation	[2.1] < Mensch: beim Bohren für Dübel wird el. Leitung angebohrt	/ 2 elektrische Ge-fährdung durch span-nungsführende Teile	(80)	
in Bearbei-tung	27.06.02	Müller, K2	"idiotensicheren" Dübel KS² in Set [2]	Dübel KS² für Holz und Beton von Laien vielfach getestet	Aufhängestelle < Ma-terial: ungeeignet für Dübel	/ 1 mechanische Ge-fährdung durch Bruch	(64)	
in Bearbei-tung	26.07.02	Müller, K2	Beschreibung Tragfähig-keitstest in InsAnl.	Testbedingungen = Trgfähigkeitsbedingun-gen austesten	Aufhängestelle < Ma-terial: zu schwach, Tragfähigkeit (Balken) zu gering	/ 1 mechanische Ge-fährdung durch Bruch	(64)	
in Bearbei-tung	26.07.02	Müller, K2	Beschreibung eines Standfestigkeitstests mit Bild in der InstAnl.	Testbedingungen = Standfestigkeitsbedin-gungen austesten	Aufhängestelle < Met-hode: labil, zu instabil	/ 1 mechanische Ge-fährdung durch Standfestigkeit	(64)	
in Bearbei-tung	26.07.02	Maier, TD	In InstAnl. Warnung vor rechtl. Konsequenzen bei falschem Aufhän-geort		Aufhängeort < Mit-welt: Boden ungeeig-net (Beton) für Schau-keln	/ 1 mechanische Ge-fährdung durch Teile	(112)	
in Bearbei-tung	30.10.02	Schuster, V/S2	Beschreibung mit einf. Bildern in InstAnl.	gezielte Abfrage spe-zif. (Produktbeobach-tung) durch Vertrieb	Aufhängeort < Mit-welt: Schaukel zu nah an Wand	/ 1 mechanische Ge-fährdung durch Teile, Energiespeicherung	(112)	
in Bearbei-tung	26.07.02	Maier, TD	Hinweis für Höhe in In-stAnl. aufnehmen		Aufhängestelle < Ma-schine: zu hoch plat-ziert	/ 6 Gefährdung durch falsche Ergonomie (Platzierung der Tei-le)	(128)	
in Bearbei-tung	30.10.02	Schuster, V/S2	Installationsanleitung mit einf. Bildern, besse-re Warnhinweise	mehrere Tests der In-stAnl. durch Service, Laien (> 25 Pers.) mit Videoauswertung	Installationsanleitung < Methode: Anwei-sungen für Laien un-verständlich	/ 9 Gefährdung auf Grund menschlichen Verhaltens (fehler-hafte Montage, un-zureich. Anweisung) / 9 Gefährdung auf Grund menschlichen Verhaltens (fehler-hafte Montage, un-zureich. Anweisung)	(64)	
in Bearbei-tung	30.10.02	Müller, K2		Element [10] "Warn-Pfeif-Signal" für Schaukel mitliefern	Aufhängeort < Mensch: Schaukelbe-reich zugänglich für Dritte	/ 9 Gefährdung auf Grund menschlichen Verhaltens (Fehlver-halten)	(112)	
in Bearbei-tung	26.07.02	Maier, TD	in GebrauchsAnl.: Kin-der unter 8 J. beaufsich-tigen!		Aufhängeort < Mensch: Schaukelbe-reich zugänglich für	/ 9 Gefährdung auf Grund menschlichen Verhaltens (Fehlver-		

Neue Normen

Alte Norm	Neue Norm	Kommentar
DIN EN 292-1:1991-11	DIN EN ISO 12100:2011-03	Wurde zurückgezogen und dafür integriert in die 12100
DIN EN 294	DIN EN ISO 13857:2020-04	„Sicherheitsabstände gegen das Erreichen von Gefahrenst."
EN 953	DIN EN ISO 14119:2021-02 – Entwurf	„Trennende Schutzeinrichtungen"
EN 418	DIN EN ISO 13850:2016-05	„NOT-AUS-Einrichtung" ersetzt „Not-Halt-Funktion"
EN 775	DIN EN ISO 10218-1:2012-01	Industrieroboter – Sicherheitsanforderungen
EN 201	DIN EN ISO 20430:2020-11	Spritzgießmaschinen – Sicherheitsanforderungen
EN 692	DIN EN ISO 16092-1:2019-08	Werkzeugmaschinen-Sicherheit – Pressen
90/448/EWG	2014/29/EU	Einfache Druckgeräterichtlinie
97/23/EG	2014/68/EU	Druckgeräterichtlinie
73/23/EWG	2014/35/EU	Niederspannungsrichtlinie
93/68/EWG		Gehört zur Niederspannungsrichtlinie
91/236/EWG	2014/30/EU	EMV-Richtlinie
94/9EG	2014/34/EU	ATEX-Richtlinie (Explosionsschutz)
95/63/EG	2009/104/EG	Arbeitsmittelbenutzungs-Richtlinie
EN 349	DIN EN ISO 13854:2020-01	Mindestabstände zur Vermeidung des Quetschens
EN 626	DIN EN ISO 14123-1:2016-03	Reduzierung des Gesundheitsrisikos
EN 415	DIN EN 415-1:2014-10	Sicherheit von Verpackungsmaschinen
EN 741	DIN EN 741:2011-06	Steigförderer und Systeme
EN 617	DIN EN 617:2011-06	Steigförderer EMV
EN 775	DIN EN ISO 10218-1:2021-09 – Entwurf	Industrieroboter
EN 50144	DIN EN 50580:2014-06	Sicherheit handgeführter motorbetriebener Elektrowerkzeuge
EN 50260	DIN EN 60745-2-3:2015-04; VDE 0740-2-3:2015-04	Handgeführte motorbetriebene Elektrowerkzeuge – Sicherheit – Teil 2-3: Besondere Anforderungen für Schleifer, Polierer und Schleifer mit Schleifblatt

EN 563	DIN EN ISO 13732-1:2008-12	Ergonomie der thermischen Umgebung – Bewertungsverfahren für menschliche Reaktionen bei Kontakt mit Oberflächen
EN 1672	DIN EN ISO 13732-1:2008-12	Nahrungsmittelmaschinen – Allgemeine Gestaltungsleitsätze
EN 453	DIN EN ISO 13732-1:2008-12	Nahrungsmittelmaschinen – Teigknetmaschinen – Sicherheits- und Hygieneanforderungen
EN 792	DIN EN ISO 13732-1:2008-12	Handgehaltene nicht elektrisch betriebene Maschinen – Sicherheitsanforderungen
EN 1570	DIN EN 1570-1:2020-09 – Entwurf	Sicherheitsanforderungen an Hubtische – Teil 1: Hubtische
EN 12437	DIN EN ISO 14122-1:2002-01	Ortsfeste Zugänge zu maschinellen Anlagen
EN 1495	DIN EN 1495:2009-12	Hebebühnen – Mastgeführte Kletterbühnen
EN 1493	DIN EN 1493:2020-09 – Entwurf	Fahrzeug-Hebebühnen
EN 81-3	DIN EN 81-3:2011-06	Sicherheitsregeln für die Konstruktion und den Einbau von Aufzügen
EN 15310	DIN 18092:1992-04	Aufzüge; Vertikal-Schiebetüren für Kleingüteraufzüge
EN 12159	DIN EN 12159:2020-11 – Entwurf	Bauaufzüge zur Personen- und Materialbeförderung
EN 1525	DIN 15185-2:2013-10	Flurförderzeuge – Sicherheitsanforderungen
EN 201	DIN EN 289:2014-09	Kunststoff- und Gummimaschinen – Formpressen und Spritzpressen – Sicherheitsanforderungen
EN 692	DIN EN ISO 16092-1:2019-08	Werkzeugmaschinen-Sicherheit – Pressen – Teil 1
EN 693	DIN EN ISO 16092-2:2021-04	Werkzeugmaschinen-Sicherheit – Pressen – Teil 2
EN 869	DIN EN 869:2009-12	Sicherheit von Maschinen – Sicherheitsanforderungen an Metall-Druckgießanlagen
EN ISO 3741	DIN EN ISO 3741:2011-01	Akustik – Bestimmung der Schallleistungs- und Schallenergiepegel von Geräuschquellen aus Schalldruckmessungen
EN ISO 3743	DIN EN ISO 3743-1:2011-01	Akustik – Bestimmung der Schallleistungs
EN ISO 4871	DIN EN ISO 4871:2009-11	Akustik – Angabe und Nachprüfung
EN ISO 11200	DIN EN ISO 11200:2020-10	Akustik – Geräuschabstrahlung
EN 1032	DIN EN 1032:2009-02	Mechanische Schwingungen – Prüfverfahren
EN 25349	DIN 45677:2001-01	Mechanische Eingangsimpedanz des menschlichen Hand-Arm-Systems

EN 28662	SN EN 28662-1:1993	Handgehaltene, motorbetriebene Maschinen – Messung mechanischer Schwingungen am Handgriff
EN ISO 8662	DIN ISO/TS 8662-11:2004-09	Handgehaltene motorbetriebene Maschinen – Messung mechanischer Schwingungen am Handgriff
EN 294	DIN EN ISO 13857:2020-04	Sicherheit von Maschinen – Sicherheitsabstände gegen das Erreichen von Gefährdungsbereichen mit den oberen und unteren Gliedmaßen
EN 811	DIN EN ISO 13857:2020-04	Gleiche Norm wie oben
EN 953	DIN EN ISO 14120:2016-05	Sicherheit von Maschinen – Trennende Schutzeinrichtungen
EN 133	DIN 58610:2014-11	Atemschutzgeräte
EN 166	DIN EN 166:2002-04	Persönlicher Augenschutz
EN 352	DIN EN 352-1:2021-03	Gehörschützer – Allgemeine Anforderungen
EN 353	DIN EN 353-1:2018-03	Persönliche Schutzausrüstung gegen Absturz
EN 367	DIN EN ISO 9151:2017-05	Schutzkleidung gegen Hitze und Flammen
EN 407	DIN EN 407:2020-06	Schutzhandschuhe und andere Handschutzausrüstung gegen thermische Risiken
EN 60204	DIN EN 60204-1:2019-06	Elektrische Ausrüstung von Maschinen
EN 418	DIN EN ISO 13850:2016-05	Not-Halt-Funktion
EN ISO 13849	DIN EN ISO 13849-1:2021-08 – Entwurf	Sicherheitsbezogene Teile von Steuerungen
EN 981	DIN EN 981:2009-01	System akustischer und optischer Gefahrensignale und Informationssignale
EN 61310	DIN EN 61310-1:2008-09	Anforderungen an sichtbare, hörbare und tastbare Signale
EN 982	DIN EN ISO 4413:2011-04	Fluidtechnik – Allgemeine Regeln und sicherheitstechnische Anforderungen an Hydraulikanlagen und deren Bauteile
EN 983	DIN EN ISO 4414:2011-04	Fluidtechnik – Allgemeine Regeln und sicherheitstechnische Anforderungen an Pneumatikanlagen und deren Bauteile
EN 1349	DIN EN 1349:2010-01	Stellgeräte für die Prozessregelung
EN 1984	DIN EN 1984:2010-10	Industriearmaturen – Schieber aus Stahl
EN 12953-1	DIN EN 12953-1:2012-05	Großwasserraumkessel – Teil 1

EN 12953-3	DIN EN 12953-2:2012-05	Großwasserraumkessel – Teil 2
EN 13445	DIN EN 13445-1:2018-12	Unbefeuerte Druckbehälter
EN 10213	DIN EN 10213:2016-10	Stahlguss für Druckbehälter
EN ISO 15416	DIN EN ISO 15607:2020-02	Anforderung und Qualifizierung von Schweißverfahren für metallische Werkstoffe
EN 60034-1	DIN EN 60034-1:2015-02	Drehende elektrische Maschinen – Teil 1
EN 60034-2	DIN EN 60034-2-1:2015-02	Drehende elektrische Maschinen – Teil 2
EN 60446	DIN EN 60445:2018-02	Grund- und Sicherheitsregeln für die Mensch-Maschine-Schnittstelle
EN 61140	DIN EN 61140:2016-11	Schutz gegen elektrischen Schlag – Gemeinsame Anforderungen für Anlagen und Betriebsmittel
EN 60335	DIN EN 60335-1:2020-08	Sicherheit elektrischer Geräte für den Hausgebrauch und ähnliche Zwecke
EN 50081-1	DIN EN 61000-1-2:2017-07	Elektromagnetische Verträglichkeit (EMV) – Teil 1-2
EN 50081-2	DIN EN 61000-2-2:2020-05	Elektromagnetische Verträglichkeit (EMV) – Teil 2-2:
EN 50082-1	DIN EN IEC 61000-6-1:2019-11	Elektromagnetische Verträglichkeit (EMV) – Teil 2-4
EN 50082-2	DIN EN 61000-2-4:2003-05	Elektromagnetische Verträglichkeit (EMV) – Teil 2
EN 61131	DIN EN 61131-1:2004-03	Speicherprogrammierbare Steuerungen
EN 50130	DIN EN 50130-4:2015-04	Alarmanlagen – Teil 4: Elektromagnetische Verträglichkeit – Produktfamiliennorm
EN 50370	DIN EN 50370-1:2006-02	Elektromagnetische Verträglichkeit (EMV) – Produktfamiliennorm für Werkzeugmaschinen
EN 55014	DIN EN IEC 55014-1:2021-01	Elektromagnetische Verträglichkeit – Anforderungen an Haushaltgeräte
EN 12015	DIN EN 12015:2021-01	Elektromagnetische Verträglichkeit – Produktfamilien-Norm für Aufzüge
EN 12895	DIN EN 12895:2020-03	Flurförderzeuge – Elektromagnetische Verträglichkeit
EN 13463	DIN EN ISO 80079-36	Explosionsfähige Atmosphären – Teil 36
EN 60079	DIN EN IEC 60079-0:2019-09	Explosionsgefährdete Bereiche – Teil 0
98/37EG (2x)	2006/42/EG	

EN 692 (4x)	DIN EN ISO 16092-2:2021-04	Werkzeugmaschinen-Sicherheit – Pressen
97/23/EU	2014/68/EU	Druckgeräterichtlinie
87/404/EWG	2014/29/EU	Druckbehälter Richtlinie
73/23/EWG	2014/35/EU	Niederspannungsrichtlinie
EN 50081	DIN EN 61000-1-2:2017-07	EMV
EN 50082	DIN EN 61000-1-2:2017-07	EMV
89/336/EWG	2014/30/EU	EMV Richtlinie
94/9/EG	2014/34/EU	ATEX Richtlinie
89/665/EWG	2007/66/EG	Rechtsmittel Richtlinie
EN 13463	DIN EN ISO 80079-36:2016-12	Nicht-elektrische Geräte für den Einsatz in explosionsfähigen Atmosphären
EN 292	DIN EN ISO 12100	
EN 50081	DIN EN 61000-6-3:2011-09	1 und 2
73/23/EWG	2014/35/EU	Niederspannungsrichtlinie
89/336/EWG	2014/30/EU	EMV-Richtlinie
EN 692	DIN EN ISO 16092-1:2019-08	Werkzeugmaschinen-Sicherheit – Pressen – Teil 1
89/336/EWG	2014/30/EU	EMV-Richtlinie
73/23/EWG	2014/35/EU	Niederspannungsrichtlinie
EN 14121	EN ISO 12100	
89/336/EWG	2014/30/EU	EMV-Richtlinie
73/23/EWG	2014/35/EU	Niederspannungsrichtlinie
EN 294	DIN EN ISO 13857:2020-04	Sicherheitsabstände gegen das Erreichen von Gefährdungsbereichen
89/336/EWG	2014/30/EU	EMV-Richtlinie
73/23/EWG	2014/35/EU	Niederspannungsrichtlinie
EN 294	DIN EN ISO 13857:2020-04	Sicherheitsabstände gegen das Erreichen von Gefährdungsbereichen
89/336/EWG	2014/30/EU	EMV-Richtlinie
73/23/EWG	2014/35/EU	Niederspannungsrichtlinie
73/23/EWG	2014/35/EU	Niederspannungsrichtlinie
EN 50144	DIN EN 62841-1:2016-07	Elektrische motorbetriebene handgeführte Werkzeuge
89/336/EWG	2014/30/EU	EMV-Richtlinie
EN ISO 3741	DIN EN ISO 3741:2011-01	Akustik – Bestimmung der Schallleistungs- und Schallenergiepegel von Geräuschquellen aus Schalldruckmessungen

94/9/EG	2014/34/EU	ATEX Richtlinie
73/23/EWG	2014/35/EU	Niederspannungsrichtlinie
89/336/EWG	2014/30/EU	EMV-Richtlinie
EN 60079	DIN EN IEC 60079-0:2019-09	Explosionsgefährdete Bereiche
94/9/EG	2014/34/EU	ATEX Richtlinie
EN 14121	DIN EN ISO 12100:2011-03	
EN 14121	DIN EN ISO 12100:2011-03